高等职业教育土建专业系列教材

建筑设备

（第二版）

主　编　段忠清　蔡晓丽
副主编　芮　嘉　刘光程　阴　盛

U0361363

南京大学出版社

图书在版编目(CIP)数据

建筑设备 / 段忠清,蔡晓丽主编. —2版. —南京:
南京大学出版社,2014.8(2021.6重印)
 ISBN 978-7-305-13798-3

Ⅰ.①建… Ⅱ.①段… ②蔡… Ⅲ.①房屋建筑设备
—高等职业教育—教材 Ⅳ.①TU8

中国版本图书馆 CIP 数据核字(2014)第 187421 号

出版发行 南京大学出版社
社　　址 南京市汉口路 22 号　邮编 210093
出 版 人 金鑫荣

书　　名 **建筑设备(第二版)**
主　　编 段忠清　蔡晓丽
责任编辑 陈兰兰　蔡文彬　　编辑热线 025-83597482

照　　排 南京开卷文化传媒有限公司
印　　刷 广东虎彩云印刷有限公司
开　　本 787×1092　1/16　印张 16.5　字数 402 千
版　　次 2014 年 8 月第 2 版　2021 年 6 月第 7 次印刷
ISBN　978-7-305-13798-3
定　　价 36.00 元

网　　址:http://www.njupco.com
官方微博:http://weibo.com/njupco
官方微信号:njupress
销售咨询热线:(025)83594756

前　言

本书是为高职高专建筑类专业编写的系列规划教材之一，根据教育部制定的专业培养目标和培养方案及主干课程教学基本要求而编写。

本书共 10 章，比较系统地介绍了建筑给水，建筑排水，建筑消防，建筑采暖，通风与空调系统，热水、饮水供应与燃气供应，供电和配电系统，建筑防雷与安全用电，建筑弱电系统。各章设有复习思考题以及案例分析，以利于读者在学习过程中有所侧重，进一步理解和巩固所学知识。

在编写过程中，我们力求体现高等职业教育的特色，基础理论以必需、够用为度，突出实用性。内容上力求简明扼要、通俗易懂，坚持理论与实践相结合。

本书由滁州职业技术学院段忠清、江西理工大学蔡晓丽担任主编。江西财经职业学院芮嘉、淮南职业技术学院刘光程、中州大学阴盛担任副主编。具体写作分工如下：段忠清负责第 1、4、10 章编写；蔡晓丽负责第 2、3、5 章编写；芮嘉负责第 6、7 章编写；阴盛负责第 8、9 章编写；全书由段忠清统稿。

本书在编写过程中参考了大量的书籍资料，并将引用的资料列在书后的参考文献中，在此向其作者表示衷心的感谢。

由于编者水平有限，不妥之处在所难免，敬请专家和读者批评指正。

编　者
2014 年 5 月

目　录

第 1 章　建筑给水

1.1　建筑给水系统

1.1.1　建筑给水系统的分类

建筑给水系统是供应建筑内部和小区范围内的生活用水、生产用水和消防用水的系统，它包括建筑内部给水与小区给水系统。而室内给水系统的任务就是经济合理地将水由室外给水管网输送到装置在室内的各种配水龙头、生产用水设备或消防设备处，满足用户对水质、水量、水压的要求，保证用水安全可靠。

室内给水系统根据用途的不同一般可分为三类：

（1）生活给水系统：主要供居住建筑、公共建筑以及工业企业内部的饮用、烹调、盥洗、洗涤、淋浴等生活方面需求所设的供水系统。生活给水系统又可以分为单一给水系统和分质给水系统。单一给水系统除满足需要的水量和水压之外，其水质必须符合国家规定的《生活饮用水卫生标准》。分质给水系统按照不同的水质标准分为符合《饮用净水水质标准》的直接饮用水系统；符合《生活饮用水卫生标准》的生活用水系统；符合《生活杂用水水质标准》的杂用水系统（中水系统）。

（2）生产给水系统：是指工业建筑或公共建筑在生产过程中使用的给水系统，由于生产工艺不同，故其种类较多，如空调系统中的制冷设备冷却用水以及锅炉用水等。生产用水对水质、水量、水压及可靠性等方面的要求应按照生产工艺的不同来确定，对水质的要求可能高于或低于生活、消防用水的水质要求。

（3）消防给水系统：是指用于扑救火灾的消防用水系统。根据《建筑设计防火规范》的规定，对于某些层数较多的民用建筑、公共建筑及容易引起火灾的仓库、生产车间等，必须设置室内消防给水系统，主要有消火栓系统和自动喷淋系统。消防给水对水质无特殊要求，但必须按照《建筑设计防火规范》的要求来保证水量和水压。

在一幢建筑内，并不一定需要单独设置三种给水系统，应根据生产、生活、消防等各项用水对水质、水量、水压、水温的要求，结合室内外给水系统的供水量、水压和水质的情况，经技术经济比较或综合评判来确定共用系统。常见的共用系统有生活-生产-消防共用系统、生活-消防共用系统、生产-消防共用系统等。

1.1.2　建筑给水系统的组成

室内给水系统一般由以下几部分组成，见图 1-1。

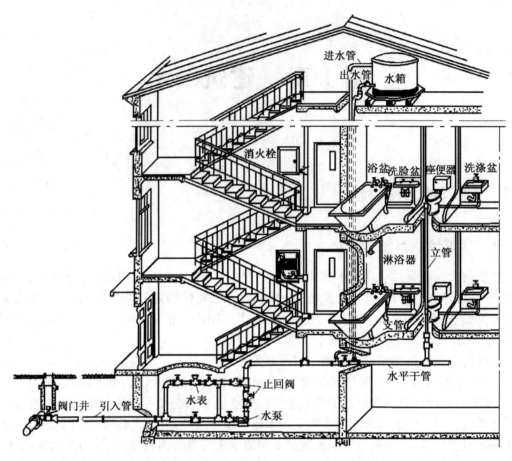

图 1-1 建筑室内给水系统

（1）引入管：是指建筑物内部给水系统与城市给水管网或建筑小区给水系统之间的管段，又称进户管。其作用是将水从室外给水管网引入到建筑物内部给水系统。

（2）水表节点：水表及前、后阀门，泄水装置等组成的计量设备。室内给水通常采用水表计量。必须单独计量水量的建筑物，应在引入管上装设水表，建筑物的某部分和个别设备需计量水量时，应在其配水支管上装设水表；对于民用住宅，还应安装单户水表。

（3）干管：是将引入管送来的水转送到给水立管中的管段。

（4）立管：是将干管送来的水沿垂直方向输送到各楼层的配水支管中去的管段。

（5）配水支管：是将水从立管输送至各个配水龙头或用水设备处的供水管段。

（6）给水附件：为了便于取用、调节和检修，在给水管路上需要设置各种给水附件，例如管路上的各种阀门、水龙头和仪表等。

（7）升压和贮水设备：当城市给水管网水压不足或建筑对安全供水和稳定水压有要求时，需要设置各种附加设备，如水泵、水箱、气压给水装置等。

1.1.3 建筑给水方式

给水方式即给水方案，它与建筑物的高度、性质、用水安全性、是否设消防给水、室外给水管网所能提供的水量及水压等因素有关,最终取决于室内给水系统所需总水压和室外管网所具有的资用水头(服务水头)之间的关系。

给水方式有许多种,本文介绍几种基本方式,在工程中可根据实际情况采用一种或几种,综合组成所需要的形式。

（一）直接给水方式

如图1-2所示,当城市配水管网提供的水压、水量和水质都能满足建筑内部用水要求时,在建筑物内部只设有给水管道系统,不设加压及贮水设备,室内给水管道系统与室外供水管网直接相连,利用室外管网压力直接向室内给水系统供水。

这种给水方式的优点是:给水系统简单,投资少,施工方便,充分利用室外管网水压,供水较为安全可靠,并且容易维护管理。缺点是:系统内部无储备水量,各楼层的出水压力不相同,当供水管网的压力不足或处于用水高峰时,可能造成高层用户供水中断;当室外管网停水时,室内系统立即断水。直接给水方式适用于室外管网水量和水压充足、能够全天保证室内用户的用水要求的地区。当室外管网压力超过室内用水设备允许压力时应设置减压阀。

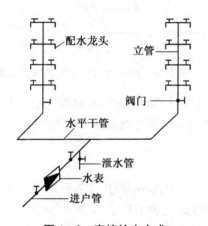

图 1-2 直接给水方式

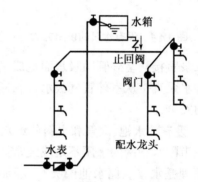

图 1-3 设置水箱的给水方式

（二）设有水箱的给水方式

建筑物内部设有管道系统和高位水箱,室内给水系统与室外给水管网直接连接,如图1-3所示。当室外管网水压能够满足室内用水需要时,则由室外管网直接向室内管网供水,并向水箱进水储备水量;当用水高峰、室外管网水压不足时,由水箱向建筑内各用户供水。水箱解决了楼层较高用户的高峰用水问题,并且供水均匀。为了防止水箱中的水回流至室外管网,在引入管上要设置止回阀。

这种给水方式的优点是:系统比较简单,投资较省;充分利用室外管网压力供水,节省电耗;系统具有一定的储备水量,供水的安全可靠性较好。缺点是:水箱需定期清洗消毒,且浮球阀为易损件,有一定的维修管理费用;水箱容易造成二次污染;系统设置了高位水箱,增加了建筑物结构荷载,并给建筑物的立面处理带来一定困难。设有水箱的给水方式,适用于室外管网的水压周期性不足以及室内用水要求水压稳定并且允许设置水箱的建筑物。

（三）设有水泵的给水方式

建筑物内部设有供水管道系统及加压水泵,当室外管网水压经常不足而且室内用水量较为均匀时,适于利用水泵进行加压后向室内给水系统供水,如图1-4所示。

当室外给水管网允许水泵直接吸水时,水泵宜直接从室外给水管网吸水,但水泵吸水时,室外给水管网的压力不得低于100 kPa。水泵直接从室外给水管网吸水,应设旁通管,并在旁通管上设阀门,当室外管网水压较大时,可停泵直接向室内系统供水。水泵出口和旁通管上应装设止回阀,以防止停泵时,室内给水系统中的水产生回流。

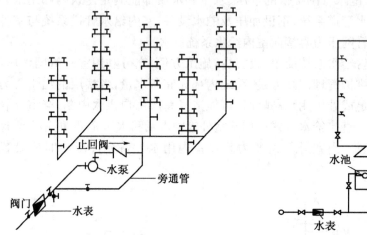

图1-4　设有水泵的供水方式

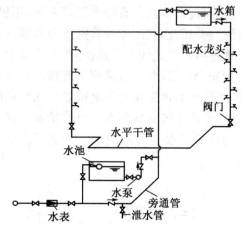

图1-5　贮水池水泵和水箱联合工作

当水泵直接从室外管网吸水而造成室外管网压力大幅度波动、影响其他用户的用水时,则不允许水泵直接从室外管网吸水,而必须设置水池,水池可以兼做储水池使用,从而增加了供水的安全性。

(四)设有贮水池、水泵和水箱的给水方式

当城市配水管网的水压不足或经常性不足且室内用水不均匀时,常采用该种供水方式。其工作原理是水泵从储水池中吸水,经加压后送给高位水箱和室内管网,如图1-5所示。当水箱充满水时,水泵停止工作,由水箱供水,而当水箱水位下降到设计最低水位时,水泵再次启动,加压后送给高位水箱和室内管网,如此反复。这种给水方式由水泵和水箱联合工作,水泵及时向水箱充水,可以减小水箱容积。同时在水箱的调节下,水泵的工作状态稳定,工作效率通常较高,节省电耗。在高位水箱上采用水位继电器控制水泵启动,易于实现管理自动化。此外,储水池和水箱又起到了储备一定水量的作用,供水更加安全可靠。

(五)设有气压给水装置的供水方式

气压给水装置是利用密闭压力水罐内空气的可压缩性储存、调节和压送水量的给水装置,其作用相当于高位水箱和水塔,如图1-6所示。水泵从储水池或由室外给水管网吸水,经加压后送至给水系统和气压水罐内,停泵时,再由气压水罐向室内给水系统供水。由气压水罐调节,储存水量及控制水泵运行。

这种给水方式适用于室外管网水压经常不足、不宜设置高位水箱或设置高位水箱有困难的建筑。优点是:气压水罐的作用相当于高位水箱,其位置可根据需要设置在高处或低处;安装方便,便于安拆;水质不易受污染;投资省,建设周期短,便于实现自动化等。缺点是:给水压力变动较大;管理及运行费用较高;其储存和调节水量的作用远不如高位水箱,因而供水可靠性较差。

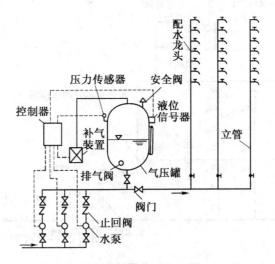

图 1-6　设气压供水装置的给水方式

（六）分区给水方式

采用分区给水方式的情况：一是在多层建筑或高层建筑中，如果室外管网只能满足建筑物下层供水要求，不能满足上层需要，宜将低层和上层分区供水；二是无论建筑物高度为多少，当建筑物低层用水量大且集中时，如设有大中型洗衣房、公共澡堂、游泳池、酒店、餐馆等，应对低层与上层部分分区给水；三是当高层建筑给水系统容易造成下层配水点承受的静水压力太大时，必须分区给水。

分区给水方式一般为低层采用直接给水方式，高（上）层常采用变频调速供水系统或水池、水泵和水箱联合给水方式。

1. 多层建筑的分区给水方式

在多层建筑中，当室外给水管网的压力只能满足建筑物下面几层用水要求时，为了充分利用室外给水管网水压，可将建筑物供水系统分为上、下两个区。下区由外网直接供水，上区由升压、储水设备联合供水。两区间由一根或两根立管连通，在分区处装设阀门，必要时可使整个管网由水箱供水或由室外给水管网直接向水箱充水，如图 1-7 所示。

2. 高层建筑的分区给水方式

高层建筑层数多，低层的静水压力比较大，为保证供水安全可靠，延长给水设施设备的使用寿命，高层建筑必须采用竖向分区的给水方式。

高层建筑给水系统进行竖向分区，是为了避免下层给水压力过大造成许多不利情况：如开启下层龙头，水流喷溅，同时会产生噪声及振动，造成浪费，影响使用；上层龙头流量过小，甚至产生负压抽吸现象，可能造成回流污染；下层管网由于承受压力较大，关闭阀门时容易产生水锤，轻则产生噪声和振动，重则使管网受到破坏；下层阀门易磨损，造成渗漏，且管材、管件、附件和设备等要求耐高压耐磨损，从而增加投资；水泵运转费用以及维修和管理费用增加。

高层建筑生活给水系统竖向分区应考虑的主要因素有：建筑物性质及使用要求；管材、附件和设备的承压能力；设备投资和运行管理费用；尽可能利用室外给水管网的水压直接向建筑物下面几层供水，以达到经济合理、技术先进、使用安全可靠的目的。

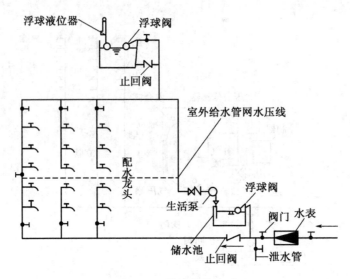

图 1-7 分区给水方式

高层建筑常用的分区给水方式有以下几种：

(1) 分区减压给水方式

分区减压给水方式有分区水箱减压和分区减压阀减压两种形式,如图 1-8 所示。

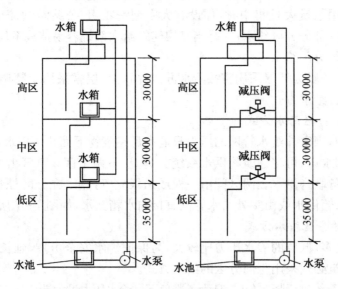

图 1-8 分区减压给水

分区水箱减压:整幢建筑物的用水量由设置在底层的水泵提升至屋顶总水箱,然后再分送至各分区水箱,分区水箱起减压作用。特点是水泵数量少,设备费用较低,管理维护简单,水泵房面积小,各分区减压水箱调节容积小。但水泵运行费用高,屋顶总水箱容积大,对建筑的结构和抗震不利。

分区减压阀减压:工作原理与分区减压水箱供水方式相同,不同之处在于用减压阀来代替减压水箱。特点是减压阀不占楼层面积,使建筑面积发挥最大的经济效益,但水泵运行费用较高。

（2）分区并联给水方式

各区独立设水箱和水泵，且水泵集中设置在建筑物底层或地下室，分别向各区供水，如图 1-9 所示。特点是各区给水系统独立，某区发生故障时不会相互影响，供水安全可靠，水泵集中设置，管理维护方便。但是，水泵台数多，水泵出水高压管线长，设备费用较高，分区水箱占建筑层若干面积，减少了建筑使用面积，影响经济效益。

（3）分区串联给水方式

这种给水方式的水泵、水箱布置于各区。下一区的水箱兼做上一区的储水设备，如图 1-10。其特点是总管线较短，可降低设备费和运行动力费。但是，供水独立性差，上区受下区限制；水泵分散设置，管理维护不方便；水泵设置在楼层上，易产生振动噪声；水泵占用建筑使用面积。

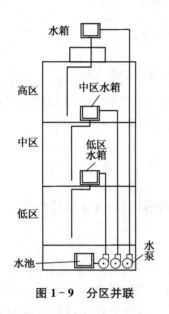

图 1-9　分区并联

图 1-10　分区串联

（七）变频调速给水方式

变频调速给水方式的工作原理如图 1-11 所示，当供水系统中流量发生变化时，扬程也随之发生变化，压力传感器不断向微机控制器输入水泵出水管压力的信号，当测得的压力值大于设计给水量对应的压力值时，则微机控制器向变频调速器发出降低电流频率的信号，从而使水泵的转速降低，水泵出水量减少，出水管压力下降；反之，水泵出水量增加，出水管压力增大。

变频调速给水的优点是效率高、能耗低、运行安全可靠、自动化程度高、设备紧凑、占地面积小、对管网系统中用水量变化的适应能力强，但它要求电源的可靠性高、管理水平高，整个工程的造价高。

（八）分质给水方式

按不同用户所需的水质不同，分别设置独立的给水系统。如高档酒店、宾馆中，设置有生活用水、直接饮用水、消防用水等，各给水系统要求的水质不同，水源可以是同一市政给水管网，但直接饮用水须经处理达到国家直接饮用水标准后，经独立的管网系统输送至各饮水

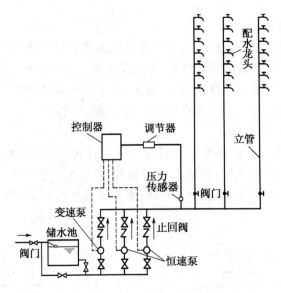

图 1-11 变频调速给水方式

点。一般情况下,消防给水管网与生活给水管网系统分开设置,可以避免消防管网或设备中的水因长期不流动而造成生活给水管网中的水质被污染。

1.1.4 给水管材、管件及附件

(一) 给水常用管材

常用给水管材一般有钢管、铜管、铸铁管、不锈钢管、塑料管和复合管等。但必须注意,生活用水的给水管必须是无毒的。

1. 钢管

钢管有焊接钢管、无缝钢管两种。焊接钢管又分为镀锌和不镀锌钢管。生活给水管道使用的钢管要专门镀锌。钢管镀锌的目的是防锈、防腐、避免水质变坏,延长使用年限。钢管的强度高,承受流体的压力大,抗震性能好,长度大,接头较少,韧性好,加工安装方便,重量比铸铁管轻。但抗腐蚀性差,易影响水质。规格以公称直径表示,即用字母 DN 其后附加公称直径数值。例如 DN40,则表示公称直径为 40 mm。无缝钢管则以外径乘以壁厚来表示规格。

2. 铜管

主要优点是具有很强的抗锈蚀能力,强度高,可塑性强,坚固耐用,能承受较高的外力负荷,热胀冷缩系数小,能抗高温环境,防火性能也较好,使用寿命长,可完全被回收利用,不污染环境。主要缺点是价格较高。

3. 铸铁管

与钢管相比具有耐腐蚀性强、造价低、耐久性好等优点,适合于埋地敷设。缺点是质脆、重量大、单管长度小等。

4. 不锈钢管

不锈钢管具有机械强度高、坚固、韧性好、耐腐蚀性好、热膨胀系数低、卫生性能好、可回收利用、外表美观大方、安装维护方便、经久耐用等优点,适用于建筑给水特别是管道直饮水

及热水系统。

不锈钢管常采用焊接、螺纹连接、卡压式和卡套式等连接方式。

5. 塑料管

（1）聚乙烯管（PE）

聚乙烯管包括高密度聚乙烯管（HDPE）和低密度聚乙烯管（LDPE）。其特点是重量轻、韧性好、耐腐蚀、可盘绕、耐低温性能好、运输及施工方便、具有良好的柔性和抗蠕变性能，在建筑给水中应用广泛。目前国内产品的规格在 $DN16 \sim DN160$ 之间，最大可达 $DN400$。

聚乙烯管道的连接可采用电熔、热熔、橡胶圈柔性连接，工程上主要采用熔接。

（2）交联聚乙烯管（PEX）

交联聚乙烯是通过化学方法，使普通聚乙烯的线性分子结构改成三维交联网状结构。交联聚乙烯管具有强度高、韧性好、抗老化（使用寿命达 50 年以上）、温度适应范围广（$-70\ ℃ \sim 110\ ℃$）、无毒、不滋生细菌、安装维修方便、价格适中等优点。常用规格在 $DN10 \sim DN32$ 之间，少量达 $DN63$，主要用于建筑室内热水给水系统。

管径小于等于 25 mm 的管道与管件采用卡套式；管径大于等于 32 mm 的管道与管件采用卡箍式连接。

（3）硬聚氯乙烯塑料（UPVC）

硬聚氯乙烯塑料（UPVC）管材，通常直径为 40~100 mm，内壁光滑、阻力小、不结垢、无毒、无污染、耐腐蚀，使用温度不大于 40 ℃，故为冷水管。抗老化性能好、难燃，可采用橡胶柔性接口安装。

（4）氯化聚氯乙烯（PVC-C）

氯化聚氯乙烯（PVC-C）管材，耐高温、机械强度高，适于受压的场合。使用温度可高达 90 ℃左右，寿命可达 50 年，安装方便，连接方法为熔剂粘接、螺纹连接、法兰连接和焊条连接。阻燃、防火、导热性能低，管道热损少。

（5）无规共聚聚丙烯（PP-R）

无规共聚聚丙烯（PP-R）管材，无毒、无害、耐腐蚀，有高度的耐酸性和耐氯化物性；耐热性能好，长期工作水温为 70 ℃，短期使用水温可达 95 ℃，软化温度为 140 ℃；使用寿命长，可达 50 年以上。采用热熔连接方式连接，牢固不漏，施工便捷，对环境无任何污染，绿色环保；配套齐全，价格适中。

6. 复合管

（1）铝塑复合管（PE-Al-PE 或 PEX-Al-PEX）

铝塑复合管是通过挤出成型工艺制造出的复合型管材，由聚乙烯（或交联聚乙烯）层—胶粘剂层—铝层—胶粘剂层—聚乙烯层（或交联聚乙烯）五层结构构成。它既保持了聚乙烯管和铝管的优点，又避免了各自的缺点：其弯曲半径可达直径的 5 倍；耐温差性能强，使用温度范围 $-100\ ℃ \sim 110\ ℃$；耐高压，工作压力可以达到 1.0 MPa 以上。

铝塑复合管主要采用夹紧式铜接头连接，可用于室内冷、热水系统。

（2）钢塑复合管

钢塑复合管是在钢管内壁衬（涂）上一定厚度的塑料层复合而成，依据复合管基材的不同，可分为衬塑复合管和涂塑复合管两种。在传统的输水钢管内插入一根薄壁的 PVC 管，使两者紧密结合，就成了 PVC 衬塑钢管；涂塑钢管是以普通碳素钢管为基材，将高分子 PE

粉末融熔后均匀地涂敷在钢管内壁,经塑化后,形成光滑、致密的塑料涂层。

钢塑复合管兼备了金属管材的强度高、耐高压、能承受较强的外力冲击和塑料管材的耐腐蚀性、不结垢、导热系数低、流体阻力小等优点。钢塑复合管可采用沟槽、法兰或螺纹连接的方式,应用方便,但需在工厂预制,不宜在施工现场切割。

选用给水管材时,首先应了解各类管材的特性指标,如耐温耐压能力、线膨胀系数、抗冲击能力、热传导系数及保温性能、管径范围、卫生性能等,然后根据建筑装饰标准、输送水的温度及水质要求、使用场合、敷设方式等进行技术和经济比较后确定。需要遵循的原则是:安全可靠、卫生环保、经济合理、水力条件好、便于施工维护。

埋地给水管道采用的管材应具有耐腐蚀和能承受相应地面荷载的能力,可采用塑料给水管、有衬里的铸铁给水管、经可靠防腐处理的钢管。室内的给水管道应选用耐腐蚀和安装连接方便可靠的管材,可采用塑料给水管、塑料和金属复合管、铜管、不锈钢管及经可靠防腐处理的钢管。

新建、改建、扩建城市供水管道(直径 400 mm 以下)和住宅小区室外给水管道应使用硬聚氯乙烯、聚乙烯塑料管;大口径城市供水管道可选用钢塑复合管。新建、改建住宅室内给水管道、热水管道和供暖管道优先选用铝塑复合管、交联聚乙烯管等新型管材,淘汰镀锌钢管。

（二）给水常用管件及连接

管路系统是由给水管道、管件及附件组合而成的,管件是管道之间、管道与附件及设备之间的连接件。它的作用是:连接管路、改变管径、改变管路方向、接出支线管路及封闭管路等。常见的有接头、弯头、三通、四通、堵头等。

不同种类的管材都应有适合它自身特点的连接方式,常见的给水管道的连接方法有螺纹连接(又称丝扣连接)、焊接、法兰连接和承插连接等。

1. 螺纹连接

螺纹连接是一种广泛使用的可拆卸的固定连接,具有结构简单、连接可靠、装拆方便等优点。常用螺纹配件及连接方法如图 1 - 12 所示。

2. 焊接

焊接是一种连接金属或热塑性塑料的制造或雕塑过程。焊接过程中,工件和焊料熔化形成熔融区域,熔池冷却凝固后便形成材料之间的连接。这一过程中,通常还需要施加压力。焊接的能量来源有很多种,包括气体焰、电弧、激光、电子束、摩擦和超声波等。

3. 法兰连接

法兰又叫法兰盘。法兰是使管子与管子相互连接的零件,连接于管端。法兰上有孔眼,用螺栓使两法兰紧连。法兰盘连接具有方便拆卸的优点,适用于给排水工程的各类设备及构筑物内的配管连接。

4. 承插连接

承插连接主要用于带承插接头的铸铁管、混凝土管、陶瓷管、塑料管等。承插管分为刚性承插连接和柔性承插连接两种。刚性承插连接是用管道的插口插入承口内,对位后先用嵌缝材料嵌缝,然后用密封材料密封。柔性承插连接接头在管道承插口的止封口上放入富有弹性的橡胶圈,然后施力将管子插入,形成一个能适应一定范围内的位移和振动的封闭管。

5. 热熔连接

相同热塑性能的管材与管件互相连接时,采用专用热熔机具将连接部位表面加热,连接接触面处的本体材料互相熔合,冷却后连接成为一体的连接方式。适用于PP-R、PB和PE等管材、管件的连接。

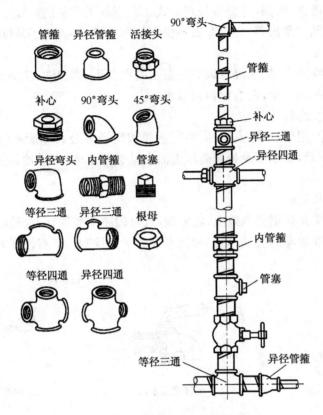

图 1-12　钢管螺纹连接及管件

（三）给水管道附件

给水管道附件是安装在管道及设备上的启闭和调节装置的总称。一般分为配水附件和控制附件两类。

1. 配水附件

配水附件就是装在卫生器具以及用水点的各种水龙头、淋浴喷头等,作用是调节和分配水量。配水附件的种类很多,民用建筑中常用的配水附件如图 1-13 所示。

（1）旋启式配水龙头

它和洗涤盆（池）、污水盆（池）、盥洗槽等卫生器具配套安装,当水流经过时,因水流方向改变,阻力较大,密封处的橡胶衬垫容易磨损,造成水龙头滴水、漏水。我国已经明令限制普通旋启式配水龙头的使用,取而代之的是陶瓷芯片水龙头。

（2）旋塞式配水龙头

主要安装在压力不大（100 kPa 左右）的给水系统上。这种龙头旋转 90° 即完全开启,可在短时间内获得较大流量,又因水流呈直线经过龙头,水流阻力较小,启闭迅速,容易产生水击,适用于浴池、洗衣房、开水间等处。

（3）陶瓷芯片水龙头

陶瓷芯片水龙头采用精密的陶瓷片作为密封材料,由动片和定片组成,通过手柄的水平旋转或上下提压使动片与定片相对位移来启闭水源。陶瓷芯片的硬度很高,耐磨损,寿命长,优质的陶瓷芯片可以使用10年以上。新型陶瓷芯片水龙头造型流畅,款式、颜色多种多样,表面有镀钛金、镀铬、烤漆、烤瓷等处理方式。造型除了常见的流线型、鸭舌形外,还有球形、细长的圆锥形、倒三角形等,使水龙头不仅有使用功能,还具有了装饰功能。

（4）混合水龙头

混合水龙头是将冷水、热水混合调节为温水的水龙头,供盥洗、洗涤、沐浴等使用。使用时将手柄上下移动控制流量,左右偏转调节水温。

（5）延时自闭水龙头

这种水龙头主要用于酒店、宾馆、大型写字楼和商场等公共场所的洗手间,使用时压下按钮,开启一定时间后,靠水压及弹簧的压力而自动关闭水流,有效地避免了"长流水"现象,节约了水源。

（6）自动控制水龙头

自动控制水龙头是根据光电效应、电容效应、电磁感应等原理,自动控制水龙头的启闭,常用于建筑装饰标准较高的盥洗、沐浴和饮水等的水流控制。具有使用方便、灵活、节能、美观等特点。

(a) 升降式水龙头　　　　　　(b) 旋塞式水龙头　　　　　　(c) 陶瓷芯片水龙头

(d) 延时自闭水龙头　　　　　(e) 混合水龙头　　　　　　(f) 感应式水龙头

图 1 - 13　常用配水附件

2. 控制附件

控制附件是用来调节水量、水压,关断水流,控制水流方向、水位的各种阀门,常见的控制附件有球形阀、闸阀、止回阀、浮球阀及安全阀等,如图1-14所示。

（1）闸阀

闸阀是指关闭件(闸板)由阀杆带动,沿阀座密封面做升降运动的阀门,常用于双向流动和 $DN \geqslant 70$ mm的管道,室外安装时应设阀门井。

闸阀具有阻力小、开闭所需外力小、安装无方向性要求等优点,但外形尺寸和开启高度较大,安装所需空间也较大,水中有杂质落入阀座后易因阀门关闭不严密而漏水。

(a) 闸阀　　(b) 截止阀　　(c) 球阀　　(d) 蝶阀　　(e) 旋启式止回阀

(f) 升降式止回阀　　(g) 消声止回阀　　(h) 缓闭止回阀　　(i) 浮球阀　　(j) 比例式减压阀

(k) 可调式减压阀　　(l) 泄压阀　　(m) 安全阀　　(n) 多功能阀　　(o) 紧急关闭阀

图 1-14　常用控制附件

（2）截止阀

截止阀是指关闭件（阀瓣）由阀杆带动,沿阀座密封面轴向做升降运动的阀门。截止阀具有开启高度小、关闭严密、耐磨损等优点,但因其阻力较大,有减压作用,常用于需要经常启闭和 $DN \leqslant 200$ mm 的管路。安装时应注意介质方向与阀体外壳箭头方向一致,即低进高出,不能装反。

（3）旋塞阀

旋塞阀安装在需要迅速开启或关闭的地方,可防止因迅速关断水流而引起的冲击,适用于压力较低和管径较小的管道。

（4）止回阀（单向阀或逆止阀）

止回阀是一种自动启闭的阀门,用于控制水流方向,只允许水流朝一个方向流动,反向流动时阀门自动关闭。它有两种类型:一是升降式止回阀,常安装在水平管道上,由于水头损失较大,故只适用于小管径;二是旋启式止回阀,一般安装在直径较大的水平或垂直管道上。

（5）浮球阀

浮球阀是一种可以自动进水、自动关闭的阀门,一般装在水箱或水池内以控制水位。

（6）蝶阀

蝶阀是指启闭件（蝶板）绕固定轴转动的阀门。它的特点是结构简单,开启方便,外形较闸阀小,适合在中、低压管道上安装。按驱动方式的不同,蝶阀可分为手动、涡轮传动、气动和电动阀。手动阀可安装在管道的任何位置上。带传动机构的阀门应直立安装,使传动机构处于铅垂位置,适用于室外管径较大的给水管和室内消火栓给水系统的主干管。

（7）球阀

球阀是指启闭件（球体）绕垂直于通路的轴线旋转的阀门。它具有截止阀或闸阀的作用，特点是阻力小、密封性能好、机械强度高、耐腐蚀、开闭迅速，但容易产生水击。

（8）安全阀

安全阀（又称溢流阀）在系统中起安全保护作用。当系统压力超过规定值时，安全阀打开，将系统中的一部分流体排出，使系统压力不超过允许值，从而保证系统不因压力过高而发生事故。常用的有弹簧式和杠杆式两种。

（9）减压阀

减压阀采用控制阀体内的启闭件的开度来调节介质的流量，将介质的压力降低，同时借助阀后压力的作用调节启闭件的开度，使阀后压力保持在一定范围内，在进口压力不断变化的情况下，保持出口压力在设定的范围内，以保护其后的生活生产器具。

3. 水表

水表是一种计量用水量的仪表设备，为了便于管理和节约用水，对需要单独计量用水量的建筑或设备应安装水表，对于住宅建筑要求采用一户一表制。水表通常设置在建筑物的引入管、住宅和公寓建筑的分户配水支管以及公用建筑物内需计量用水量的水管上。

（1）水表的类型

在建筑给水系统中普遍采用的是流速式水表，它是根据当管径一定时，水流速度与流量成正比的原理制成的。流速式水表按叶轮构造不同又分为旋翼式、螺翼式和复式三种，旋翼式水表口径小，阻力大，适用于计量小流量；螺翼式水表口径大，适用于计量大流量；复式水表由主、副两个翼轮式水表组成，主水表前安装开闭器，小流量时开闭器关闭，副表工作，大流量时开闭器自动打开，两个水表同时工作。

根据水流方向不同，水表可分为立式和水平式两种；按计数机构所处状态不同，水表可分为干式和湿式两种；按适用介质温度不同，水表可分为冷水表和热水表两种；按计量等级（从低到高），分为 A 级表、B 级表、C 级表和 D 级表，计量等级反映了水表的工作流量范围及其计量性能。随着科学技术的发展，在计算机技术、电子信息技术、通信技术与水表计量技术的结合下，制造出了远传式水表、IC 卡智能化水表等。常用水表如图 1-15 所示。

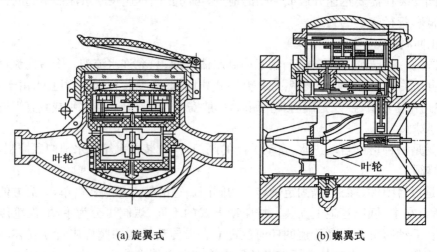

(a) 旋翼式　　　　　　　　　(b) 螺翼式

图 1-15　常用水表类型

（2）水表的选用

选用水表时，应根据用水量及其变化幅度、水质、水温、水压、水流方向、管道口径、安装场所等因素经过经济技术比较后确定。

旋翼式水表一般为小口径（$DN \leqslant 50$ mm）水表，叶轮转轴与水流方向垂直，水流阻力较大，始动流量和计量范围较小，适用于用水量及其变化幅度都比较小的用户（如家庭用水表）；螺翼式水表一般口径较大（$DN > 50$ mm），叶轮转轴与水流方向平行，水流阻力较小，始动流量和计量范围较大，适用于用水量大的用户（如社区的总水表）；对流量变化幅度非常大的用户，应选用复式水表。

干式水表的计数机构与水隔离，计量精度较差，适用于水质浊度较大的场合；湿式水表的计数机构浸泡在水中，构造简单，精度较高，但要求水质纯净。

水温 $\leqslant 40$ ℃ 时选用冷水表，水温 > 40 ℃ 时选用热水表。

安装在住户室内的分户水表应选用远传水表或 IC 卡智能水表。

1.1.5　给水管道的布置和敷设

建筑给水管道的布置要充分考虑建筑结构与装饰要求、其他建筑设备工程管线与设备布置情况、所采用的给水方式、用水点和室外给水管道的位置。

（一）给水管道的布置

（1）从安全可靠、经济合理的原则考虑，引入管宜从建筑物用水量最大处和不允许断水处引入（用水点分布不均匀时）。用水点均匀时，从建筑中间引入，以缩短管线长度，减小管网水头损失。引入管条数一般只要一条，但当不允许断水或消火栓个数大于 10 个时，需要 2 条，且从建筑不同侧引入，同侧引入时，间距大于 10 m。给水引入管应有不小于 0.003 的坡度坡向室外给水管网或坡向阀门井、水表井，以便检修时排放存水。

（2）室内给水管网的布置与建筑性质、外形、结构状况、卫生器具布置及采用的给水方式有关。

① 力求长度最短，尽可能沿直线走，平行于墙梁柱，照顾美观，考虑施工检修方便。

② 干管尽量靠近大用户或不允许间断供水点，以保证供水可靠，减少管道转输流量，使大口径管道最短。

③ 不得敷设在烟道和风道内；不得敷设在排水沟内；不允许穿过大小便槽、橱窗、壁柜、木装修。

④ 给水管道不得穿越生产设备的基础，如必须穿越时，应与有关专业协商处理。

⑤ 给水管道宜敷设在不结冰的房间内，可能结冰的地方应采取防冻措施。

⑥ 应避免穿越生产设备上方，不得穿越变配电房、计算机房、网络机房、通信机房、电梯机房、音像库房等遇水会损坏设备和发生事故的房间。

⑦ 室内管道不得布置在遇水会引起燃烧或爆炸的原料、产品和设备的上方。

⑧ 不宜穿越伸缩缝、沉降缝和变形缝，必须穿越时应设补偿管道伸缩和剪切变形装置，如图 1 - 16 所示的丝扣弯头法和图 1 - 17 所示的活动支架法。

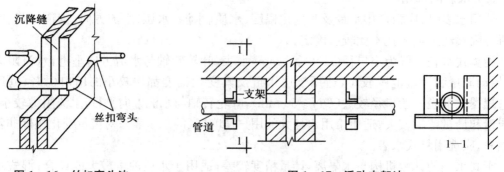

图 1 - 16　丝扣弯头法　　　　　　　　　　图 1 - 17　活动支架法

（3）给水管道的布置形式按水平干管的敷设位置，又可分为上行下给式、下行上给式和中分式三种形式。干管设在用水点下方（如直接供水方式）为下行上给式，直接给水系统、气压给水系统和变频水泵给水系统一般采用此布置形式。干管设在用水点上方（如水箱供水方式）为上行下给式，设高位水箱的给水系统、公共建筑和地下管线较多的工业厂房一般采用此布置形式。干管设在技术层中，向上、下供水（一般用于高层建筑中）为中分式，屋顶用做露天茶座、舞厅或设有中间技术层的高层建筑一般采用此布置形式。

（二）给水管道的敷设

根据建筑物的性质及对卫生、美观方面的要求不同，给水管道的敷设方式可分为明装和暗装。

1. 明装

管道在室内沿墙、梁、柱、天花板下、地板旁暴露敷设。优点：造价低，便于安装维修；缺点：不美观，凝结水，积灰，妨碍环境卫生。

2. 暗装

管道敷设在地下室或吊顶中，或在管井、管槽、管沟中隐蔽敷设。特点：卫生条件好，美观，造价高，施工维护均不便。适用：建筑标准高的建筑，如高层、宾馆；要求室内洁净无光的车间，如精密仪器、电子元件等。

室内给水管道与其他管道一同架设时，应当考虑安全、施工、维护等要求。在管道平行或交叉设置时，对管道的相互位置、距离、固定等应按管道综合有关要求统一处理。

3. 敷设要求

（1）给水管道可单独敷设，也可与其他管道一同敷设。

（2）给水管道与其他管道同沟或共架敷设时，宜敷设在排水管、冷冻管的上方，或热水管、蒸汽管的下方。

（3）给水引入管与室内排出管管外壁的水平距离不宜小于 1.0 m。

（4）建筑物内给水管与排水管之间的最小净距，平行埋设时应为 0.5 m；交叉埋设时应为 0.15 m，且给水管宜在排水管的上方。

（5）干管和立管应敷设在吊顶、管井、管窿内，支管宜敷设在楼（地）面的垫层内或沿墙敷设在管槽内。

（6）明设的给水管道应设在不显眼处，并尽可能沿直线走向与墙、梁、柱平行敷设；给水管道暗设时，不得直接敷设在建筑物结构层内。

（7）管道在空间敷设时，必须采取固定措施，以保证施工方便和供水安全。固定管道可用管卡、吊环、托架等。

（8）引入管进入建筑内有两种情况，一种由浅基础下方通过，另一种穿过建筑物基础或地下室墙壁(图 1 - 18)。

（9）横管穿过预留洞时，管顶上部净空不得小于建筑物的沉降量，以保护管道不致因建筑沉降而损坏，一般不小于 0.1 m。

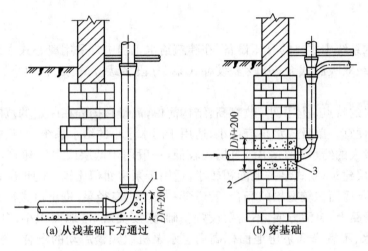

(a) 从浅基础下方通过　　　　(b) 穿基础

1—混凝土支座；2—黏土；3—水泥砂浆封口
图 1 - 18　引入管进入建筑物

（三）管道防护

建筑内部给水系统能在较长年限内正常工作，除应加强维护管理外，在施工中还需采取如下措施。

1．防腐

不论明、暗装的管道和设备，除镀锌钢管外，均需做防腐。钢管防腐常见的方法有刷油法：对管道除锈后在外壁刷涂防腐涂料。对防腐要求高的管道应采用性能好的材料做管道防腐层，如沥青防腐层，即在管道刷底漆和面漆后，再外包玻璃布。铸铁管防腐常见的方法为：埋地外表一律刷沥青防腐，明露刷樟丹及银粉。

2．防冻

管道和设备设在冬季温度低于零摄氏度的位置时，为保证安全使用，均应采取保温措施。通常的做法是对寒冷地区屋顶水箱，冬季不采暖的室内管道，设于门厅、过道处的管道采取保暖措施，即在管道的外壁包裹矿渣棉、玻璃棉等。

3．防结露

采暖卫生间、工作温度较高的房间(洗衣房)管道水温低于室温时，管道及设备外壁会结露，久而久之会损坏墙面，引起管道腐蚀，影响环境卫生。防结露的通常做法和防冻一样，也是采取保温措施。

4．防漏

管道布置、施工安装不当，或管材本身质量低劣，都会造成管道漏水，这样不仅浪费水资源,影响正常供水,还会损坏建筑物。钢管防漏的主要措施是:加强施工安装过程的检查监督;采取必要的保护措施,避免管道承受外力。

1.1.6　升压和储水设备

在建筑物较高或城市给水管网压力经常或周期性不足的情况下,需要设置升压和储水设备,以保证室内给水管网的水压和水量。常见的升压和储水设备有水泵、水箱、气压供水装置等。

(一) 水泵

水泵是给水系统中主要的升压设备,在建筑给水工程中常采用离心式水泵,主要有单级单吸卧式泵、单级双吸卧式泵、分段多级卧式泵、分段多级立式泵、管道泵、自吸泵和潜水泵等。

离心式水泵的特点是体积小,效率高,结构简单,流量和扬程在一定的范围内可调,运行管理方便,价格便宜。单吸式水泵流量小,适用于用水量小的给水系统;双吸式水泵流量大,适用于用水量较大的给水系统;单级泵扬程较低,一般用于低层或多层建筑,多级泵扬程较高,通常用于高层建筑;立式泵占地面积较小,适用于泵房面积比较小的情况;卧式泵占地面积较大,多用于泵房面积较宽松的场合;管道泵一般为小口径泵,进出口直径相同,可以像阀门一样安装在管路上,灵活方便,不需要设置基础,紧凑美观,占地面积小;自吸泵适用于从地下储水池吸水、不宜降低泵房地面标高而且水泵机组频繁启动的场合;潜水泵不需要灌水,启动快,运行噪声小,不需设置泵房,但维修不方便。

1. 离心式水泵的结构及工作原理

离心式水泵的结构如图 1-19 所示。

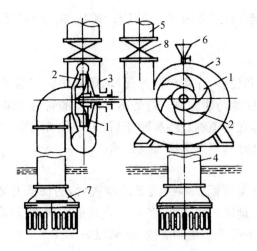

1—叶轮;2—叶片;3—泵壳;4—吸入管;5—压出管;6—引水漏斗;7—底阀;8—阀门

图 1-19　离心式水泵装置图

2. 水泵的铭牌

每台水泵均有一块标有水泵型号及性能参数的牌子,称为铭牌,主要参数有流量、扬程、管径、额定电压、额定电流、频率、功率、转速、重量、许可证编号、生产厂商等。

扬程:单位质量的水通过水泵所获得的能量,用 H 表示,单位为 m。

流量:单位时间内通过水泵的水的体积,用 Q 表示,单位为 L/s 或 m³/h。

功率:水泵的功率有三种,即轴功率、有效功率和配套功率,单位均为 kW。轴功率是水泵通过泵轴从电机所获得的全部功率,用 N 表示;有效功率是水泵中的水所获得的功率,用 N_c 表示;配套功率是水泵配套电机的功率,即电机容量。

转速:水泵的叶轮每分钟旋转的转数,用 n 表示,单位为 r/min。

吸程(也称允许吸上真空高度):在一个标准大气压、水温为 20 ℃时,水泵的入口处允许达到的最大真空值,用 h_v 表示,单位为 m。

效率:水泵的有效功率与轴功率的比值,用 η 表示。

(二) 水箱

建筑给水系统中,在需要增压、稳压、减压或者需要储存一定的水量时,均可设置水箱。水箱按照材质可分为:不锈钢水箱、搪瓷钢板水箱、玻璃钢水箱等。其中,玻璃钢水箱选用优质树脂为制作原料,经优良的模压生产工艺制作而成,具有重量轻、无锈蚀、不渗漏、水质好、使用范围广、使用寿命长、保温性能好、外形美观、安装方便、清洗维修简便、适应性强等特点,广泛应用于宾馆、饭店、学校、医院、工矿企业、事业单位、居民住宅、办公大楼,是公共生活用水、消防用水和工业用水储水设施的理想产品。

1. 水箱的配管

水箱上连接的管道有进水管、出水管、溢流管、排水管、水位信号管和通气管等,如图 1-20 所示。

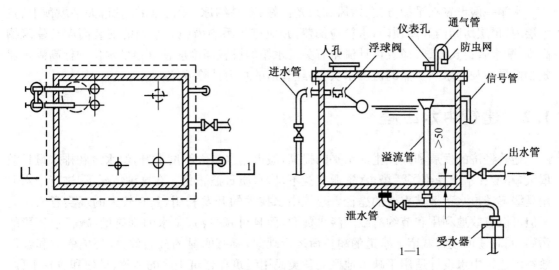

图 1-20 水箱的构造示意

(1) 进水管

进水管的管径按照水泵流量或室内设计秒流量计算确定。当水箱利用管网压力进水时,其进水管上应装设不少于两个浮球阀或液压水位控制阀。为了检修的需要,在每个浮球阀或液压水位控制阀前应设置阀门。进水管距水箱上沿应有 200 mm 的距离。当水箱利用水泵压力进水并采用水箱液位自动控制水泵启闭时,在进水管上可不设浮球阀或液压水位控制阀。

（2）出水管

出水管管口下缘应高出水箱底 50～100 mm，以防污物流入配水管网。对生活与消防共用水箱，出水管口应设在消防储水量对应的水位之上。

（3）溢流管

溢流管口应高于设计最高水位 50 mm，溢流管上不得装设阀门。溢流管不得直接和排水系统相连，还应有防止尘土、蚊蝇等昆虫进入的措施，如设置水封等。

（4）排水管

排水管是为放空水箱和排出冲洗水箱后的污水而设置。管口由水箱底部接出与溢流管连接，管径 DN40 或 DN50，在排水管上应设置阀门。

（5）水位信号管

管径为 DN15，安装在水箱溢流管口以下 10 mm 处，信号管的另一端接到经常有值班人员的房间的污水池上，以便随时发现水箱浮球阀是否失灵。

（6）通气管

供生活饮用水的水箱应设有密封箱盖，箱盖上应设有检修人孔和通气管，通气管上不得装设阀门，管口应朝下设置，且管口应装设防尘滤网。通气管直径一般≥50 mm，并且高出水箱顶 0.5 m。

当生活水箱和消防水箱共用时，水箱的有效容积应根据调节水量和消防储水量确定。水箱的消防储水量一般按保证室内 10 min 消防设计流量考虑。

2. 水箱的设置

水箱一般设置在维护方便、通风和采光良好、不易结冰、无污染的场所，如平屋顶上、技术层内、顶层房间内和闷顶内，水箱应加盖，并应有防污染措施。水箱的安装高度与建筑物高度、配水管道长度、管径及设计流量有关。水箱的设置高度应使其最低水位的标高满足建筑物内最不利配水点所需的流出水头，并经管道的水力计算确定。

1.2 建筑中水工程

随着经济的发展和人民生活水平的提高，城市用水量大幅度上升，给水量和排水量日益增大，环境和水源受到了污染，水资源日益不足，水质日益恶化。在这种情况下，进行中水回用是缓解城市水荒极其重要的途径。建筑中水技术的开发利用，具有较大的现实意义。它不但可以有效地利用和节约有限的淡水资源，而且可减少污、废水的排放量，减轻水环境的污染，同时还可缓解城市下水道的超负荷运行现象，具有明显的社会效益、环境效益和经济效益。建筑中水设计适用于缺水地区的各类民用建筑和建筑小区的新建、扩建和改建工程。中水不仅水量大而且稳定，并且就地可取，用水成本较低，从现实、长远来看是解决城市缺水问题和可持续发展的战略性对策之一。

建筑中水工程是指民用建筑或建筑小区使用后的各种污、废水，经处理后作为杂用水回用于民用建筑或建筑小区的供水系统。所谓"中水"，是相对于"上水"（给水）和"下水"（排水）而言的，其水质介于给水和排水之间，主要用来洗车、冲厕、绿化、消防等。

1.2.1 中水水源

中水水源应根据原排水的水质、水量、排水状况和中水回用的水质、水量确定。中水水源一般为生活污水、冷却水、雨水等。医院污水不宜作为中水水源。根据所需中水水量,应按污染程度的不同优先选用优质杂排水,可按以下顺序取舍:① 冷凝冷却水;② 淋浴排水;③ 盥洗排水;④ 洗衣排水;⑤ 厨房排水;⑥ 厕所排水。

在建筑各种用途的用水中,有部分用水很少与人体接触,有的在密闭体系中使用,不会影响使用者身体健康,从保健、卫生的角度出发,以下用途的用水可考虑由中水供给:冲洗厕所用水,绿化、喷洒用水,洗车用水,消防用水,娱乐用水。实践中必须克服人们使用上的心理障碍,因此可先尝试将中水应用于冲洗厕所、绿化、喷洒、洗车。

1.2.2 中水水质

中水用途不同,要满足的水质标准也不同。中水用做建筑杂用水和城市杂用水,如冲厕、道路清扫、消防、城市绿化、车辆冲洗、建筑施工等杂用,其水质应符合《城市污水再生利用城市杂用水水质》(GB/T 18920—2002)的规定。

中水用于景观环境用水,其水质应符合国家标准《城市污水再生利用景观环境用水水质》的规定。

1.2.3 中水系统类型和组成

1. 中水系统的分类

中水系统按服务的范围可以分为建筑中水系统、小区中水系统和城市中水系统三种。

建筑中水系统是指单幢建筑物或几幢相邻建筑物所形成的中水系统,系统框图如图 1 - 21 所示。建筑中水系统适用于建筑内部排水系统为分流制、生活污水单独排放到城市排水管网或化粪池、以优质杂排水或杂排水作为中水水源的情况。水处理设施在地下室或附近建筑物的外部,建筑室内给水采用分质供水,即由生活给水管网和中水供水管网分别供水。

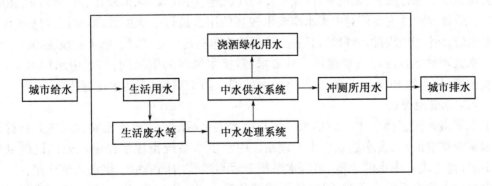

图 1 - 21 建筑中水系统框图

小区中水系统的中水原水取自居住小区内各建筑物排放的污、废水。一般以优质杂排水或杂排水为中水水源。居住小区和建筑内部供水管网分为生活饮用水和杂用水双管配水系统。多用于居住小区、机关、高等院校等,系统框图如图1-22所示。

城市中水系统,我国称为污水回用系统,是在整个城市规划区内建立的污水回用系统。它是以城镇二级污水处理厂(站)的出水和雨水作为中水的水源,再经过城镇中水处理设施的处理,达到中水水质标准后,作为城镇杂用水使用。设置中水系统的城市供水采用双管分质、分流的供水系统,但城市排水和建筑物内的排水系统不要求必须采用分流制。

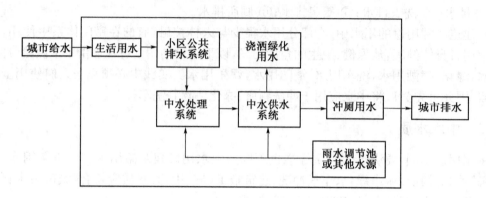

图1-22　小区中水系统框图

2. 中水系统的组成

建筑中水系统由中水原水系统、中水处理设施、中水管道系统三大部分组成。

(1)中水原水系统

中水原水系统是收集、输送中水原水到中水处理设施的管道和一些附属构筑物所组成的系统。建筑中水系统多采用分流制中的优质杂排水或杂排水作为中水水源。

(2)中水处理设施

中水处理设施用来处理原水以使其达到中水的水质标准。包括预处理、主处理和后处理三个阶段。

预处理阶段主要是用来截留中水原水中较大的漂浮物、悬浮物和杂物,分离油脂,调节水量和pH值等,其处理设施主要有格栅、滤网、沉砂池、隔油井、化粪池等。主处理阶段主要是用来去除原水中的有机物、无机物等,其主要处理设施包括沉淀池、混凝池、气浮池和生物处理设施等。后处理阶段主要是对中水水质要求较高的用水进行的深度处理,常用的处理方法和工艺有膜滤、活性炭吸附和消毒等,其主要处理设施包括过滤池、吸附池、消毒设施等。

中水处理站选址应尽可能满足下列要求:常年主风向的下风向;靠近中水用水大户;预留发展位置;构筑物和设备布置合理;有必要的安全防护措施;有防火防爆措施。

(3)中水管道系统

中水管道系统包括中水水源集水系统与中水供水系统。中水水源集水系统是指建筑内部排水系统排放的污、废水进入中水处理站。中水供水系统指原水经中水处理设施处理后成为中水,首先流入中水储水池,再经水泵提升后与建筑内部的中水供水系统连接。

中水供水管道系统应单独设置,管网系统的类型、供水方式、系统组成、管道敷设形式和水力计算的方法均与给水系统基本相同,只是在供水范围、水质、使用等方面有些限定和特殊要求。

3．中水处理工艺流程

中水处理工艺流程的确定,首先应充分了解本地区的用水环境、节水技术的应用情况、城市污水及污泥的处理程度、当地的技术与管理水平是否适应处理工艺的要求等,再根据中水原水的水质、水量和要求的中水水质、水量及使用要求等因素,经技术经济比较,并参考已经应用成功的处理工艺流程确定。

[复习思考题]

1．建筑给水系统按用途可分为几类? 建筑给水系统主要由哪几部分组成?
2．建筑给水系统的给水方式有哪几种? 各自的适用条件是什么?
3．常用的建筑给水管材有哪些? 其连接方式是什么?
4．建筑内部给水管道的布置要求是什么?
5．建筑中水的主要组成部分是什么?

[案例分析]

某店铺被淹,十几幅字画被泡,找到物业,对方却称是业主没做好保暖工作导致水管被冻坏,物业没有责任。业主称:"我是 2009 年 9 月份刚搬过来的,水表使用还没超过半年就被冻坏了,我哪来的责任呢?"物业赵经理说:"因为以前曾出现过水管被冻坏的情况,所以当时他们及时张贴了通知,提醒业户采取包毛巾、生炉子等方式给水管保暖,避免水管被冻而造成不必要的损失,但是陈先生的电话号码换了,没有通知到他,责任不在物业。"赵经理说:"现在只要陈先生提供管件、水表等材料,物业就可以免费为其安装。"

问题:1．给水管道防冻的措施有哪些?
　　　2．给水管道还需要做哪些方面的防护?

第 2 章　建筑排水

2.1　建筑排水系统

2.1.1　排水系统的分类

建筑内部排水系统的任务就是将建筑物内卫生器具和生产设备产生的污(废)水以及降落在屋面上的雨、雪水加以收集后顺利畅通地排到室外排水管网中去。同时,还应考虑减小管道内的气压波动,使其尽量稳定,防止水封被破坏,否则排水管道中的有害气体、臭气、有害虫类将通过排水管进入室内。根据排水的种类及性质不同,一般可分为三类:生活排水系统、工业废水排水系统、雨雪水排水系统。

1. 生活排水系统

生活排水系统用来排除民用住宅建筑、公共建筑以及工业企业生活间的生活污、废水,包括盥洗、洗涤以及粪便冲洗水等。

2. 工业废水排水系统

因生产工艺种类繁多,排出的污(废)水种类也很复杂,大致可分为生产污水和生产废水两类。生产污水是水的化学性质起了变化,或水的味、色有改变,污水中含有对人体有害的物质,这类污水必须经过相关处理后才能排出厂外,如含酸、碱污水,印染污水等。生产废水是受污染较轻或仅仅是水温升高的水,经过简单处理可回收利用,如工业冷却水。

3. 雨水排水系统

排除屋面雨水、雪水的系统。雨水、雪水可以直接排入水体或城市雨水系统,但由于空气的污染以及夹带流经地带的特有物质受到的污染,降水亦受到程度不同的污染。

在排除城市(镇)和工业企业中的生活污水、工业废水和雨雪水时,有的采用一个管渠系统排除,有的采用两个或两个以上各自独立的管渠系统进行排除,这种不同排除方式所形成的排水系统,称为排水系统的体制(简称排水体制)。建筑内部排水体制分为分流制和合流制两种,分别称为建筑内部分流排水和建筑内部合流排水。建筑物内部排水体制确定时,应根据污水性质、污染程度,结合建筑外部排水系统体制,从有利于综合利用、污水处理和中水开发等方面的因素考虑。比如下列情况宜将生活污水和生活废水分流:(1)建筑使用性质对建筑卫生标准要求较高;(2)生活污水需经化粪池处理后才能排入市政管道;(3)生活废水需回收利用。

2.1.2　排水系统的组成

室内排水系统由以下主要部分组成,如图 2-1 所示。

1. 污(废)水收集器(受水器)

各种卫生器具、排放工业废水的设备及水斗。

2. 排水管道

排水管道可分为以下几种:

(1) 器具排水管:连接卫生器具与管道排水横支管的短管。

(2) 排水横支管:汇集各器具排水管的来水,并沿水平方向输送至排水立管的管道。排水横支管应有一定坡度。

(3) 排水立管:收集各排水横管、支管的来水,并沿垂直方向将水排泄至排出管。

(4) 排出管:收集排水立管的污、废水,并沿水平方向将之排至室外污水检查井的管段。

为了保证室内卫生,需要在污水、废水收集器具的排水口的下方设置存水弯,本身带有存水弯的卫生器具除外。存水弯的类型一般有 P 型和 S 型两种。存水弯的作用是在其内形成一定高度的水封,通常为 50~100 mm,利用水封阻挡排水管道中的臭气和其他有害、易燃气体及虫类进入室内造成危害。

3. 通气管

建筑内部排水管道内呈水气两相流动,要尽可能迅速安全地将污、废水排到室外,必须设通气管系统。通气管主要有三个作用:① 向排水管道系统补充空气,使水流畅通,并减少管道内的气压波动,防止卫生器具的水封被破坏;② 将排水系统中散发的有毒、有害气体和臭气排放到大气中去;③ 保持管道内的新鲜空气流通,减轻废气对管道的锈蚀。

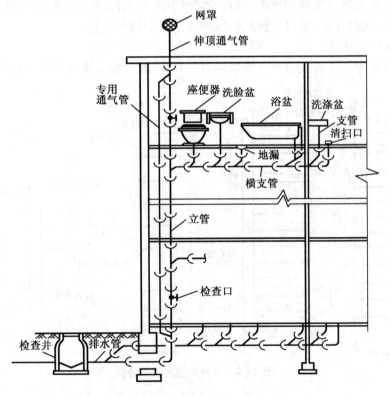

图 2-1 建筑内部排水系统的组成

常见的通气管形式有：伸顶通气管、专用通气管、结合通气管、环形通气管、安全通气管、卫生器具通气管。见图 2-2。

（1）伸顶通气管

指污水立管顶端延伸出屋面的管段，作为通气及排除臭气用，为排水管系最简单、最基本的通气方式。

（2）专用通气立管

指仅与排水立管连接，为污水立管内空气流通而设置的垂直通气管道。

（3）主通气立管

指为连接环形通气管和排水立管，并为排水支管和排水立管内空气流通而设置的垂直管道。

（4）副通气立管

指仅与环形通气管连接，为使排水横支管内空气流通而设置的通气管道。

（5）环形通气管

指在多个卫生器具的排水横支管上，从最始端卫生器具的下游端接至通气立管的那一段通气管段。

（6）器具通气管

指卫生器具存水弯出口端一定高度处与主通气立管连接的通气管段，可以防止卫生器具产生自虹吸现象和噪音。

（7）结合通气管

指排水立管与通气立管的连接管段。其作用是，当上部横支管排水，水流沿立管向下流动，水流前方空气被压缩，通过它释放被压缩的空气至通气立管。

（8）汇合通气管

指连接数根通气立管或排水立管顶端通气部分，并延伸至室外大气的通气管段。

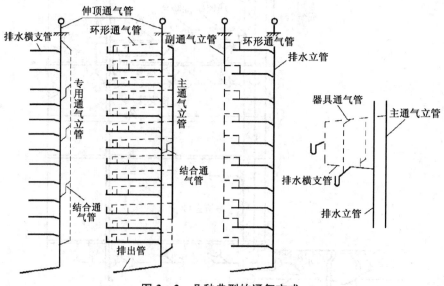

图 2-2　几种典型的通气方式

4. 附件

为疏通建筑内部排水管道，保障排水畅通，常需设检查口和清扫口等。

（1）存水弯

存水弯的作用是在其内形成一定高度的水封,一般有 P 形和 S 形两种(图 2-3),通常为 50～100 mm,阻止排水系统中的有毒有害气体或虫类进入室内,保证室内的环境卫生。

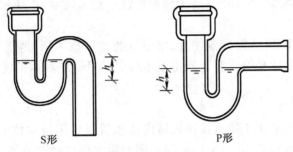

S形　　P形

图 2-3　存水弯

（2）检查口和清扫口

属于清通设备,保障室内排水管道排水畅通。检查口设置在立管上,若立管上有乙字弯管时应在乙字弯管上部设检查口。塑料排水立管宜每六层设一个,安装高度距地 1.0 m,并高出同层卫生器具上边缘 0.15 m。清扫口一般设置在横管起点上,通常在连接 2 个及 2 个以上坐便器的塑料排水横管上设置。

在室外排水管道上,还设有检查口井,见图 2-4。

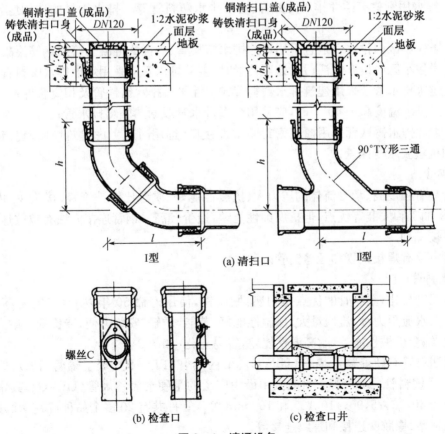

I型　　(a) 清扫口　　II型

(b) 检查口　　(c) 检查口井

图 2-4　清通设备

（3）地漏

地漏是一种特殊的排水装置,主要设在浴间、盥洗室、厕所、卫生间等需要经常排除地面积水的地方,一般布置在易溅水的卫生器具附近地面的最低点,地面按 0.01 坡度坡向地漏,地漏算子顶面比地面低 5～10 mm。普通地漏应注意经常注水,以免水封受蒸发破坏。

5. 抽升设备

民用建筑中的地下室、人防建筑物、高层建筑的地下技术层、地下铁道等地下建筑物内的污（废）水必须通过污水抽升设备才能排至室外。抽升建筑物内的污水所使用的设备一般为离心泵。

6. 局部处理构筑物

建筑内部污水未经处理不能直接排入城市排水管道或附近水体时,必须设污水局部处理构筑物。根据污水性质的不同,可以采用不同的污水局部处理设备,如沉淀池、除油池、化粪池、中和池及其他污水局部处理设备。

7. 室外排水管道

室外排水管段指从排出管接出的第一检查井后至城市下水道或工业企业排水主干管间的排水管道,其任务是将室内的污水排送到市政或工厂的排水管道中去。

2.1.3　排水管材和卫生设备

（一）排水管材

室内排水用管材有柔性排水铸铁管、建筑排水塑料管等。排水管材的选用应符合下列要求:

（1）居住小区内排水管道宜采用埋地排水塑料管、承插式混凝土管或钢筋混凝土管;

（2）居住小区内设有生活污水处理装置时,生活排水管应采用埋地排水塑料管;

（3）建筑排水管应采用建筑排水塑料管或柔性接口排水铸铁管及相应管件;

（4）当排水温度高于 40 ℃时,应采用金属排水管或耐热塑料排水管;

（5）柔性排水铸铁管采用橡胶密封圈柔性接口,选用时应考虑建筑性质、建筑标准、建筑高度和抗震要求等因素。

1. 钢管

钢管具有强度高、承受流体的压力大、抗震性能好、质量比铸铁管轻、接头少、内外表面光滑、容易加工和安装等优点,但抗腐蚀性能差,造价较高。钢管连接方法有螺纹连接、法兰连接和焊接三种。

钢管主要有焊接钢管和无缝钢管两种。

2. 塑料管

与金属管相比,塑料管的优点是耐腐蚀、防锈,使用寿命 50 年以上,卫生无毒,表面光滑、不结垢、水流阻力小、流通量大,保温性能好、节能,质轻、安装方便,造价低。缺点是热膨胀系数大,综合机械性能差,耐高温性能差,容易老化,如图 2-5。

常用塑料管有硬聚氯乙烯管（UPVC）、聚丙烯管（PP-R）、聚丁烯管（PB）、聚乙烯管（PE）和工程塑料管（ABS）等。目前应用最为广泛的是硬聚氯乙烯管（UPVC）,其常用规格有工程外径 40,50,75,90,110,125 和 160 mm 等。管件共有 20 多个品种,70 多个规格。连接方法有粘贴、橡胶圈连接和螺纹连接等。

3. 混凝土管

混凝土管有素混凝土排水管、轻型钢筋混凝土排水管、预应力钢筋混凝土管、石棉水泥管等,适用于建筑群室外排水管和雨水排水管。

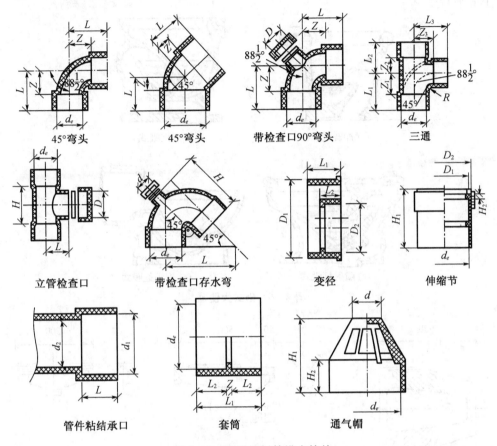

45°弯头　　　45°弯头　　　带检查口90°弯头　　　三通

立管检查口　　　带检查口存水弯　　　变径　　　伸缩节

管件粘结承口　　　套筒　　　通气帽

图 2-5　常用塑料管排水管件

(二)卫生器具

卫生器具是建筑内部排水系统的主要组成部分。卫生器具及附件在材质和技术方面均应符合现行的有关产品标准和规定。一般应满足以下要求:耐腐蚀、耐摩擦、耐老化、耐冷热、不透水、无气孔、表面光滑、不易结垢、易清洗、具有一定强度,不含对人体有害的成分。一般采用陶瓷、搪瓷、铸铁、塑料、水磨石、复合材料等制作。同时要兼顾器具的节水消声、设备配套、便于控制、使用方便、便于安装和维修、造型新颖、色彩协调等方面的要求。

1. 便溺器具

便溺器具设在卫生间和公共厕所,用来收集粪便污水,包括大小便器和冲洗设备。冲洗设备应具有冲洗效果好、耗水量小,有足够的冲洗水压,在构造上具有防止水回流污染给水管道的功能。常用的冲洗设备有冲洗水箱和冲洗阀两类,冲洗水箱分为高位水箱和低位水箱。便溺卫生器具包括大便器、大便槽、小便器、小便槽等。

(1)大便器

常用的大便器有坐式和蹲式两种。坐式大便器(图 2-6)多装设于宾馆、家庭等高级建筑中,本身带有存水弯,冲洗设备一般为低水箱,按冲洗、排污方式不同,又分为冲洗式和虹吸式两种。蹲式大便器(图 2-7)多装设在公共卫生间、集体宿舍、公共厕所中,本身不带有存水弯,需另外装设,冲洗设备一般为高位水箱。为装设存水弯,蹲式大便器一般安装在地面以上的平台中。

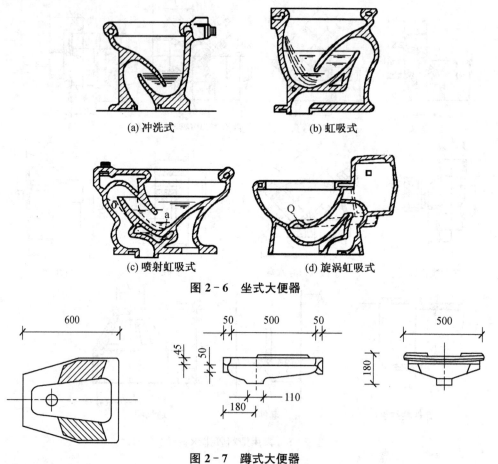

(a) 冲洗式　　　　　　　(b) 虹吸式

(c) 喷射虹吸式　　　　　(d) 旋涡虹吸式

图 2-6　坐式大便器

图 2-7　蹲式大便器

（2）大便槽

大便槽较少使用,目前只在某些造价较低的一般公共建筑物的公共厕所中使用。其优点是设备简单,可代替成排的蹲式大便器,常用瓷砖贴面,造价低。从卫生观点评价,大便槽受污面积大、有恶臭且耗水量大、不够经济。

大便槽可采用集中冲洗水箱或红外数控冲洗装置冲洗。红外数控冲洗装置利用光电自控装置自动记录使用人数,当使用人数达到预定数目时,水箱即自动放水冲洗;当人数达不到预定人数时,则延时 20～30 min 自动冲洗一次;如无人如厕,则不冲洗。如图 2-8 所示。

（3）小便器

小便器一般用于公共建筑的男卫生间内。小便器有挂式、立式两种。挂式小便器悬挂在墙上,其冲洗设备可用自动冲洗水箱,也可采用阀门冲洗,每只小便器均应装设存水弯。立式小便器安装在对卫生要求较高的公共建筑内,如展览馆、宾馆、大型酒店等,多为两个以上成组安装,其冲洗设备为自动冲洗水箱,如图 2-9。

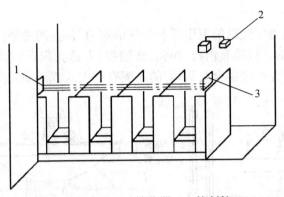

1—发光器;2—接收器;3—控制箱

图 2-8　光电数控冲洗装置大便槽

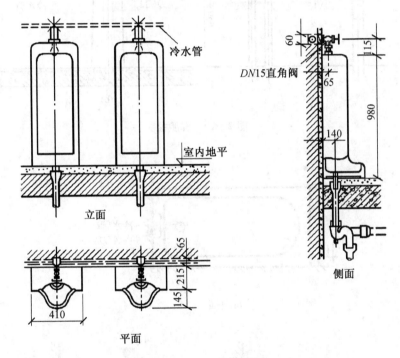

图 2-9　立式小便器

（4）小便槽

小便槽具有建造简单、经济、占地面积小、可同时容纳多人使用等特点,在工作建筑、公共建筑和集体宿舍的男厕所中较多采用。

2. 盥洗淋浴用卫生器具

（1）洗脸盆

洗脸盆一般用于洗脸、洗手、洗头。洗脸盆的高度及深度应适宜,盥洗不用弯腰较省力,不溅水,用流动水时比较卫生。洗脸盆有长方形、椭圆形和三角形,安装方式有墙架式、台式和柱脚式,如图 2-10 所示。

（2）浴盆

浴盆设在住宅、宾馆等建筑的卫生间及公共浴室内，供人们淋浴使用。浴盆的外形一般为长方形、方形、椭圆形。材质有钢板、陶瓷、玻璃钢、人造大理石、木制、热塑性塑料等。浴盆的一端设有冷、热水龙头或混合龙头，有的还配有固定式或活动式淋浴喷头，如图 2-11。

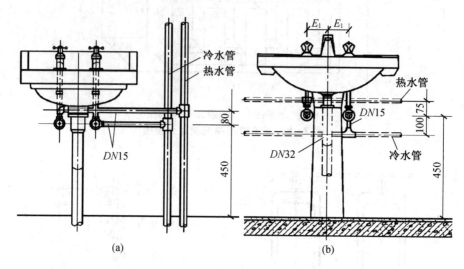

图 2-10　洗脸盆

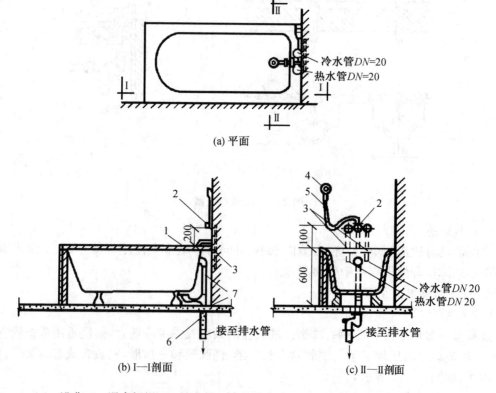

1—浴盆；2—混合阀门；3—给水管；4—莲蓬头；5—蛇皮管；6—存水弯；7—溢水管

图 2-11　浴盆

（3）淋浴器

淋浴器多用于工厂、学校、机关、部队的公共浴室和体育场馆内。淋浴器占地面积小,清洁卫生,避免疾病传染,耗水量小,设备费用低。可以采用成品淋浴器,也可现场制作安装。图 2-12 为现场制作安装的淋浴器。

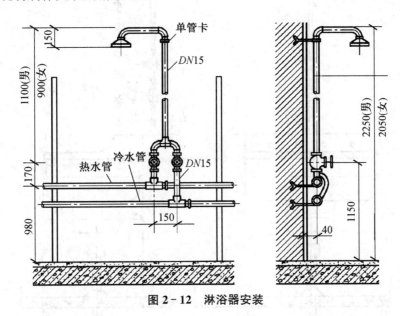

图 2-12　淋浴器安装

3. 洗涤器具

（1）洗涤盆

洗涤盆通常装设在厨房或公共食堂,供洗涤碗、碟、蔬菜之用。根据材质不同,可以分为水泥洗涤盆、水磨石洗涤盆、陶瓷洗涤盆、不锈钢洗涤盆。洗涤盆的形状有长方形、正方形和椭圆形,分直沿和卷沿两类。见图 2-13。

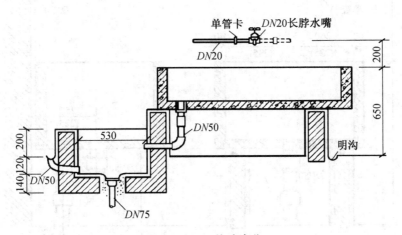

图 2-13　双格洗涤盆

（2）化验盆

化验盆设置在工厂、科研机关和学校的化验室或实验室内,根据需要,可安装单联、双联、三联鹅颈水嘴,如图 2-14 所示。

（3）污水盆

污水盆又称污水池，常设置在公共建筑的厕所、盥洗室内，供洗涤拖把、打扫卫生或倾倒污水等。污水盆多为砖砌贴瓷砖现场制作安装，如图 2-15 所示。

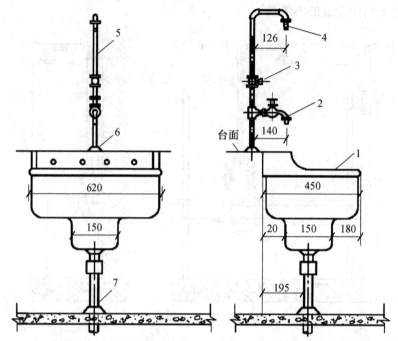

1—化验盆；2—DN15 化验水嘴；3— DN15 截止阀；4—螺纹接口；
5—DN15 出水管；6—压盖；7—DN50 排水管

图 2-14　化验盆

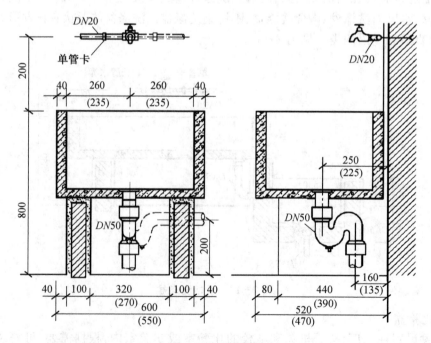

图 2-15　污水盆

（4）食品废物处理器

在一些国家，将食品废物处理器安装在洗涤盆下，将生活中的各种食物垃圾粉碎，如果核、碎骨、菜梗等粉碎后随水排入下水道中，适用于安装在家庭、宾馆、餐厅等厨房洗涤盆上，见图 2-16。

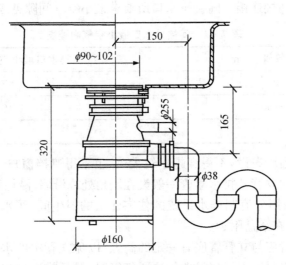

图 2-16　食品废物处理器

2.1.4　排水管道的布置和敷设

排水管道中流动的是使用后受污染的水，含有大量悬浮物，尤其是生活污水排水管道中常会有纤维类和其他大块的杂物进入，容易引起管道堵塞，所以，要保证管道中有良好的水力条件，保证生产和使用安全。

（一）室内排水管道的布置原则

排水管道布置应满足使用要求，且经济美观，维修方便。应力求简短，拐弯最少，有利于排水，避免堵塞，不出现"跑冒滴漏"，不易受到破坏，日常管理维护费用较低。同时兼顾到给水管道、热水管道、供热通风管道、燃气管道、电力照明线路、通信线路和共用天线等的布置和敷设要求。建筑物内部排水管道的布置一般应满足以下要求：

（1）排水立管应设置在最脏、杂质最多及排水量最大的排水点处。

（2）排水管道不得布置在遇水会引起爆炸、燃烧或损坏的原料、产品和设备的上方。

（3）排水管不得穿越卧室、客厅，不得布置在食品或贵重物品储藏室、变电室、配电室，不得穿越烟道，不得布置在生活饮用水池、炉灶上方。

（4）排水管道不宜穿越容易引起自身损坏的地方：如建筑沉降缝、伸缩缝、变形缝、烟道、风道、重载地段和重型设备基础下方、冰冻地段等。特殊情况应与有关专业协商处理。

（5）排水塑料管应避免布置在易受机械撞击处及地热源附近，如不能避免，应采取相应技术。塑料排水立管与家用灶具边净距不得小于 0.4 m。

（二）室内排水管道的布置与敷设

卫生器具的设置位置、高度、数量及选型，应根据使用要求、建筑标准、有关的设计规定及节约用水原则等因素确定。

器具排水管是连接卫生器具和排水横支管的管段。在器具排水管中应设有一个水封装置,若有的卫生器具中本身有水封装置,则可不另设。器具排水管与排水横管垂直连接,应采用90°斜三通。有些排水设备不宜直接与下水道相连接,如医疗灭菌消毒设备的排水、饮用水储水箱的排水管和溢流管排水、空调设备的冷凝或冷却水排水、食品冷藏库房地面的排水与排水系统均要求间接连接。间接排水口所要求最小空气间隙见表2-1。

表 2-1　间接排水口最小空气间隙表

间接排水管管径/mm	排水口最小空气间隙/mm
≤25	50
32～50	100
>50	150

排水横支管一般沿墙布设,不得穿越建筑大梁,也不得遮挡窗户。横支管是重力流,要求管道按一定坡度通向立管。排水立管一般设在墙角处或沿墙、沿柱垂直布置,宜靠近排水量最大的排水点,如采用分流制排水系统的住宅建筑的卫生间,污水立管应设在大便器附近,而废水立管则应设在浴盆附近。

最低层排水横支管应与立管管底有一定的高差,以免立管中的水流形成的正压破坏该横支管上所有连接的水封。立管仅设置伸顶通气管时,最低排水横支管与立管管底的垂直距离见表2-2。最低排水支管连接在排出管或排水横干管上时,连接点距立管底部水平距离不宜小于3 m。若不满足上述要求,则排水支管应单独排出室外。

表 2-2　最低横支管与立管连接处至立管管底的垂直距离

立管连接卫生器具的层数	垂直距离/m
≤4	0.45
5～6	0.75
7～12	1.2
13～19	3.0
≥20	6.0

(三)室内排水管道的安装

室内排水管道一般按如下安装顺序施工:排出管→底层埋地横管→底层器具排出支管→埋地排水管道灌水试验及验收→排水立管→各楼层排水横管及楼层器具排水支管→卫生器具安装→通水试验和验收。

1. 排出管的安装

排出管是室内排水立管或干管与室外排水检查井之间的连接管段,它收集来自一根或几根立管的污水并排至室外排水管网。排出管是室内排水管道的排水总管,指由底层排水横管三通至室外第一个排水检查井之间的管道。施工时,室外应出建筑物外墙1 m,室内一般做至一层立管检查口,以便于隐蔽部分的灌水试验及验收,这样,排出管可认为是由L_1、L_2、L_3三个管段组成,如图2-17(a)所示。具体的安装方法如下:

(1)排出管应预制成整体,待接口强度达到后,一次性地穿入基础预留孔洞安装,以确保安装严密。

（2）排出管道宜采用两个 45°弯头或弯曲半径不小于 4 倍管径的 90°弯头，也可采用带清通口的弯头接出，如图 2-17(b)所示。

（3）排出管安装并经位置校正和固定后，应妥善封填预留孔洞。做法是：用不透水材料（如沥青油麻或沥青玛蹄脂）封填严实，并在内外两侧用 1：2 水泥砂浆抹面。

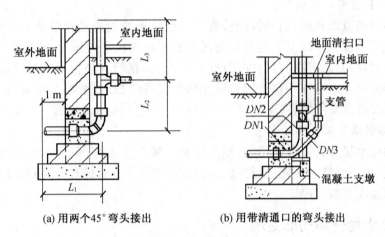

(a) 用两个 45°弯头接出　　　　(b) 用带清通口的弯头接出

图 2-17　排出管的安装

（4）与高层排水立管直接连接的排出管弯管底部应用混凝土支墩承托。支墩的施工质量应严格掌握，以保证具有足够的承压能力。

（5）排出管应埋设于冰冻线以下。在湿陷性黄土地区，排出管应做检漏沟。

2. 底层隐蔽排水管道的灌水试验

排出管、底层排水支管及器具排水支管安装后，可用砖块（或圆木）及水泥砂浆封闭各敞露管口，从一层立管检查口处灌水试漏（灌水水面高度至检查口灌水口处），验收后方可回填。

3. 排水立管的安装

排水立管（包括通气管）的安装是从一层立管检查口承口内侧，直到通气管伸出屋面。一般北方地区为屋面上 700 mm，南方地区为屋面上 300 mm。如屋面停留人，应高出屋面 1.8 m。安装应采用分层测量确定楼层管段长度，预制时按每层一组自下而上安装和固定的方法施工。排水立管安装技术要求如下：

（1）立管穿越楼板的孔洞、器具支管穿越楼板的孔洞均应参照设计要求的尺寸预留。现场打洞时不得随意切断楼板配筋，必须切断时，在管道安装后应予补焊。

（2）确定排水立管安装位置时，与后墙及侧墙的距离应考虑到饰面层厚度（一般为 20～25 mm）、楼层墙体是否在同一立面上、立管上是否应用乙字弯管、与辅助通气管之间应留够安装间距等因素。立管位置确定后，应自顶层吊线坠弹画出立管安装垂直中心线，作为控制楼层立管安装垂直度的基准线。

（3）立管楼层管段的预制与安装

① 按实测的各楼层管段长度 L_1，L_2 以及采用的管件（一般应用斜三通及 45°弯头做成

横管的连接管件)进行测量,以确定各段连接直管长度。

② 立管楼层管段组合时,立管检查口的朝向应便于疏通操作(朝外,与横管管口成45°)。立管上使用乙字弯管时,弯管上应有清通口,中间所配直管段的长度应做到均匀,管子与管件的铸造肋应对齐,立管安装时应使铸造肋不露在正面。各楼层管段预制后应编号存放,接口达到规定强度后,即可自下而上逐层安装。

③ 通气立管伸出屋面时,应采用不带承口的光管并插入安装铅丝球或通气伞罩。

4. 清扫口和检查口安装

当污水横管的直线管段较长时,应按规范规定的距离设置检查口或清扫口。连接两个以上大便器或三个及三个以上卫生器具的污水管与地面相平的地方,转角小于135°的污水横管上通常设置清扫口。清扫口的安装见图2-4(a),横管在楼板下悬吊敷设时,清扫口应设在上一层楼地面上。若在污水管起点设置堵头代替清扫口,则堵头与墙面的距离不得小于400 mm或以清通方便为准。

5. 楼层排水横管及支管的安装

每一层的排水横支管应整体预制、整体吊装。横管安装前,必须准确确定安装位置,弹画坡度线。支、吊架安装后才能进行横管预制管段与排水立管的连接,每根支管长度应根据楼面安装要求及横管坡度确定。

2.1.5 污废水抽升和局部处理

1. 污水抽升及设备

民用和公共建筑的地下室,人防建筑、工业建筑内部标高低于室外地坪的车间、其他用水设备的房间,其污水不能自动排出室外,必须抽升排泄,以保证室内良好的卫生环境。

局部抽升污水的常用设备是水泵,其他还有气压扬液器、手摇泵和喷射器等。采用何种抽升设备,应根据污(废)水性质(悬浮物含量、腐蚀程度、水温高低和污水的其他危害性),所需抽升高度和建筑物性质等具体情况确定。

抽升室内污水所使用的水泵一般为离心泵。当水泵为自动启闭时,其流量按排水的设计秒流量选定;人工启闭时,按排水的小时流量确定。

污水泵房和集水池的建造布置,应特别注意良好的通风。

气压扬液器又称气压排水器,利用压缩空气抽升液体,一般在有压缩空气管道的工业厂房和对卫生要求较高的民用建筑物内采用。

当污(废)水水量较小、且提升高度不大于10 m时,可采用手摇泵或水射器等提升设备。

2. 污水局部处理

当室外无生活污水或工业废水专用排水系统,而又必须对室内所排出的污水加以处理后才允许排入合流制排水系统或直接排入水体,或有排水系统但排出污水中某些物质危害下水道或妨碍污水处理时,应在建筑物内或附近设置局部处理构筑物予以处理。

(1)化粪池

国内化粪池的应用比较多,这是由于我国目前大多数城市或工矿企业的排水系统多为合流制,很少有生活污水处理厂的缘故。因此,民用建筑和工业建筑生活间内排出的生活粪便污水,必须经化粪池处理后才能排入合流制下水道或水体中去,如图2-18、图2-19。

化粪池是污泥处理最初级的方法,污水中所含有的大量粪便、纸屑、病原虫等杂质,在池中经过数小时以上的沉淀后去除 50%～60%；沉淀下来的污泥在密闭无氧(或缺氧)的条件下腐化进行厌气分解，使有机物转化为稳定状态，污泥经过三个月以上时间的酸性发酵后脱水熟化便可清掏出做肥料等用。但是化粪池去除有机物的能力较差，一般来说污水中的生化需氧量仅降低 20%左右，且由于污水与污泥接触，出水呈酸性，且恶臭，不符合卫生要求。

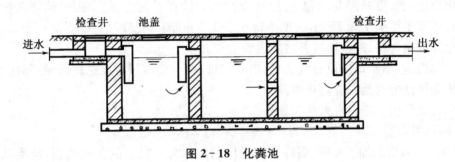

图 2-18　化粪池

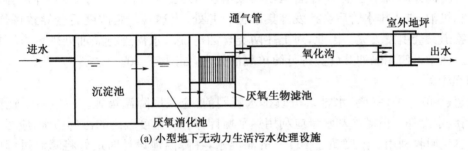

(a) 小型地下无动力生活污水处理设施

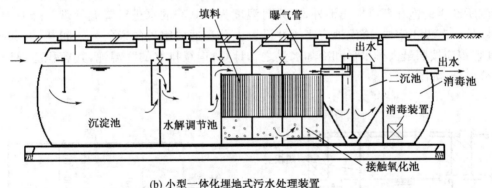

(b) 小型一体化埋地式污水处理装置

图 2-19　小型地下生活污水处理设施处理流程示意图

　　化粪池的池形有矩形和圆形两种，实际使用矩形较多。在污水量较少或地盘较小时，也可采用圆形化粪池。矩形化粪池的长、宽、深比例应根据污水中悬浮物的沉降条件及积存数量由水力计算确定，但由于化粪池设计流量远较设计沉淀池时小，因此，计算得到的尺寸过小，不便于施工和管理。为此，规定了化粪池的长度不得小于 1 m，宽度不得小于 0.75 m，深度不得小于 1.3 m。此外，为减少污水和腐化污泥接触的时间，便于清掏污泥，池子常取做双格或三格。

　　化粪池多设置在庭院内或建筑物背大街一面靠近卫生间的地方，因清掏污泥时有臭气，故应尽量隐蔽,不宜设在人们经常停留、活动之处。化粪池池壁距建筑物外墙不宜小于5 m,如条件限制达不到时可酌情减少,但不得影响建筑物基础。由于化粪池处理污水的程度不够完善,排出的水中还含有大量细菌,因此在采用地下水做水源的地区,为防止化粪池渗漏污染水源,应与水源池(井)有不小于 30 m 的卫生防护距离。

化粪池的构造应符合下列要求:

① 化粪池的长度和深度、宽度的比例应经水力计算后确定,但水面至池底深度不得小于 1.3 m,宽度不得小于 0.75 m,长度不得小于 1.0 m,圆形化粪池直径不得小于 1.0 m。

② 化粪池格与格、池与连接井之间应设通气孔。

③ 化粪池进、出水口应设导流装置,出水口处、格与格之间应设拦截污泥浮渣的设施。

④ 化粪池池壁与池底应防止渗漏。

⑤ 化粪池顶板上应设有人孔和盖板。

(2)隔油井(池)

肉类加工厂、食品加工车间、餐厅厨房排出的污水含有较多的食用油脂,此类油脂进入排水管后会凝固并附着于管壁,缩小管道断面或堵塞管道。车库洗车排水、维修车间排水中含有汽油和机油,进入排水管后会挥发聚集于检查井处,当达到一定浓度后会导致爆炸,既破坏排水管道又会引发火灾。因此,对上述两类含油污(废)水需进行隔油处理后方可排入排水系统。通常可使用隔油井(池)进行简单隔油处理,如图 2-20。

(3)降温池

温度超过 40 ℃的污(废)水排入市政排水管网前,应采取降温措施。一般可采用降温池,宜利用废水冷却。所需冷却水量应利用热平衡计算。对温度较高的污(废)水,应尽可能将其所含热量回收利用。温度超过 100 ℃的高温水,在降温池设计时最好将降温过程中二次蒸汽所产生的饱和蒸汽导出池外,而只对温度为 100 ℃的水进行降温处理。降温池一般设于室外。若设于室内,降温池应密闭并设置人孔和通向室外的通气管。间断排水的降温池,其容积应按照最大排水量和冷却水量之和计算;连续排水的降温池,其容积应保证冷热水充分混合,如图 2-21。

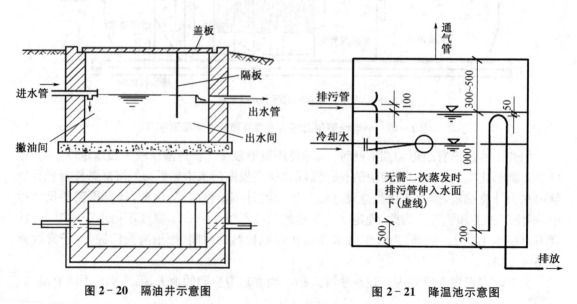

图 2-20　隔油井示意图　　　　　　图 2-21　降温池示意图

2.2　屋面雨水排放

为了避免雨水和融雪水积聚于屋面造成渗漏,必须设置雨水管道及时排除雨雪水。屋面雨水排除的方法一般分为外排水式和内排水式。根据建筑结构形式、气候条件及生产使用要求,在技术经济合理的情况下,屋面雨水尽量采用外排水。

2.2.1　外排水系统

屋面雨水排水管设在建筑物外部的排水系统称为外排水系统。

屋面外排水系统有檐沟外排水和天沟外排水两种方式,分别叙述如下:

（1）檐沟外排水

檐沟外排水系统又称普通外排水系统或水落管外排水系统。雨水沿屋面坡度流入檐口处檐沟,在檐沟内设雨水收集口,将雨水引入雨水斗,经承水斗、落水管、连接管等排出,如图 2-22 所示。

雨水系统各部分均设于室外,排水系统简单,不影响室内使用,适于屋面构造简单的建筑屋面排水,如普通住宅、一般公共建筑和小型单跨厂房等。

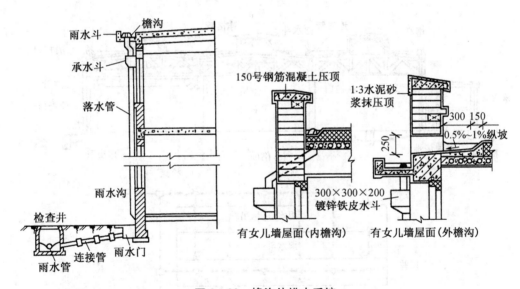

图 2-22　檐沟外排水系统

（2）天沟外排水

由屋面构造上形成的天沟汇集屋面雨水,流向天沟末端并进入雨水斗,经立管及排出管排向室外管道系统,如图 2-23 所示。天沟外排水系统的优点是:雨水系统各部分均设置于室外,室内不会由于雨水系统的设置而产生水患。缺点是:天沟必须有一定的坡度,这需增大垫层厚度,从而增大屋面负荷。另外,天沟防水很重要,一旦天沟漏水,则影响房屋的使用。为防止天沟通过伸缩缝或沉降缝漏水,故应以伸缩缝或沉降缝为分水线。天沟外排水一般适用于大型屋面排水,特别是多跨的厂房屋面。

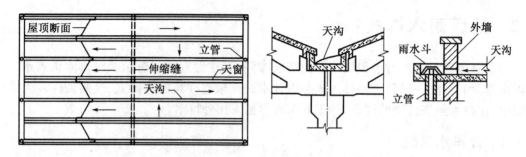

图 2 - 23 天沟外排水

2.2.2 内排水系统

内排水系统是指屋面设有雨水斗,室内排水设有雨水管道的雨水排水系统。内排水系统由雨水斗、连接管、悬吊管、立管、排出管、埋地管和检查井组成,如图 2 - 24 所示。该系统常用于多跨工业厂房及屋面设天沟有困难的壳形屋面、锯齿形屋面、有天窗的厂房。建筑立面要求高的高层建筑、大屋面建筑和寒冷地区的建筑,不允许在外墙设置雨水立管时,也应考虑采用内排水形式。

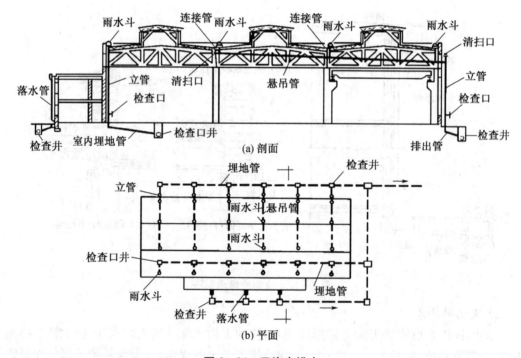

图 2 - 24 天沟内排水

(一) 内排水系统的组成

内排水系统由天沟、雨水斗、连接管、悬吊管、立管、排出管、埋地干管和检查井组成。降落到屋面的雨水由屋面汇水流入雨水斗,经连接管、悬吊管、排水立管、排出管流入雨水检查井,或经埋地管排至室外雨水管道。

1. 雨水斗

雨水斗用来收集屋面雨水，使雨水顺利流入管中，同时将水中杂物拦截下来，防止管道堵塞。常用的有 65 型、87 型和压力流雨水斗，有 $DN50$，$DN75$，$DN100$，$DN150$ 和 $DN200$ 五种规格。以天沟布置雨水斗时应以伸缩缝、沉降缝、变形缝和防火墙为天沟分水线，各自自成排水系统。

雨水斗安装时应注意：与屋面连接处必须做好防水处理；应设在冬季易受室内温度影响的屋顶范围内；接入同一悬吊管上的各雨水斗应设在同一标高上；雨水斗间距以 12～24 m 为宜。

2. 悬吊管

当室内有各种设计，横管不能埋地设置时，必须将横管悬吊在屋架下。通常悬吊管上所接雨水斗不宜超过 4 个，悬吊管长度大于 15 m，必须设置检查口，且检查口间距不宜大于 20 m。悬吊管一般采用铸铁管明装，应有 0.003 的坡度坡向立管。

3. 立管及排出管

悬吊管或雨水斗中的水经立管、排出管引至室外雨水管中，或由立管直接排至室外地面上。立管一般明装，有特殊要求时，可暗装在管井、墙槽内。立管上应有检查口。在可能受震动的地方，应采用焊接钢管。

4. 埋地横管和检查井

埋地横管常采用混凝土管或陶土管。横管与立管除用管件连接外，亦可用检查井连接，但不得接入其他性质的污水。对于室内不允许设检查井的建筑，宜采用悬吊管直接排出。

(二) 内排水系统存在的问题

(1) 工业厂房颇多振动源，或高层建筑管道内所承受的雨水冲刷力较大，故雨水管道必须采用金属管材，因此需要耗用大量钢材。

(2) 由于雨水管道内水力工况规律还不够清楚，目前在计算方法上尚不够成熟，因此设计还带有一定的盲目性，往往会出现地下冒水、屋面溢水等事故，或过多地消耗管材。

(3) 管系不便施工、管理。根据内排水雨水排水系统是否与大气相通，一般将内排水系统分为敞开系统和密闭系统。

敞开系统：敞开系统属于重力流排水系统，检查井设在室内。因雨水排水中负压抽吸作用会夹带大量的空气，若设计和施工不当，突降暴雨时可能出现检查井冒水现象。但敞开内排水系统可与生产废水合用埋地管道或地沟，节省造价，管理维修方便。

密闭系统：密闭系统属于压力流排水系统，雨水由雨水斗收集，或通过悬吊管直接排入室外的系统，室内不设检查井或设置密闭检查口。一般密闭系统需独立设置，不接纳生产废水。当雨水排泄不畅时，室内不会发生冒水现象，较为安全。

[复习思考题]

1. 简述分流制生活污水排水系统组成。

2. 生活排水系统采用分流制有哪些优缺点？

3. 建筑内部排水系统一般由哪些部分组成？

4. 建筑排水系统中水封的作用是什么？

5. 雨水排水系统有几类？

6. 卫生器具布置时应注意哪些问题?

7. 建筑内部排水系统常用的管材有哪些? 各有什么特点?

8. 室内排水管道的布置与敷设应该注意哪些原则?

9. 实际参观排水管材预制加工、连接、支架制作方法,熟悉管道附件的特点和功能。

10. 结合施工现场实习,熟悉排水管道安装方法和过程。

[案例分析]

竣工后的老年保健设施的大浴场由于臭气弥漫被投诉,特别是大浴场在未使用时臭气尤其严重。经过调查发现,问题出在排气管的设置上。原来大浴场与卫生间的排气管是合二为一通往室外的。卫生间的臭气通过排气管道进入大浴场的排水管内,污染了大浴场的空气。最后在专家的研究下,将大浴场的排气管道与卫生间的排气管道分别设置,有效地防止了卫生间臭气的侵入。

问题:1. 通气管的类型有哪些?

2. 通气管的设置有哪些基本要求?

第 3 章　建筑消防

3.1　建筑消防概述

3.1.1　建筑火灾及其特点

随着经济建设的发展和改革开放的深入,城市建筑日益向着大型化、多功能化、高层化、地下化发展。这些建筑往往有着这样的特点:人员密集、结构复杂、疏散困难、装修材料中可燃物多等,一旦发生火灾,将给人民生命安全和国家财产带来巨大的损失。

1. 建筑火灾的成因

现代建筑所采用的主要材料大多为砖、砌块、混凝土、钢材及水泥等建筑材料,这些材料本身是非燃烧体。但建筑物内往往有大量的易燃物质,一旦具备燃烧条件,就会引起火灾。造成火灾的主要原因有:

(1) 人为因素

人为造成的火灾是建筑火灾中最常见的,占已发火灾的大部分。人为造成的火灾主要表现为两个方面。一是工作和生活中的疏忽大意,这往往是火灾的直接原因。如:违反操作规程带电作业,产生电火花;乱拉临时电线,超负荷用电,电器使用不当;吸烟乱扔烟头、火柴梗等。二是违法犯罪分子故意纵火。

(2) 电气事故

随着生活水平的提高,人们在生活中所用电气设备越来越多,住宅内布线也更加复杂。电气设备质量不好,安装不当,老化且维护不及时,绝缘破损引起线路短路,防雷、避雷接地不符合要求都有可能引起火灾。

(3) 可燃物的引燃

由于人们生活与工作的需要,现代建筑内往往存有大量的可燃物,这些可燃物包括可燃气体、可燃液体及可燃固体。其中可燃气体包括煤气、石油液化气等燃料气体和其他可燃气体。可燃气体泄漏后,与空气混合形成混合气体,当浓度达到一定值时,遇到明火就会爆炸,发生火灾。

可燃液体在低温下,其蒸汽与空气混合达到一定浓度时,遇到火就会出现闪燃现象,闪燃是燃爆、爆炸的前兆。一般可燃固体被加热达到其燃点时,遇到明火才会燃烧,但是有些物质具有自燃现象。还有一些易燃易爆化学品,即使常温下也会自燃或爆炸,这些物品都是火灾的隐患。

此外,一些自然现象,如火山喷发、雷击、森林大火及地震等也是造成建筑火灾的原因。

2. 建筑火灾的特点

(1) 火势蔓延快

建筑物室内可燃物较多,一旦起火,燃烧猛烈,蔓延迅速。据测定,在火灾初期阶段,因空气对流,在水平方向烟气扩散速度为 0.3 m/s,在火灾燃烧猛烈阶段,各管井烟气扩散速度则可达 3~4 m/s。对于高层建筑的楼梯间、电梯井、管道井、风道、电缆井等竖向井道,如果防火分隔处理不好,发生火灾时就好像一座座高耸的烟囱,成为火势迅速蔓延的途径。

(2) 疏散困难

建筑疏散的难点:一是层数较多,垂直距离较长,疏散到地面或其他安全场所的时间长;二是人员集中;三是发生火灾时由于空气流动,火势和烟雾向上蔓延,增加了疏散的难度,多数建筑安全疏散主要是靠楼梯,而楼梯间内一旦窜入烟气,就会严重影响疏散。

(3) 扑救难度大

建筑物大都高达数十米,高层建筑甚至达数百米,发生火灾时从室外进行扑救相当困难。一般要立足于自救,即主要靠室内消防设施。但由于目前我国经济技术条件有限,高层建筑内部的消防设施还不可能很完善,尤其是二类高层建筑仍以消火栓系统扑救为主,因此,扑救高层建筑火灾往往会遇到较大困难。例如:热辐射强、火势蔓延迅速、高层建筑的消防用水量不足等。

(4) 引起建筑火灾的因素多

特别是对于高层建筑来说,由于高层建筑功能复杂,电气化和自动化程度高,用电设备多且用电量大,漏电、短路等故障的几率增加,容易形成点火源。另外,由于室内人员多,人为因素引发火灾的概率也会相应增加。

(5) 经济损失大、政治影响大

高层建筑一旦发生火灾,又不能及时扑救,会造成人员大量伤亡和财产巨大损失,还可能造成较大的政治影响。

3.1.2　建筑消防设置范围

(1) 高度不超过 24 m 的厂房、仓库和科研楼(存有与水接触能引起燃烧或爆炸的物品的除外);

(2) 超过 800 个座位的剧院、电影院、俱乐部和超过 1200 个座位的礼堂和体育馆;

(3) 容积超过 5000 m³ 的车站、码头、机场建筑物、展览馆、商店、病房楼、门诊楼、教学楼、图书馆和书库等建筑物;

(4) 超过 7 层的单元式住宅楼、超过 6 层的塔式住宅、通廊式住宅、底层设有商店的单元式住宅等;

(5) 超过 5 层或体积超过 10 000 m³ 的其他民用建筑;

(6) 国家级文物保护单位的重点砖木或木结构的古建筑;

(7) 高层民用建筑。

3.2　消火栓给水系统

3.2.1　消火栓给水系统的组成

　　室内消火栓给水系统由水枪、水龙带、消火栓、消防水喉、消防管道、消防水池、水箱、增压设备和水源等组成。当室外给水管网的水压不能满足室内消防要求时,应当设置消防水泵和消防水箱。图 3-1 为高层建筑室内消火栓系统。

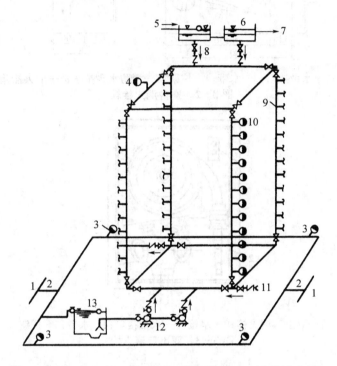

1—室外给水管网;2—引入管;3—室外消火栓;4—屋顶消火栓;5—给水泵;6—水箱;7—生活用水;8—单向阀;9—消防管网;10—室内消火栓;11—水泵接合器;12—消防泵;13—储水池

图 3-1　建筑消火栓给水系统组成

　　1. 室内消火栓

　　室内消火栓是具有内扣式接头的角形截止阀,按其出口形式分为单出口和双出口,两者均为内扣式接口。栓口直径有 65 mm 和 50 mm 两种,当水枪射流量小于 5 L/s 时,采用 50 mm 口径消火栓,配用喷嘴为 13 mm 或 16 mm 的水枪;当水枪射流量大于或等于 5 L/s 时应采用 65 mm 口径消火栓,配用喷嘴为 19 mm 的水枪。消火栓箱有双开门和单开门,又有明装、半明装和暗装三种形式。在同一建筑内,应采用同一规格的消火栓、水龙带和水枪,以便于维修、保养。如图 3-2、图 3-3。

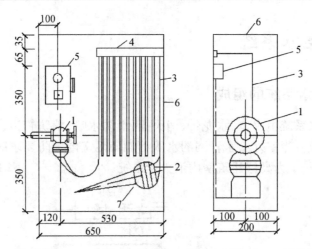

1—消火栓;2—水带接口;3—水带;4—柱架;5—消防水泵按钮;6—消火栓箱;7—水枪

图 3-2 室内消火栓箱

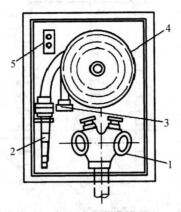

1—双出口消火栓;2—水枪;3—水带接口;4—水带;5—按钮

图 3-3 双出口消火栓

2. 水枪

水枪是重要的灭火工具,作用是产生灭火需要的充实水柱。充实水柱是指消防水枪中射出的射流中一直保持紧密状态的一段射流长度,它占全部消防射流量的 75%~90%,具有灭火能力。

室内一般采用直流式水枪,喷嘴口径有 13 mm,16 mm 和 19 mm 三种。采用何种规格的水枪,应根据消防水量的充实水柱长度要求决定。

3. 水龙带

水龙带是连接消火栓与水枪的输水管线,材料有棉织、麻织和化纤等。水龙带长度分为 15 m,20 m,25 m 和 30 m,直径分为 50 mm 和 65 mm 两种,水龙带的使用长度应根据水力计算确定。高层建筑室内消火栓,配备的水龙带长度不应超过 25 m。

4. 消防水喉

消防水喉是一种重要的辅助灭火设备,按其设置条件有自救式小口径消火栓和消防软管卷盘两类。可与普通消火栓设在同一消防箱内,也可单独设置。该设备操作方便,便于非专职消防人员使用,对及时控制初期火灾有特殊作用。自救式小口径消火栓适用于有空调系统的旅馆和办公楼,消防软管卷盘适合在大型剧院(超过 1500 座位)、会堂闷顶内装设,因用水量较少,其用水量可不计入消防用水总量。

5. 屋顶消火栓

在建筑内设有消火栓给水系统的建筑屋顶应设一个消火栓。检查消火栓给水系统是否能正常运行并保证本建筑物免受邻近建筑火灾的波及。可能冻结的地区,屋顶消火栓应设在水箱间内或采取防冻措施。

6. 水泵接合器

水泵接合器一端与室内消火栓给水管网相连,另一端可与消防车或移动水泵相连。当室内消防泵发生故障或发生大火,室内消防水量不足时,室外消防车可通过水泵接合器向室内消防管网供水。消火栓给水系统和自动喷水灭火系统均应设水泵接合器。

若消防给水系统采用竖向分区并联供水,在消防车供水压力范围内的各区,应分别设水泵接合器;若采用串联分区供水,可在下区设水泵接合器,供全楼使用。水泵接合器有地上式、地下式和墙壁式三种,可根据当地气温等条件选用。设置数量应根据每个水泵接合器的出水量 10～15 L/s 和全部室内消防用水量均由水泵接合器供给的原则计算确定。

水泵接合器的接口为双接口,每个接口直径分为 65 mm 和 80 mm 两种,它与室内管网的连接管直径不应小于 100 mm,并应设有阀门、单向阀和安全阀。水泵接合器周围 15～40 m 内应设室外消火栓、消防水池或有可靠的天然水源,并应设在室外消防车通行和使用的地方,如图 3-4 所示。

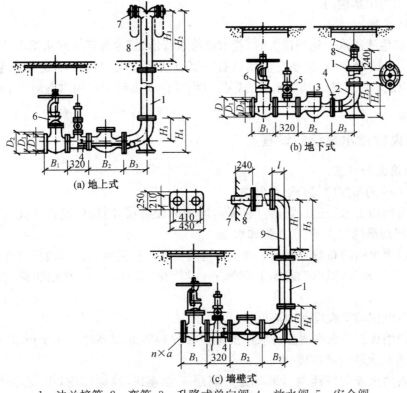

1—法兰接管;2—弯管;3—升降式单向阀;4—放水阀;5—安全阀;
6—楔式闸阀;7—进水用消防接口;8—本体;9—法兰弯管

图 3-4　消防水泵接合器外形图

7. 减压设施

室内消火栓处的静水压力不应超过 0.8 MPa,如超过时宜采用分区给水系统或在消防管网上设置减压阀。消火栓栓口处的出水压力超过 0.5 MPa 时,应在消火栓栓口前设减压节流孔板。设置减压设施的目的在于保证消防贮水的正常使用和消防队员便于掌握好水枪。若出流量过大,将会迅速用完消防贮水;若系统下部消火栓口压力增大,灭火时水枪反作用力随之增大,消防队员很难掌握水枪使之对准着火点,影响灭火效果。

8. 消防水箱

消防水箱的设置对扑救初期火灾起着重要作用。水箱的设置高度应满足最不利消火栓要求,不能满足时,应采取增压措施。重要的建筑和高度超过 50 m 的高层建筑物,宜设置两个并联水箱,确保检修或清洗时仍能满足火灾初期消防用水要求。

消防水箱宜与生活或生产用水高位水箱分开设置,当两者合用时应保持消防水箱的储水经常流动,防止水质变坏,同时必须采取消防储水量不被动用的技术措施。发生火灾后,由消防水泵供应的水不得进入消防水箱。

9. 消防水泵

消防水泵亦可与其他用途的水泵一起布置在同一水泵房内,水泵房一般设置在建筑底层。水泵房应有直通安全出口或直通室外的通道,与消防控制室应有直接的通信联络设备。泵房出水管应有两条或两条以上与室内管网相连接。每台消防水泵应设有独立的吸水管,分区供水的室内消防给水系统,每区的进水管亦不应少于两条。在水泵的出水管上应装设试验与检查用的出水阀门。

10. 消防水池

当生产和生活用水量达到最大时,若市政给水管道、进水管或天然水源不能满足室内外消防用水量,市政给水管网为枝状或只有一条进水管,且室内外消防用水量之和大于 25 L/s 时,应设消防水池。消防水池的容量应满足在火灾延续时间内室内外消防用水总量的要求。

3.2.2 消火栓给水系统的设置

1. 室内消火栓布置

室内消火栓的布置应符合下列要求:

(1) 设有消防给水的建筑物,各层(无可燃物的设备层外)均应设置消火栓。同一建筑内应采用相同规格的消火栓、水龙带和水枪。

(2) 室内消火栓的布置应保证有两支水枪的充实水柱同时到达室内任何部位。建筑高度小于或等于 24 m、体积小于或等于 5000 m³ 的库房,可只有一只水枪的充实水柱到达室内任何部位。

(3) 消防电梯前室应设室内消火栓。

(4) 室内消火栓应设在明显易取用的地点。栓口距地面高度为 1.1 m,其出水方向宜向下或与设置消火栓的墙面成 90°。

(5) 室内消火栓的间距由计算确定。高层工业建筑,高架库房,甲、乙类厂房不超过 30 m,其他单层和多层建筑不超过 50 m。

(6) 高层建筑和水箱不能满足最不利点消火栓水压要求的其他建筑,应在每个室内消火栓处设置直接启动消防水泵的按钮,并应有保护设置。

(7) 设有空气调节系统的旅馆、办公室,超过 1500 个座位的剧院、会堂,其闷顶内安装有面灯部位的马道处,宜增设消防水喉设备。

2. 消火栓布置间距

消火栓布置间距有如图 3 - 5 所示的几种方式。

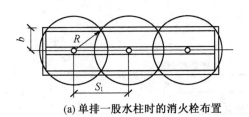

(a) 单排一股水柱时的消火栓布置

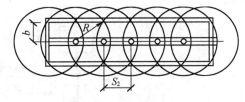

(b) 两股水柱时的消火栓布置

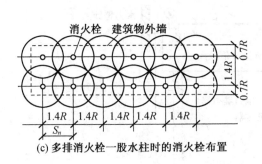

(c) 多排消火栓一股水柱时的消火栓布置

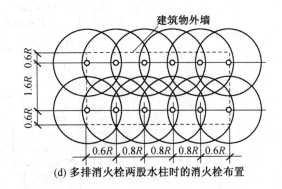

(d) 多排消火栓两股水柱时的消火栓布置

图 3 - 5　消火栓布置位置

3. 室内消防管道布置

高层建筑消火栓给水系统应独立设置,其管网要求布置成环状,使每个消火栓得到双向供水。引入管不应少于两条。一般建筑室内消火栓超过 10 个,室外消防用水量大于 15 L/s 时,引入管也不应少于两条,并应将室内管道连成环状或将引入管与室外管道连成环状。但 7 层至 9 层的单元式住宅和不超过 9 层的通廊式住宅,设置环管有一定困难时,允许消防给水管枝状布置,采用一条引入管。

3.3　自动喷水灭火系统

3.3.1　自动喷水灭火系统分类

自动喷水灭火系统是一种在发生火灾时,能自动喷水灭火并同时发出火警信号的灭火系统。这种灭火系统具有很高的灵敏度和灭火成功率,是扑灭建筑初期火灾非常有效的一种灭火设备。在经济发达国家的消防规范中,几乎要求所有应该设置灭火设备的建筑都采用自动喷水灭火系统,以保证生命财产安全。

自动喷水灭火系统按喷头开闭形式,分为闭式喷水系统和开式喷水系统。闭式喷水系统可分为湿式自动喷水灭火系统、干式自动喷水灭火系统、干湿式自动喷水灭火系统、预作用自动喷水灭火系统等;开式自动喷水灭火系统可分为雨淋灭火系统、水幕系统、水喷雾系统等。

(一)湿式喷水灭火系统

湿式喷水灭火系统是由闭式喷头、管道系统、湿式报警阀、报警装置和供水设施等组成,如图 3-6 所示。由于该系统在报警阀的前后管道内始终充满着压力水,故称湿式喷水灭火系统。

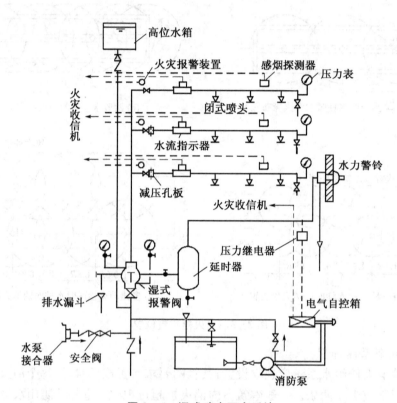

图 3-6　湿式喷水灭火系统

火灾发生时,在火场温度的作用下,闭式喷头的感温元件达到预定的动作温度范围时,喷头开启,喷水灭火。水在管路中流动后,打开湿式阀,水经过延时器后通向水力警铃的通道,水流冲击水力警铃发出报警信号,与此同时,水力警铃前的压力开关信号及装在配水管始端上的水流指示器信号传送至报警控制器或控制室,经判断确认火警后启动消防水泵向管网加压供水,达到持续自动喷水灭火的目的。

湿式喷水灭火系统具有结构简单、施工和管理维护方便、使用可靠、灭火速度快、控火效率高等优点。但由于其管路在喷头中始终充满水,所以应用受环境温度的限制,适合安装在室内温度不低于 4 ℃且不高于 70 ℃,能用水灭火的建筑物和构筑物内。

(二)干式喷水灭火系统

干式喷水灭火系统是为了满足寒冷和高温场所安装自动喷水灭火系统的需要,在湿式系统的基础上发展起来的。该系统由闭式喷头、管道系统、干式报警阀、报警装置、充气设备、排气设备和供水设备等组成。由于其管路和喷头内平时没有水,只处于充气状态,称干式系统或干管系统,如图 3-7。

平时,干式报警阀的入口侧与水源相连并充满水,出口侧和阀后及喷头内充满压缩空气,阀门处于关闭状态。发生火灾时,在火场温度的作用下,闭式喷头的感温元件温度上升,达到预定的动作温度范围内时,喷头开启,管路中的压缩空气从喷头喷出,使干式报警阀被打开的同时,通向水力警铃的通道也被打开,水流冲击水力警铃发出声响报警信号,当干式系统中装有压力开关时,可将报警信号送至报警控制器。也可直接启动消防泵加压供水。

干式喷水灭火系统的主要特点是报警阀后的管路内无水,不怕冻结,不怕环境温度高。因此,该系统适用于环境温度低于 4 ℃和高于 70 ℃的建筑物和场所。

干式喷水灭火系统与湿式喷水灭火系统相比,增加一套充气设备,且要求管网内的气压要经常保持在一定的范围内,因此,管理比较复杂,投资较大,而且在喷水灭火速度上不如湿式灭火系统来得快。

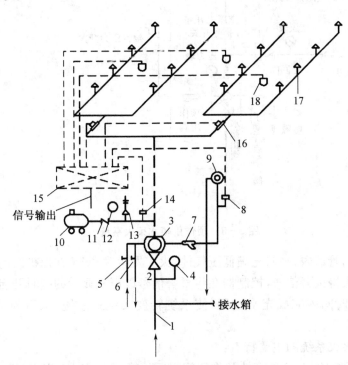

1—供水管;2—闸阀;3—干式报警阀;4,12—压力表;5,6—截止阀;7—过滤器;8,14—压力开关;9—水力警铃;10—空压机;11—止回阀;13—安全阀;15—火灾报警控制箱;16—水流指示器;17—闭式喷头;18—火灾探测器

图 3-7 干式喷水灭火系统

(三)预作用喷水灭火系统

预作用喷水灭火系统是近几年发展起来的自动喷水灭火装置,它将火灾自动探测报警技术和自动喷水灭火系统有机地结合起来,对保护对象起了双重保护作用。预作用系统由闭式喷头、管道系统、雨淋阀、火灾探测器、报警控制装置、充气设备、控制组件和供水设施等部件组成,如图 3-8。这种系统平时呈干式,在火灾发生时能实现对火灾的初期报警,并立刻使管网充水将系统转变为湿式。系统的这种转变过程包含着预备动作的功能,故称为预

作用喷水灭火系统。

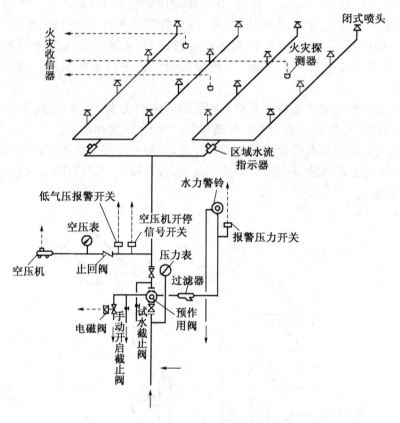

图 3-8　预作用喷水灭火系统

　　雨淋阀之后的管道内,平时充满低压气体,火灾发生时,安装在保护区的感温、感烟火灾探测器首先发出火警报警信号,控制器在将报警信号以声光显示的同时开启雨淋阀,使水进入管路,并在很短时间内完成充水过程,使系统转变成湿式系统,以后的动作与湿式系统相同。

　　预作用喷水灭火系统的主要特点:

　　(1)与湿式系统比较,这种系统预作用阀之后的管网中平时不充水,而充以低压空气或氮气,或是干管。只有在发生火灾时,火灾探测系统自动打开预作用阀,使管道充水变成湿式系统。管内平时无水,可避免因系统破损而造成的水渍损失。另外,这种系统有早期报警装置,能在喷头动作之前及时报警,以便及早组织扑救,相比之下,湿式系统必须在喷水后才会报警。

　　(2)这种系统具有干式喷水灭火系统平时管道中无水的优点,适合于冬季结冰和不能采暖的建筑物内。同时它又没有干式喷水灭火系统必须待喷头动作后,排完气才能喷水灭火,从而延迟喷头喷水时间的缺点。

　　(3)本系统与雨淋系统比较,虽然都有早期报警装置,但雨淋系统安装的是旧开式喷头,而且雨淋阀后的管道平时通常为空管,而充气的预作用喷水灭火系统可以配合监测装置发现系统中是否有渗漏现象,以提高系统的安全可靠性。

本系统适用于高级宾馆、重要办公楼、大型商场等不允许因误喷而造成损失的建筑物内,也适用于干式系统适用的场所。

（四）雨淋喷水灭火系统

雨淋喷水灭火系统由开式喷头、管道系统、雨淋阀、火灾探测器、报警控制组件和供水设施等组成,由于系统工作时所有喷头同时喷水,好似倾盆大雨,称为雨淋系统,如图3－9。

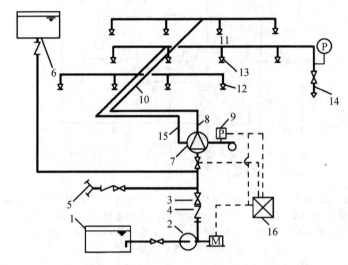

1—水池;2—水泵;3—闸阀;4—止回阀;5—水泵接合器;6—消防水箱;7—雨淋报警阀组;8—配水干管;9—压力开关;10—配水管;11—配水支管;12—开式洒水喷头;13—闭式喷头;14—末端试水装置;15—传动管;16—报警控制器;M—驱动电机

图3－9　雨淋喷水灭火系统

发生火灾时,火灾探测器将信号送至火灾报警控制器,控制器输出信号打开雨淋阀,使整个保护区内的开式喷头喷水灭火。同时启动水泵保证供水,压力开关、水力警铃一起报警。

雨淋喷水灭火系统采用开式喷头,只要雨淋阀启动后,就在它的保护区内大面积地喷水灭火,因此降温和灭火效果均十分显著;但其自动控制部分需要有很高的可靠性,不允许误动作或不动作。这种系统主要适用于需要大面积喷水来阻止火势快速蔓延的特别危险的场所,如剧院舞台上部、大型演播室、电影摄影棚等。

（五）水幕系统

水幕系统是由水幕喷头、管道系统、控制阀等组成。一般将水幕消防系统设置在下列位置:剧院、会堂或礼堂的舞台口以及与舞台相连的侧台、后台门窗洞口,有防火分区且设防火墙等防火分隔物而又有开口的部位,或者防火卷帘、防火幕的上部等地方,如图3－10。

水幕系统的工作原理与雨淋系统基本相同,不同的是水幕系统喷出的水为水幕状,而雨淋系统喷出的水为开花射流。因此水幕系统不是直接用来扑灭火的,而是起防火隔断作用,防止火势扩大和蔓延。

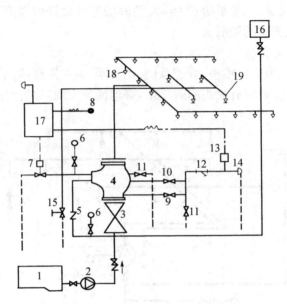

1—水池；2—水泵；3—供水闸阀；4—雨淋阀；5—止回阀；6—压力表；7—电磁阀；8—按钮；9—试警铃阀；10—试警管阀；11—放水阀；12—滤网；13—压力开关；14—警铃；15—手动快门阀；16—水箱；17—电控箱；18—水幕喷头；19—闭式喷头

图 3-10 水幕消防系统

（六）水喷雾灭火系统

水喷雾灭火系统是利用水雾喷头在一定水压下将水流分解成细小水雾滴进行灭火或防护冷却的一种固定式灭火系统，是在自动喷水灭火系统的基础上发展起来的，具有投资小、操作方便、灭火效率高的特点。过去水喷雾灭火系统主要用于石化、交通和电力部门的消防系统中，随着大型民用建筑的发展，水喷雾灭火系统在民用建筑消防系统中的应用成为可能，在《高层民用建筑设计防火规范》（GB 50045—95）1997 年修订版中，第 7.6.6 条明确规定，高层建筑内的可燃油油浸电力变压器室、充可燃油的高压电容器和多油开关室、自备发电机房和燃油、燃气锅炉房应设水喷雾灭火系统。

1. 灭火机理

水喷雾灭火系统的灭火机理主要为表面冷却、窒息、冲击乳化和稀释。从水雾喷头喷出的雾状水滴，粒径细小，表面积很大，遇火后迅速汽化，带走大量的热量，使燃烧表面温度迅速降到燃点以下，达到冷却目的；当雾状水喷射到燃烧区遇热汽化后，形成比原体积大 1700 倍的水蒸汽，包围和覆盖在火焰周围，燃烧体周围的氧浓度降低，使燃烧因缺氧而熄灭；对于不溶于水的可燃液体，雾状水冲击到液体表面并与其混合，形成不燃性的乳状液体层，从而使燃烧中断；对于水溶性液体火灾，由于雾状水能与水溶性液体很好融合，使可燃烧性降低，降低燃烧速度而熄灭，如图 3-11。

2. 系统组成

水喷雾灭火系统的组成与雨淋自动灭火系统相似，主要由水源、供水设备、供水管道、雨淋阀组、过滤器和水喷雾喷头组成。水喷雾喷头一般可分为中速水喷雾喷头和高速水喷雾喷头。雨淋阀的控制可为湿式控制、干式控制和电气控制三种。水喷雾灭火系统则应具有自动控制、手动控制和应急控制三种启动方式。

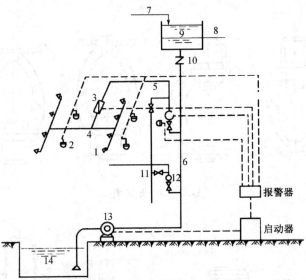

1—水雾喷头；2—火灾探测器；3—水力报警器；4—配水管；5—干管；6—供水管；
7—水箱进水管；8—生活用水出水管；9—消防水箱；10—单向阀；11—放水管；
12—控制阀；13—消防水泵；14—消防水池

图 3-11　水喷雾灭火系统

3. 适用范围

水喷雾灭火系统具有安全可靠、经济适用的特点，可用于扑救固体火灾、闪点高于 60 ℃ 的液体火灾和电气火灾。也可用于可燃气体和甲、乙、丙类液体的生产、储存装置或装卸设施的防护冷却，但不得用于扑救遇水发生化学反应造成燃烧、爆炸的火灾和水雾对保护对象造成严重破坏的火灾。

3.3.2　自动喷水灭火系统的组件

自动喷水灭火系统的主要组成有喷头、报警阀、报警控制和附件及配件。

（一）洒水喷头

在自动喷水灭火系统中，洒水喷头担负着探测火灾、启动系统和喷水灭火的任务，它是系统中的关键组件。洒水喷头有多种形式。

按有无释放机构分为闭式和开式；按安装方式分类，有下垂型、直立型、普通型和边墙型喷头。如图 3-12～图 3-15。

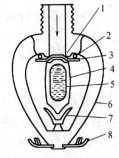

(a) 玻璃球洒水喷头

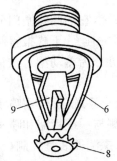

(b) 易熔元件洒水喷头

1—阀座；2—垫圈；3—阀片；4—玻璃球；5—色液；6—支架；7—锥套；8—溅水盘；9—锁片

图 3-12　闭式喷头

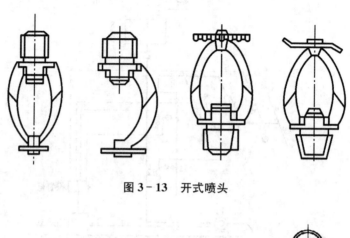

图 3－13　开式喷头

图 3－14　水幕喷头

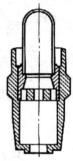

图 3－15　水雾喷头

（二）报警阀

报警阀是自动喷水灭火系统中接通或切断水源并启动报警器的装置。在自动喷水灭火系统中，报警阀是至关重要的组件，它的主要功能有：（1）接通或切断水源；（2）输出报警信号和防止水流倒回供水源；（3）通过报警阀可对系统的供水装置和报警装置进行检验。报警阀根据系统的不同分为湿式报警阀、干式报警阀和雨淋阀。

1. 湿式报警阀

用于湿式喷水灭火系统，它的主要功能是：当喷头开启时，湿式阀能自动打开，并使水流入水力警铃发出报警信号。湿式阀按其结构形式有三种：座圈型湿式阀、导阀型湿式阀、蝶阀型湿式阀，如图 3－16。

2. 干式报警阀

用于干式报警系统，它的阀将闸门分成两部分，出口侧与系统管数和喷头相连，内充压缩空气，进口侧与水源相连。干式报警阀利用两侧气压和水压作用在阀上的力矩差控制阀的封闭和开启，一般可分为差动型干式报警阀和封闭型干式报警阀两种，如图 3－17。

3. 雨淋阀

用于雨淋喷水灭火系统、预作用喷水系统、水幕系统和水喷雾灭火系统。这种阀的进口侧与水源相连，出口侧与系统管路和喷头相连，一般为空管，仅在预作用系统中充气。雨淋阀的开启由各种火灾探测器装置控制。雨淋阀主要有双圆盘形、隔膜型、杠杆型、活塞型和感温型等几种。如图 3－18。

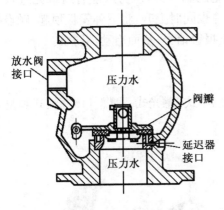

图 3-16 导阀型湿式阀

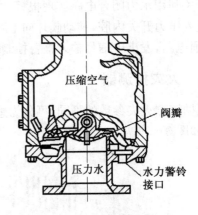

图 3-17 差动型干式阀

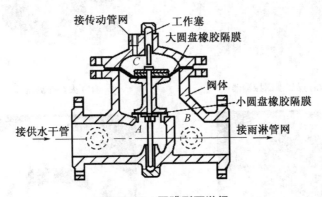

图 3-18 隔膜型雨淋阀

（三）监测器

监测器用来对系统的工作状态进行监测并以电信号方式向报警控制器传送状态信息。其主要包括水流指示器、阀门限位器、压力监测器、气压保持器和水位监测器等。

（1）水流指示器可将水流的信号转换为电信号，安装在配水干管或配水管始端。其作用在于当失火时喷头开启喷水或者管道发生泄漏或控制中心以显示喷头喷水的区域和楼层，起辅助电动报警作用。

（2）阀门限位器是一种行程开关，也称信号阀，通常配置在干管的总控制闸阀上和通径大的支管闸阀上，用于监测闸阀的开启状态，一旦发生部分或全部关闭时，即向系统的报警控制器发出报警信号。

（3）压力监测器是一种工作点在一定范围内可以调节的压力开关，在自动喷水灭火系统中常用做稳压泵的自动开关控制器件。

（四）报警器

报警器是用来发出声响报警信号的装置，包括水力警铃和压力开关。

（1）水力警铃是用水流的冲击发出声响的报警装置。其特点为结构简单、耐用可靠、灵敏度高、维护工作量小，是自动喷水各个系统中不可缺少的部件。

（2）压力开关是一种靠水压或气压驱动的电气开关，通常与水力警铃一起安装使用。

压力开关利用水力闭合电路实现报警。当报警阀的阀打开,压力水经管道首先进入延时器后再流入压力开关内腔,推动膜片向上移动,顶柱也同时上升,将下弹簧板顶起,触点接触闭合,接通电路,发出电信号输入报警控制箱,发出报警信号,从而启动消防泵。

3.3.3　火灾探测器

根据探测火灾参数的不同,可分为感烟式、感温式、感光式、可燃气体探测式和复合式等类型,如图3-19。

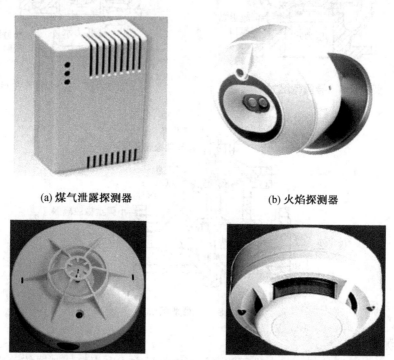

(a) 煤气泄露探测器　　　　　　　　(b) 火焰探测器

(c) 感温探测器　　　　　　　　(d) 感光探测器

图 3-19　几种探测器实物图

（一）感烟式火灾探测器

感烟式火灾探测器是一种检测燃烧或热解产生的固体或液体微粒的火灾探测器。感烟式火灾探测器用于前期、早期火灾报警是非常有效的。对于要求火灾损失小的重要地点,火灾初期有阴燃阶段,产生大量的烟和少量的热,很少或没有火焰辐射的火灾,都适合选用。它有离子感烟式、光电感烟式、激光感烟式等几种形式。

（二）感温式火灾探测器

感温式火灾探测器是响应异常温度、温升速率和温差等火灾信号的火灾探测器。常用的有定温式、差温式和差定温式三种。

（1）定温式探测器:环境温度达到或超过预定值时响应。

（2）差温式探测器:环境温升速率超过预定值时响应。

（3）差定温式探测器:兼有定温和差温两种功能。

（三）感光式火灾探测器

感光式火灾探测器又称火焰探测器或光辐射探测器,它对光能够产生敏感反应。按照火灾的规律,发光是在烟生成及高温之后,因而感光式探测器是属于火灾晚期报警的探测器,适用于火灾发展迅速,有强烈的火焰和少量的烟、热,基本上无阴燃阶段的火灾。

（四）可燃气体火灾探测器

可燃气体火灾探测器是一种能对空气中可燃气体浓度进行检测并发出报警信号的火灾探测器。它通过测量空气中可燃气体爆炸下限以内的含量,以便当空气中可燃气体浓度达到或超过报警设定值时自动发出报警信号,提醒人们及早采取安全措施,避免事故发生。可燃气体火灾探测器除具有预报火灾、防火、防爆功能外,还可以起到监测环境污染的作用,目前主要用于宾馆厨房或燃料气储备间、汽车库、压气机站、过滤车间、溶剂库、炼油厂、燃油电厂等存在可燃气体的场所。

（五）复合式火灾探测器

复合式火灾探测器是可以响应两种或两种以上火灾参数的火灾探测器,主要有感温感烟型、感光感烟型、感光感温型等。

3.4　其他灭火系统

3.4.1　二氧化碳灭火系统

灭火时只要将灭火器提到或扛到火场,在距燃烧物 5 m 左右放下灭火器,拔出保险销,一手握住喇叭筒根部的手柄,另一只手紧握启闭阀的压把。对没有喷射软管的二氧化碳灭火器,应把喇叭筒往上扳 70°～90°。使用时,不能直接用手抓住喇叭筒外壁或金属连线管,防止手被冻伤。灭火时,当可燃液体呈流淌状燃烧时,使用者将二氧化碳灭火剂的喷流由近而远向火焰喷射。如果可燃液体在容器内燃烧时,使用者应将喇叭筒提起,从容器的一侧上部向燃烧的容器中喷射,但不能将二氧化碳射流直接冲击可燃液面,以防止将可燃液体冲出容器而扩大火势,造成灭火困难。图 3-20 为一种二氧化碳灭火系统。

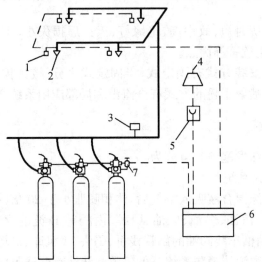

1—探测器；2—喷嘴；3—压力继电器；4—报警器；5—手动启动装置；6—控制盘；7—电动启动头

图 3-20　全淹没单元独立型

推车式二氧化碳灭火器一般由两人操作,使用时两人一起将灭火器推或拉到燃烧处,在离燃烧物 10 m 左右停下,一人快速取下喇叭筒并展开喷射软管后,握住喇叭筒根部的手柄,另一人快速按逆时针方向旋动手轮,并开到最大位置。灭火方法与手提式的方法一样。

原理:让可燃物的温度迅速降低,并与空气隔离。

好处:灭火时不会留下任何痕迹使物品损坏,因此可以用来扑灭书籍、档案、贵重设备和精密仪器等。

注意事项:使用二氧化碳灭火器时,若在室外使用,应选择在上风方向喷射,并且手要放在钢瓶的木柄上,防止冻伤;若在室内窄小空间使用,灭火后操作者应迅速离开,以防窒息。

3.4.2　干粉灭火系统

干粉灭火器内充装的是干粉灭火剂。干粉灭火剂是用于灭火的干燥且易于流动的微细粉末,由具有灭火效能的无机盐和少量的添加剂经干燥、粉碎、混合而成。它是一种在消防中得到广泛应用的灭火剂,且用于大多数灭火器中。除扑救金属火灾的专用干粉化学灭火剂外,干粉灭火剂一般分为 BC 干粉灭火剂和 ABC 干粉灭火剂两大类。如碳酸氢钠干粉、改性钠盐干粉、钾盐干粉、磷酸二氢铵干粉、磷酸氢二铵干粉、磷酸干粉和氨基干粉灭火剂等。干粉灭火剂主要通过在加压气体作用下喷出的粉雾与火焰接触,混合时发生的物理、化学作用灭火。干粉中的无机盐的挥发性分解物与燃烧过程中燃料产生的自由基或活性基团发生化学抑制和副催化作用,使燃烧的链反应中断而灭火;干粉的粉末落在可燃物表面外,发生化学反应,并在高温作用下形成一层玻璃状覆盖层,从而隔绝氧,进而窒息灭火。另外,还有部分稀释氧和冷却作用。

干粉灭火器最常用的开启方法为压把法,即将灭火器提到距火源适当距离后,先上下颠倒几次,使筒内的干粉松动,然后让喷嘴对准燃烧最猛烈处,拔去保险销,压下压把,灭火剂便会喷出灭火。另外还可用旋转法,即开启干粉灭火棒时,左手握住其中部,将喷嘴对准火焰根部,右手拔掉保险卡,顺时针方向旋转开启旋钮,打开储气瓶,滞时 1~4 秒,干粉便会喷出灭火。

干粉灭火具有灭火历时短、效率高、绝缘好、灭火后损失小、不怕冻、不用水、可长期储存、不会对生态环境产生危害等优点。

干粉灭火系统按其安装方式有固定式、半固定式之分;按其控制启动方法又有自动控制、手动控制之分;按其喷射干粉的方式有全淹没和局部应用系统之分。

3.4.3　泡沫灭火系统

泡沫灭火系统按泡沫发泡倍数可分为:

(1) 低倍数泡沫灭火系统

低倍数泡沫是指泡沫混合液吸入空气后,体积膨胀小于 20 倍的泡沫。低倍数泡沫灭火系统主要用于扑救原油、汽油、煤油、柴油、甲醇、丙酮等 B 类的火灾,适用于炼油厂、化工厂、油田、油库、为铁路油槽车装卸油的鹤管栈桥、码头、飞机库、机场等。一般民用建筑泡沫消防系统等常采用低倍数泡沫消防系统。低倍数泡沫液有普通蛋白泡沫液、氟蛋白泡沫液、水成膜泡沫液(轻水泡沫液)、成膜氟蛋白泡沫液及抗溶性泡沫液等几种类型。

由于水溶性可燃液体如乙醇、甲醇、丙酮、醋酸乙酯等的分子极性较强,对一般灭火泡沫有破坏作用,一般泡沫灭火剂无法对其起作用,应采用抗溶性泡沫灭火剂。抗溶性泡沫灭火剂对水溶性可燃、易燃液体有较好的稳定性,可以抵抗水溶性可燃、易燃液体的破坏,发挥扑灭火灾的作用。对于流动着的可燃液体或气体火灾,不宜用低倍数泡沫灭火系统扑灭。此外,低倍数泡沫灭火系统也不宜与水枪和喷雾系统同时使用。

(2)中倍数泡沫灭火系统

发泡倍数在 21～200 之间的称为中倍数泡沫。中倍数泡沫灭火系统一般用于控制或扑灭易燃、可燃液体和固体表面火灾及固体深位阴燃火灾。其稳定性较低倍数泡沫灭火系统差,在一定程度上会受风的影响,抗复燃能力较低,因此使用时需要增加供给的强度。中倍数泡沫灭火系统能扑救立式钢制储油罐内火灾。

(3)高倍数泡沫灭火系统

发泡倍数在 201～1000 之间的称为高倍数泡沫。高倍数泡沫灭火系统在灭火时,能迅速以全淹没或覆盖方式充满防护空间灭火,并不受防护面积和容积大小的限制,可用以扑救 A 类火灾和 B 类火灾。高倍数泡沫绝热性能好、无毒、有硝烟、可排除有毒气体、形成防火隔离层并对在火场灭火人员无害。高倍数泡沫灭火剂的用量和水的用量仅为低倍数泡沫灭火用量的 1/20,水渍损失小,灭火效率高,灭火后泡沫易清除。

3.4.4 卤代烷灭火系统

卤代烷灭火器:这类灭火器内充装的灭火剂是卤代烷灭火剂。该类灭火剂品种较多,而我国只发展两种,一种是二氟一氯一溴甲烷,简称"1211 灭火器";一种是三氟一溴甲烷,简称"1301 灭火器"。

卤代烷灭火剂是以卤素原子取代一些低级烷烃类化合物分子中的部分或全部氢原子后所生成的具有一定灭火能力的化合物的总称。卤代烷灭火剂分子中的卤素原子通常为氟、氯及溴原子。

试验和实际应用结果表明,卤代烷 1211 是一种性能良好、应用范围广泛的灭火剂。它的灭火效率高,灭火速度快,当防火区内的灭火剂浓度达到临界灭火值时,一般为体积的 5% 就能在几秒钟内甚至更短的时间内将火焰扑灭。卤代烷 1211 灭火主要不是依靠冷却、稀释氧或隔绝空气等物理作用来实现的,而是通过抑制燃烧的化学反应过程,中断燃烧的链反应而迅速灭火的,属于化学灭火。

卤代烷 1211 在标准状态下为略带芳香味的无色气体,加压或制冷后可液化储存在压力容器内。

3.4.5 蒸汽灭火系统

水蒸汽是热含量高的惰性气体,其灭火作用是通过水蒸汽冲淡燃烧区内的可熔气体和氧的含量来实现的。蒸汽灭火系统主要由蒸汽源(蒸汽锅炉房)、输汽干管、支管、配汽管或接口短管等组成。

1. 固定式蒸汽灭火系统

固定式蒸汽灭火系统用于扑救整个房间、舱室的火灾,即使燃烧房间惰性化,从而达到灭火的目的。常用于生产厂房、燃油锅炉房、油船舱室、甲苯泵房等场所,对于容积大于 500 m³ 的保护空间灭火效果较好。主要由蒸汽源、输汽干管、支管和配汽管组成,其设置地点应能使蒸汽均匀排放到保护空间内。房间内的蒸汽控制阀,宜设在建筑物的室外便于操作的地方。

2. 半固定式蒸汽灭火系统

半固定式蒸汽灭火系统用于扑救局部火灾,利用水蒸汽机械冲击的力量吹散可燃气体,并瞬间在火焰周围形成蒸汽层而使燃烧失去空气的支持而熄灭。一般多用于高大的炼油装置、地上式可燃液储罐、车间内局部的油品的火灾。系统由蒸汽源、输汽干管、支管、接口短管等组成,并且接口短管的布置数量应保证有一股蒸汽射流到达室内或露天装置区油品设备的任何部位。

蒸汽的灭火效果好,其中的饱和蒸汽的灭火效果又优于过热蒸汽,尤其是扑救高温设备的油气火灾,不仅能迅速扑灭泄漏处的火灾,而且不会引起设备损坏。

蒸汽灭火设备主要适用于扑救下列部位的火灾:

(1) 使用蒸汽的甲、乙类厂房和操作温度等于或超过本身燃点的丙类液体厂房;

(2) 单台锅炉蒸发量超过 2 t/h 的燃气锅炉房;

(3) 火柴厂的火柴生产联合机部位;

(4) 有条件的并适用蒸汽灭火系统设置的场所。

3.4.6　烟雾灭火系统

烟雾灭火剂是由黑火药配以缓燃物组成的含氧化剂、可燃物、引燃物、发烟物等成分的灰色粉末状混合物。烟雾自动灭火装置(罐外式)的灭火原理是:当油罐起火后,罐内温度急剧上升,达到 (110 ± 5) ℃ 时,罐内感温探头上的低熔点合金熔化脱落,导火索外露,火焰点燃导火索,引燃烟雾灭火剂,被引燃的灭火剂发生燃烧反应,瞬时产生大量含有水蒸气、氮气、二氧化碳及固体颗粒的烟雾气体(产气量 325 mL/g),烟雾气体靠自身在容器内形成的压力,以很快的速度通过导烟管至储罐顶部的喷头,喷射到储罐内燃烧区,形成浓厚的灭火烟雾层,以稀释、覆盖和化学抑制多种作用将储罐初期火灾扑灭。烟雾自动灭火装置这种特有的灭火原理赋予了它灵敏、快速、高效的灭火效能,使其越来越得到人们的认可和重视,并在石油化工产品储罐的火灾防护中得到了广泛的应用。

3.4.7　移动式灭火器

该灭火器是扑救初期火灾的重要消防器材,轻便灵活,可移动,稍经训练即可掌握其操作使用方法,属消防实战灭火过程中较理想的第一线灭火工具。目前生产的移动式灭火器主要有泡沫灭火器、酸碱灭火器、清水灭火器、二氧化碳灭火器、四氯化碳灭火器、干粉灭火器和轻金属灭火器等。

[复习思考题]

1. 简述建筑火灾及其特点。

2. 室内消火栓灭火系统的组成有哪些?

3. 室内自动喷水灭火系统有哪几种类型?

4. 自动喷水灭火系统的组件有哪些?

5. 其他灭火系统有哪些?

[案例分析]

如今,人们对灭火器已不再陌生,灭火器已走入寻常百姓家庭。然而,您知道灭火器也有使用期吗? 一个失去效应的灭火器是没有灭火作用的。

从出厂日期算起,达到如下年限的必须报废:

手提式化学泡沫灭火器——5 年;

手提式酸碱灭火器——5 年;

手提式清水灭火器——6 年;

手提式干粉灭火器(储气瓶式)——8 年;

手提储压式干粉灭火器——10 年;

手提式 1211 灭火器——10 年;

手提式二氧化碳灭火器——12 年;

推车式化学泡沫灭火器——8 年;

推车式干粉灭火器(储气瓶式)——10 年;

推车储压式干粉灭火器——12 年。

另外,应报废的灭火器或储气瓶必须在筒身或瓶体上打孔,并且用不干胶贴上"报废"的明显标志,内容如下:"报废"二字,字体最小为 25 mm×25 mm;报废年、月;维修单位名称;检验员签章。灭火器每年应至少进行一次维护检查。

问题:1. 简单讲述为何灭火器有使用期,到期必须报废。

　　　2. 结合案例,谈谈消防设备管理时要注意的细节。

第4章 建筑给排水施工图

4.1 常用给排水图例

4.1.1 标高、管径及编号

1. 标高

室内工程应标注相对标高;室外工程应标注绝对标高,当无绝对标高资料时,可标注相对标高,但应与总图一致。

下列部位应标注标高:沟渠和重力流管道的起讫点、转角点、连接点、变尺寸(管径)点及交叉点;压力流管道中的标高控制点;管道穿外墙、剪力墙和构筑物的壁及底板等处;不同水位线处;构筑物和土建部分的相关标高。

压力管道应标注管中心标高,沟渠和重力流管道宜标注沟(管)内底标高。标高的标注方法应符合下列规定:

(1)平面图中,管道标高应按图4-1所示的方式标注。

(2)平面图中,沟渠标高应按图4-2所示的方式标注。

(3)剖面图中,管道及水位的标高应按图4-3所示的方式标注。

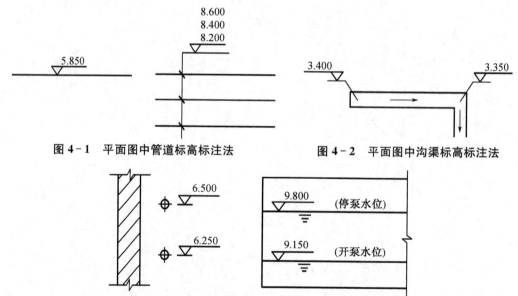

图4-1 平面图中管道标高标注法   图4-2 平面图中沟渠标高标注法

图4-3 剖面图中管道及水位标高标注法

（4）轴测图中,管道标高应按图4-4所示的方式标注。

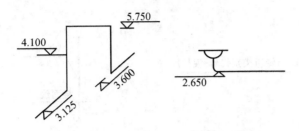

图4-4　轴测图中管道标高标注法

2. 管径

管径应以 mm 为单位。水煤气输送钢管(镀锌或非镀锌)、铸铁管等管材,管径宜以公称直径 DN 表示(如 $DN15,DN50$);无缝钢管、焊接钢管(直缝或螺旋缝)、铜管、不锈钢管等管材,管径宜以外径 $D \times$ 壁厚表示(如 $D108 \times 4,D159 \times 4.5$ 等);钢筋混凝土(或混凝土)管、陶土管、耐酸陶瓷管、缸瓦管等管材,管径宜以内径 d 表示(如 $d230,d380$ 等);塑料管材,管径宜按产品标准的方法表示。当设计均用公称直径 DN 表示管径时,应有公称直径 DN 与相应产品规格对照表。

管径的标注方法应符合下列规定:

（1）单根管道时,管径应按图4-5所示的方式标注。

（2）多根管道时,管径应按图4-6所示的方式标注。

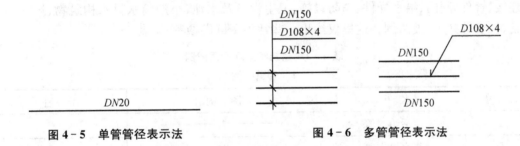

图4-5　单管管径表示法　　　　**图4-6　多管管径表示法**

3. 编号

（1）当建筑物的给水引入管或排水排出管的数量超过1根时,宜进行编号,编号宜按图4-7所示的方法表示。

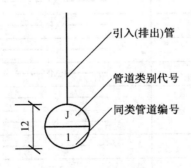

图4-7　给水引入(排水排出)管编号表示方法

（2）建筑物穿越楼层的立管，其数量超过 1 根时宜进行编号，编号宜按图 4 - 8 所示的方法表示。

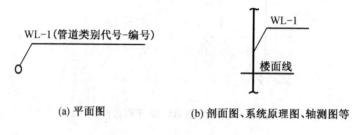

WL-1(管道类别代号-编号)

WL-1

楼面线

(a) 平面图　　　　　　　(b) 剖面图、系统原理图、轴测图等

图 4 - 8　立管编号表示方法

（3）在总平面图中，当给排水附属构筑物的数量超过 1 个时，宜进行编号。编号方法为：构筑物代号-编号。给水构筑物的编号顺序宜为：从水源到干管，再从干管到支管，最后到用户。排水构筑物的编号顺序宜为：从上游到下游，先干管后支管。

（4）当给排水机电设备的数量超过 1 台时，宜进行编号，并应有设备编号与设备名称对照表。

4.1.2　常用给排水图例

建筑给排水图纸上的管道、卫生器具、设备等均按照《给水排水制图标准》(GB/T 50106—2001)使用统一的图例来表示。在《给水排水制图标准》中列出了管道、管道附件、管道连接、管件、阀门、给水配件、消防设施、卫生设备及水池、小型给水排水构筑物、给水排水设备、仪表等共 11 类图例。这里仅给出一些常用图例供参考，见表 4 - 1。

表 4 - 1　建筑给排水常用图例

1　管道图例

序　号	名　称	图　例	备　注
1	生活给水管	—— J ——	
2	热水给水管	—— RJ ——	
3	热水回水管	—— RH ——	
4	中水给水管	—— ZJ ——	
5	循环给水管	—— XJ ——	
6	循环回水管	—— XH ——	
7	热媒给水管	—— RM ——	
8	热媒回水管	——RMH——	
9	蒸汽管	—— Z ——	
10	凝结水管	—— N ——	
11	废水管	—— F ——	可与中水原水管合用
12	压力废水管	—— YF ——	

（续表）

序　号	名　称	图　例	备　注
13	通气管	—— T ——	
14	污水管	—— W ——	
15	压力污水管	—— YW ——	
16	雨水管	—— Y ——	
17	压力雨水管	—— YY ——	
18	膨胀管	—— PZ ——	
19	保温管	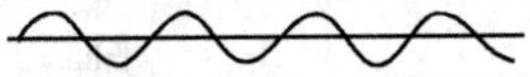	
20	多孔管		
21	地沟管	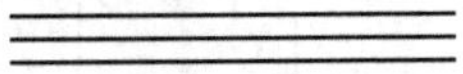	
22	防护套管	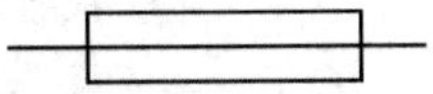	
23	管道立管	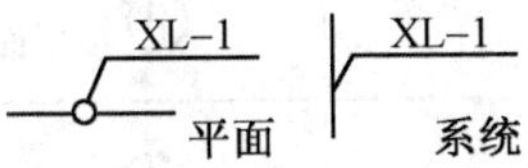 XL-1　　XL-1 平面　　系统	X:管道类别 L:立管 1:编号
24	伴热管	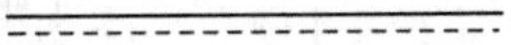	
25	空调凝结水管	—— KN ——	
26	排水明沟	 坡向 ——	
27	排水暗沟	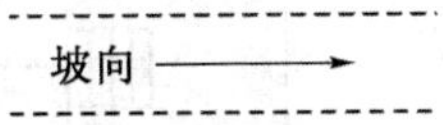 坡向 ——	

注:分区管道用加注角标方式表示:如 $J_1,J_2,RJ_1,RJ_2\dots$

2　管道附件

序　号	名　称	图　例	备　注
1	套管伸缩器		
2	方形伸缩器	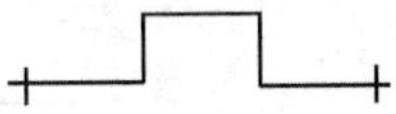	
3	刚性防水套管	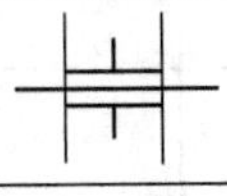	
4	柔性防水套管	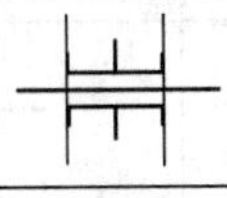	
5	波纹管	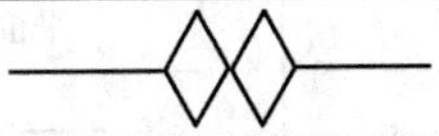	
6	可曲挠橡胶接头		

（续表）

序　号	名　称	图　例	备　注
7	管道固定支架		
8	管道滑动支架		
9	立管检查口		
10	清扫口	平面　　　　系统	
11	通气帽	成品　　　　铅丝球	
12	雨水斗	YD-　　　　YD- 平面　　　　系统	
13	排水漏斗	平面　　　　系统	
14	圆形地漏		通用。如为无水封， 地漏应加存水弯
15	方形地漏		
16	自动冲洗水箱		
17	挡墩		
18	减压孔板		
19	Y 形除污器		
20	毛发聚集器	平面　　　　系统	
21	防回流污染止回阀		

3 管道连接

序 号	名 称	图 例	备 注
1	法兰连接	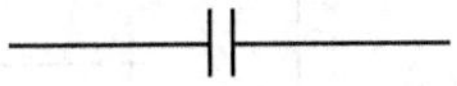	
2	承插连接		
3	活接头	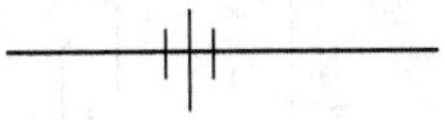	
4	管堵		
5	法兰堵盖		
6	弯折管	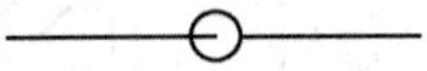	表示管道向后 及向下弯转 90°
7	三通连接	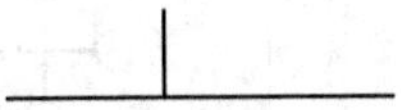	
8	四通连接	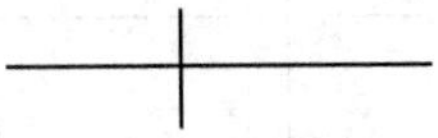	
9	盲板		
10	管道丁字上接	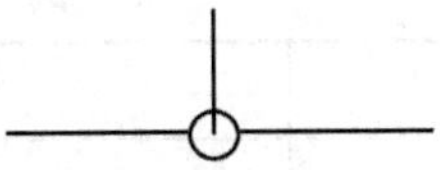	
11	管道丁字下接	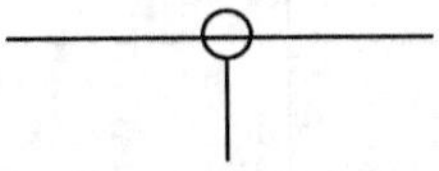	
12	管道交叉	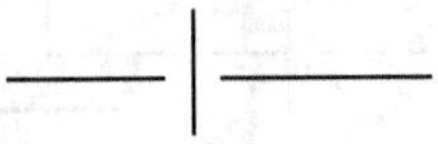	在下方和后面的 管道应断开

4 管件

序 号	名 称	图 例	备 注
1	偏心异径管	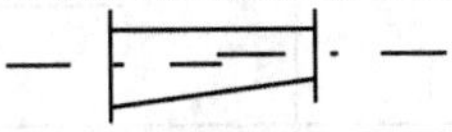	
2	异径管		
3	乙字管	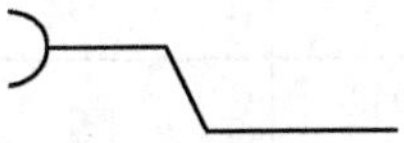	
4	喇叭口	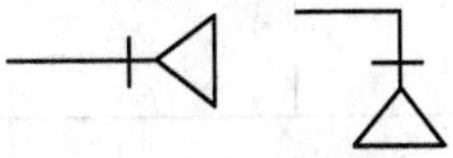	

（续表）

序　号	名　称	图　例	备　注
5	转动接头	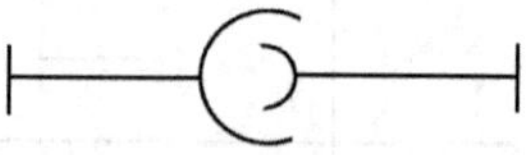	
6	短管	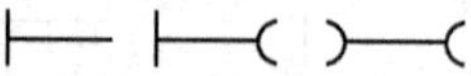	
7	存水弯	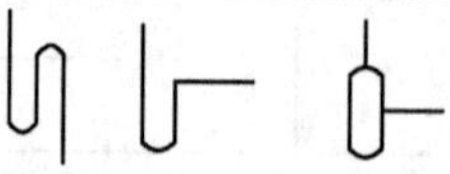	
8	弯头	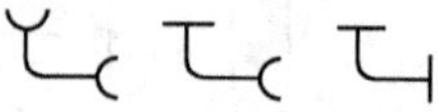	
9	正三通	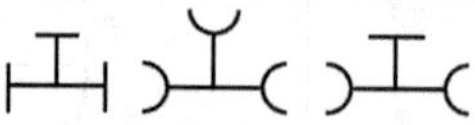	
10	斜三通	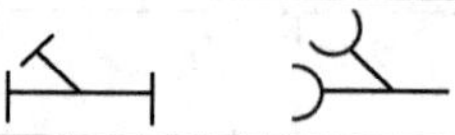	
11	正四通		
12	斜四通	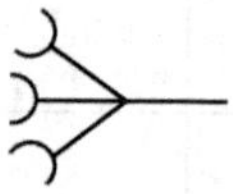	

5　阀门

序　号	名　称	图　例	备　注
1	闸阀		
2	角阀	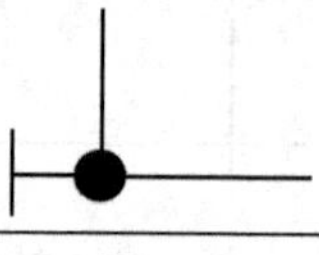	
3	三通阀		
4	四通阀	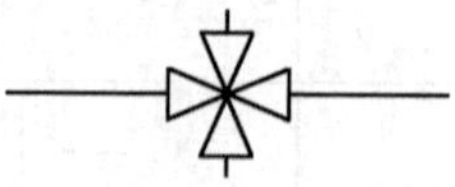	
5	截止阀	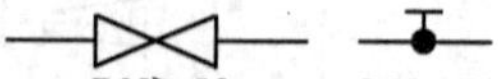 $DN \geqslant 50$　　$DN < 50$	
6	电动阀		

（续表）

序　号	名　称	图　例	备　注
7	液动阀		
8	气动阀		
9	减压阀		左侧为高压端
10	旋塞阀	平面　　　系统	
11	底阀		
12	球阀		
13	隔膜阀		
14	气开隔膜阀		
15	气闭隔膜阀		
16	温度调节阀		
17	压力调节阀		
18	电磁阀		
19	止回阀		
20	消声止回阀		
21	蝶阀		

序　号	名　称	图　例	备　注
22	弹簧安全阀		
23	平衡锤安全阀		
24	自动排气阀	平面　　　系统	
25	浮球阀	平面　　系统	
26	延时自闭冲洗阀		
27	吸水喇叭口	平面　　　系统	
28	疏水器		

6　给水配件

序　号	名　称	图　例	备　注
1	放水龙头		左侧为平面 右侧为系统
2	皮带龙头		左侧为平面 右侧为系统
3	洒水(栓)龙头		
4	化验龙头		
5	肘式龙头		
6	脚踏开关		

（续表）

序 号	名 称	图 例	备 注
7	混合水龙头	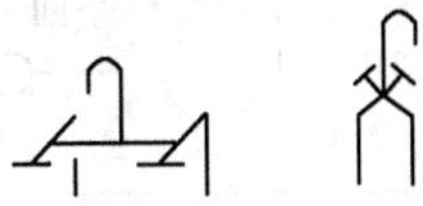	
8	旋转水龙头	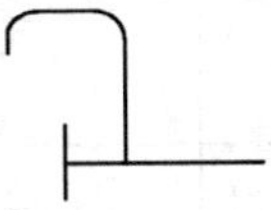	
9	浴盆带喷头混合水龙头	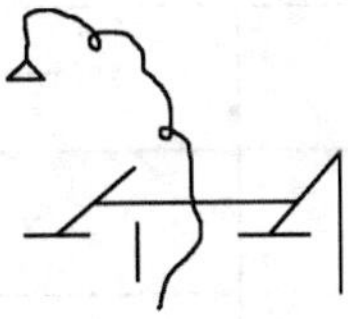	

7 消防设施

序 号	名 称	图 例	备 注
1	消火栓给水管	—— XH ——	
2	自动喷水灭火给水管	—— ZP ——	
3	室外消火栓	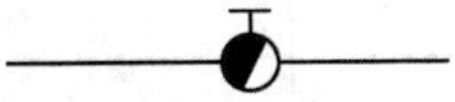	
4	室内消火栓（单口）	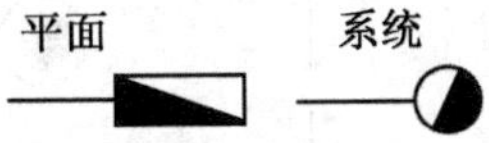 平面　系统	白色为开启面
5	室内消火栓（双口）	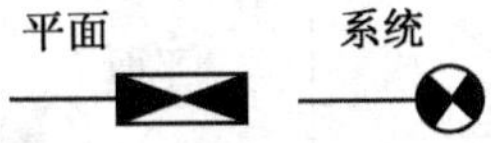 平面　系统	
6	水泵接合器	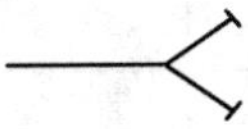	
7	自动喷洒头（开式）	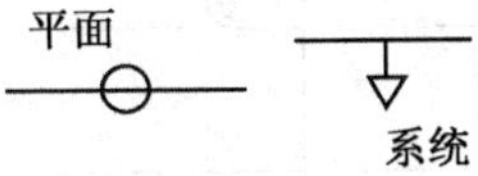 平面　系统	
8	自动喷洒头（闭式）	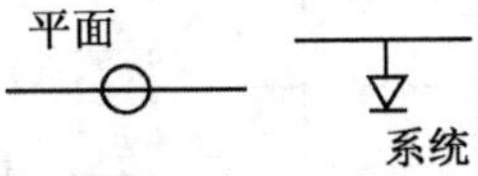 平面　系统	下喷
9	自动喷洒头（闭式）	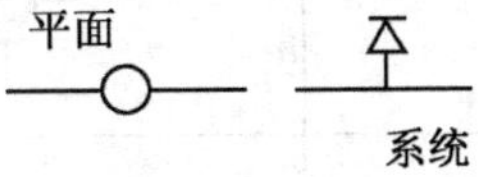 平面　系统	上喷
10	自动喷洒头（闭式）	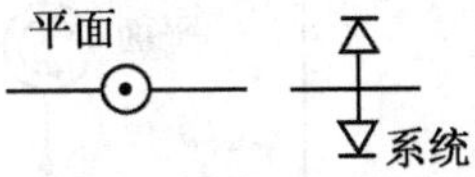 平面　系统	上、下喷

（续表）

序 号	名 称	图 例	备 注
11	侧墙式自动喷洒头	平面　　　系统	
12	侧喷式喷洒头	平面　　　系统	
13	雨淋灭火给水管	——— YL ———	
14	水幕灭火给水管	——— SM ———	
15	水炮灭火给水管	——— SP ———	
16	干式报警阀	平面　　　系统	
17	水炮		
18	湿式报警阀	平面　　　系统	
19	预作用报警阀	平面　　　系统	
20	遥控信号阀		
21	水流指示器	—Ⓛ—	
22	水力警铃		
23	雨淋阀	平面　　　系统	
24	末端测试阀	平面　　　系统	

（续表）

序　号	名　称	图　例	备　注
25	末端测试阀		
26	推车式灭火器		

注:分区管道用加注角标方式表示;如 XH_1,XH_2,ZP_1,ZP_2…

8　卫生设备及水池

序　号	名　称	图　例	备　注
1	立式洗脸盆		
2	台式洗脸盆	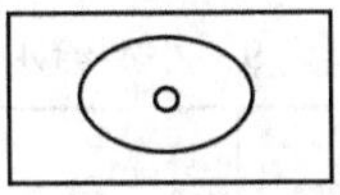	
3	挂式洗脸盆	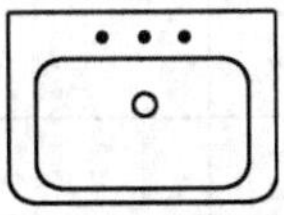	
4	浴盆	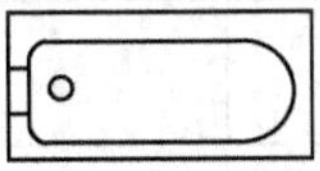	
5	化验盆、洗涤盆	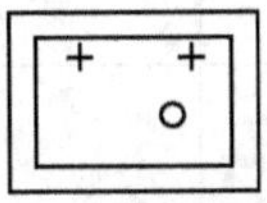	
6	带沥水板洗涤盆	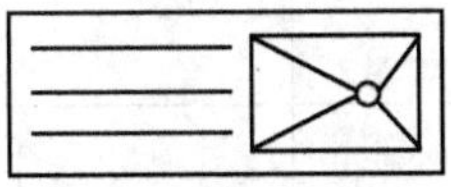	不锈钢制品
7	盥洗槽	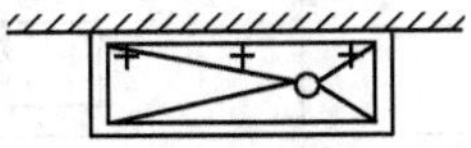	
8	污水池		
9	妇女卫生盆		

（续表）

序　号	名　称	图　例	备　注
10	立式小便器		
11	壁挂式小便器		
12	蹲式大便器	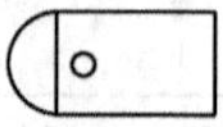	
13	坐式大便器	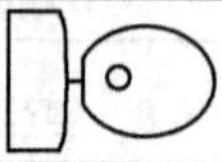	
14	小便槽	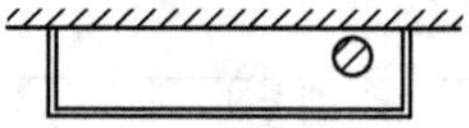	
15	淋浴喷头		

9　小型给水排水构筑物

序　号	名　称	图　例	备　注
1	矩形化粪池	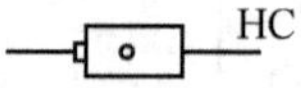 HC	HC 为化粪池代号
2	圆形化粪池	 HC	
3	隔油池	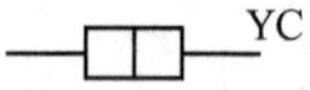 YC	YC 为隔油池代号
4	沉淀池	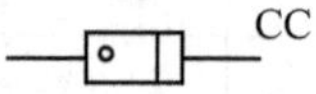 CC	CC 为沉淀池代号
5	降温池	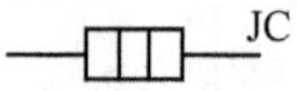 JC	JC 为降温池代号
6	中和池	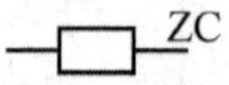 ZC	ZC 为中和池代号
7	雨水口		单口
			双口
8	阀门井 检查井		
9	水封井		
10	跌水井		
11	水表井		

10　给水排水设备

序　号	名　称	图　例	备　注
1	水泵	平面　　系统	
2	潜水泵		
3	定量泵		
4	管道泵		
5	卧式热交换器		
6	立式热交换器		
7	快速管式热交换器		
8	开水器		
9	喷射器		小三角为进水端
10	除垢器		
11	水锤消除器		
12	浮球液位器		
13	搅拌器		

11　仪表

序　号	名　称	图　例	备　注
1	温度计		
2	压力表		
3	自动记录压力表		
4	压力控制器		
5	水表		
6	自动记录流量计		
7	转子流量计		
8	真空表		
9	温度传感器	-------| T |-------	
10	压力传感器	-------| P |-------	
11	pH 值传感器	-------| pH |-------	
12	酸传感器	-------| H |-------	
13	碱传感器	-------| Na |-------	
14	余氯传感器	-------| Cl |-------	

4.2　建筑给排水施工图的主要内容

建筑给排水施工图一般由图纸目录、主要设备材料表、设计说明、图例、平面图、系统图（轴测图）、施工详图等组成。室外小区给排水工程,根据工程内容还应包括管道断面图、给排水节点图等。

4.2.1　平面布置图

给水、排水平面图应表达给水、排水管线和设备的平面布置情况。

根据建筑规划,在设计图纸中,用水设备的种类、数量、位置均要作出给水和排水平面布置;各种功能管道、管道附件、卫生器具、用水设备,如消火栓箱、喷头等均应用各种图例表示;各种横干管、立管、支管的管径、坡度等均应标出。平面图上管道都用单线绘出,沿墙敷设时不注管道距墙面的距离。

一张平面图上可以绘制几种类型的管道,一般来说,给水和排水管道可以在一起绘制。若图纸管线复杂,也可以分别绘制,以图纸能清楚地表达设计意图而图纸数量又很少为原则。

建筑内部给排水,以选用的给水方式来确定平面布置图的张数。底层及地下室必绘;顶层若有高位水箱等设备,也必须单独绘出。建筑中间各层,如卫生设备或用水设备的种类、数量和位置都相同,绘一张标准层平面布置图即可;否则,应逐层绘制。常用的比例尺为1∶100。

在各层平面布置图上,各种管道、立管应编号标明。

4.2.2　系统图

系统图,也称"轴测图",其绘法取水平、轴测、垂直方向,与平面布置图比例完全相同。系统图上应标明管道的管径、坡度,标出支管与立管的连接处以及管道各种附件的安装标高,标高的±0.000应与建筑图一致。系统图上各种立管的编号应与平面布置图相一致。系统图均应按给水、排水、热水等各系统单独绘制,以便于施工安装和概预算应用。

系统图中对用水设备及卫生器具的种类、数量和位置完全相同的支管、立管,可不重复完全绘出,但应用文字标明。当系统图立管、支管在轴测方向重复交叉影响识图时,可断开移到图面空白处绘制。

建筑居住小区给排水管道一般不绘系统图,但应绘管道纵断面图。

4.2.3　施工详图

凡平面布置图、系统图中局部构造因受图面比例限制而表达不完善或无法表达的,为使施工及施工概预算不出现失误,必须绘出施工详图。通用施工详图系列,如卫生器具安装、排水检查井、雨水检查井、阀门井、水表井、局部污水处理构筑物等,均有各种施工标准图,施工详图宜首先采用标准图。

绘制施工详图的比例以能清楚绘出构造为根据选用。施工详图应尽量详细注明尺寸,不应以比例代替尺寸。

4.2.4　设计施工说明及主要材料设备表

用工程绘图无法表达清楚的给水、排水、热水供应、雨水系统等管材,防腐、防冻、防露的做法,或难以表达的诸如管道连接、固定、竣工验收要求,施工中特殊情况技术处理措施,或施工方法要求必须严格遵守的技术规程、规定等,可在图纸中用文字写出设计施工说明。工程选用的主要材料设备表,应列明材料类别、规格、数量、设备品种、规格和主要尺寸。

此外,施工图还应绘出工程图所用图例。

所有以上图纸及施工说明等应编排有序,写出图纸目录。

4.3　建筑给排水施工图的识读

4.3.1　室内给排水施工图的识读方法

阅读主要图纸之前,应当先看说明和设备材料表,然后以系统图为线索深入阅读平面图、系统图及详图。阅读时,应将三种图相互对照来看。先看系统图,对各系统做到大致了解。看给水系统图时,可由建筑的给水引入管开始,沿水流方向经干管、立管、支管到用水设备;看排水系统图时,可由排水设备开始,沿排水方向经支管、横管、立管、干管到排出管。

1. 平面图的识读

室内给排水管道平面图是施工图纸中最基本和最重要的图纸,常用的比例是 1∶100 和 1∶50 两种,它主要表明建筑物内给排水管道及卫生器具和用水设备的平面布置。图上的线条都是示意性的,同时管材配件如活接头、补心、管箍等也不画出来,因此在识读图纸时还必须熟悉给排水管道的施工工艺。

在识读管道平面图时,应该掌握的主要内容和注意事项如下:

(1) 查明卫生器具、用水设备和升压设备的类型、数量、安装位置、定位尺寸。

(2) 弄清给水引入管和污水排出管的平面位置、走向、定位尺寸、与室外给排水管网的连接形式、管径及坡度等。

(3) 查明给排水干管、立管、支管的平面位置与走向、管径尺寸及立管编号。从平面图上可清楚地查明是明装还是暗装,以确定施工方法。

(4) 消防给水管道要查明消火栓的布置、口径大小及消防箱的形式与位置。

(5) 在给水管道上设置水表时,必须查明水表的型号、安装位置以及水表前后阀门的设置情况。

(6) 对于室内排水管道,还要查明清通设备的布置情况,清扫口和检查口的型号和位置。

2. 系统图的识读

给排水管道系统图主要表明管道系统的立体走向。在给水系统图上,卫生器具不需画出,只需画出水龙头、淋浴器莲蓬头、冲洗水箱等符号;用水设备(如锅炉、热交换器、水箱等)则画出示意性的立体图,并在旁边注以文字说明。在排水系统图上也只画出相应的卫生器具的存水弯或器具排水管。在识读系统图时,应掌握的主要内容和注意事项如下：

(1) 查明给水管道系统的具体走向,干管的布置方式,管径尺寸及其变化情况,阀门的设置,引入管、干管及各支管的标高。

(2) 查明排水管道的具体走向,管路分支情况,管径尺寸与横管坡度,管道各部分标高,存水弯的形式,清通设备的设置情况,弯头及三通的选用等。识读排水管道系统图时,一般按卫生器具或排水设备的存水弯、器具排水管、横支管、立管、排出管的顺序进行。

(3) 系统图上对各楼层标高都有注明,识读时可据此分清管路是属于哪一层的。

3. 详图的识读

室内给排水工程的详图包括节点图、大样图、标准图,主要是管道节点、水表、消火栓、水加热器、开水炉、卫生器具、套管、排水设备、管道支架等的安装图及卫生间大样图等。这些图都是根据实物用正投影法画出来的,图上都有详细尺寸,可供安装时直接使用。

4.3.2　室内给排水施工图识读实例

以图 4-9～图 4-12 所示的给排水施工图为例介绍其识读过程。

1. 施工说明

本工程施工说明如下：

(1) 图中尺寸标高以 m 计,其余均以 mm 计。本住宅楼日用水量为 13.4 t。

(2) 给水管采用 PPR 管材与管件连接;排水管采用 UPVC 塑料管,承插连接。出屋顶的排水管采用铸铁管,并刷防锈漆、银粉各两道。给水管 $De16$ 及 $De20$ 管壁厚为 2.0 mm, $De25$ 管壁厚为 2.5 mm。

(3) 给排水支吊架安装见 98S10,地漏采用高水封地漏。

(4) 坐便器安装见 98S1-85,洗脸盆安装见 98S1-41,住宅洗涤盆安装见 98S1-9,拖布池安装见 98S1-8,浴盆安装见 98S1-73。

(5) 给水采用一户一表出户安装,安装详见××市供水公司图集 XSB-01。所有给水阀门均采用铜质阀门。

(6) 排水立管在每层标高 250 mm 处设伸缩节,伸缩节做法见 98S1-156～158。

(7) 排水横管坡度采用 0.026。

(8) 凡是外露与非采暖房间给排水管道均采用 40 mm 厚聚氨酯保温。

(9) 卫生器具采用优质陶瓷产品,其规格型号由甲方定。

(10) 安装完毕进行水压试验,试验工作严格按现行规范要求进行。

(11) 说明未详尽之处均严格按现行规范规定施工及验收。

2. 给排水平面图识读

给排水平面图的识读一般从底层开始,逐层阅读,如图 4-9～图 4-11 所示。

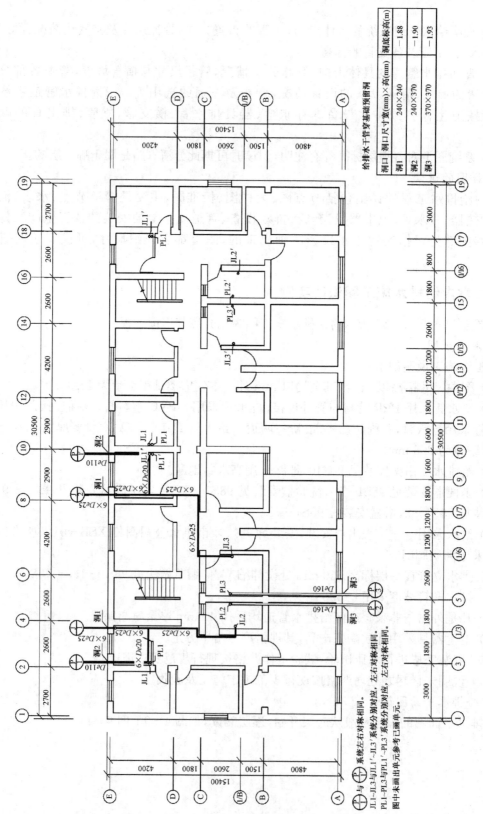

图 4-9　给排水水平管平面图

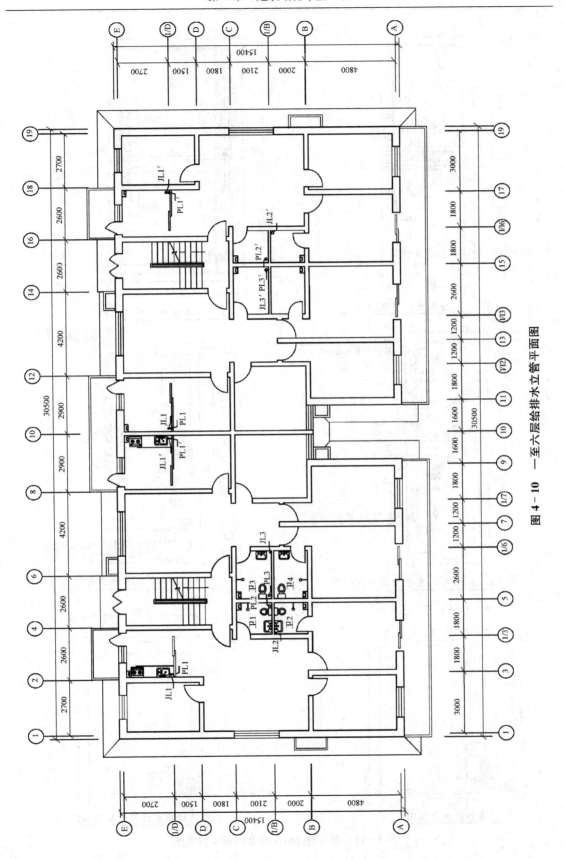

图 4 - 10 一至六层给排水立管平面图

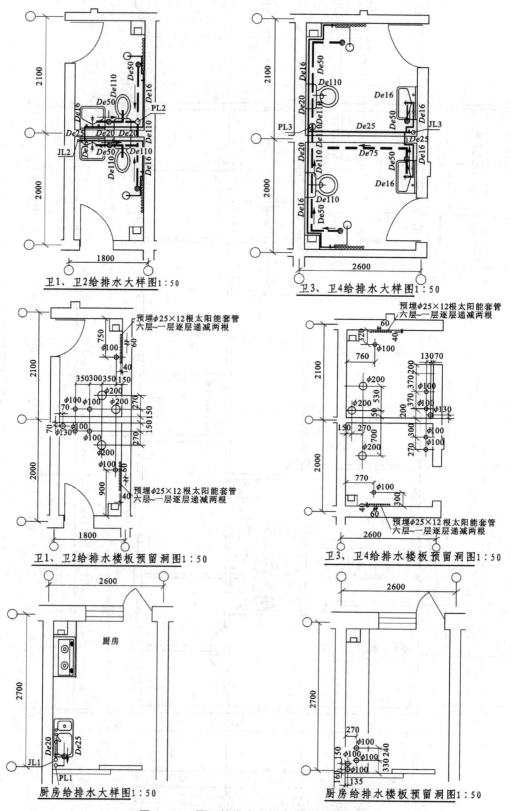

图 4-11　厨卫给排水大样及楼板预留洞图

3．给排水系统图识读

系统图的识读一般顺着水流方向进行阅读，如图 4-12。

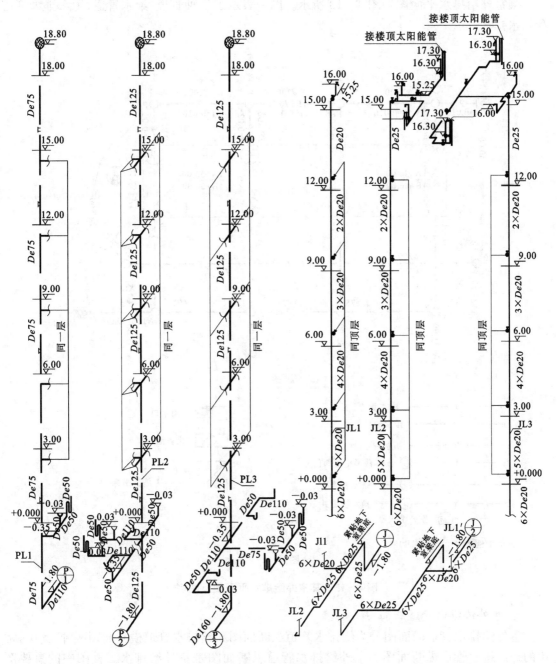

图 4-12　给排水系统图

4.3.3　室外（建筑小区）给排水施工图识读

室外给排水工程图主要有平面图、断面图和节点图三种图样。

1. 室外给水排水平面图

室外给排水平面图表示室外给排水管道的平面布置情况。

某室外给排水平面图如图 4-13 所示。图中表示了三种管道:给水管道、污水排水管道和雨水排水管道。

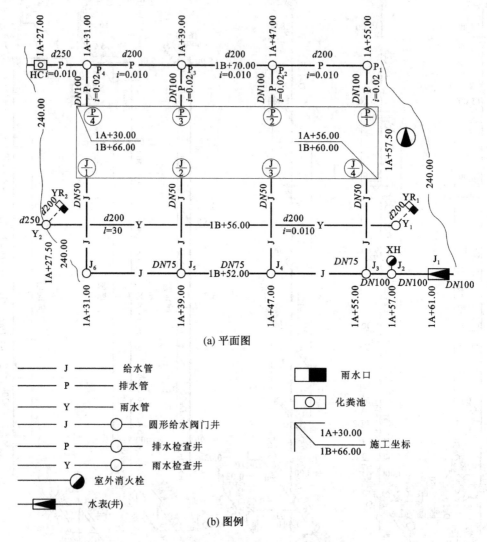

(a) 平面图

	J	给水管
	P	排水管
	Y	雨水管
	J ○	圆形给水阀门井
	P ○	排水检查井
	Y ○	雨水检查井
		室外消火栓
		水表(井)

雨水口

化粪池

1A+30.00
1B+66.00 施工坐标

(b) 图例

图 4-13　某室外给排水平面图及图例

2. 室外给排水管道断面图

室外给排水管道断面图分为给排水管道纵断面图和给排水管道横断面图两种,其中,常用的是给排水管道纵断面图。室外给排水管道纵断面图是室外给排水工程图中的重要图样,它主要反映室外给排水平面图中某条管道在沿线方向的标高变化、地面起伏、坡度、坡向、管径和管基等情况。

管道纵断面图的识读:首先看是哪种管道的纵断面图,然后看该管道纵断面图形中有哪些节点。在相应的室外给排水平面图中查找该管道及其相应的各节点。在该管道纵断面图的数据表格内查找其管道纵断面图形中各节点的有关数据。图 4-14～图 4-16 是某室外给排水平面图[4-13(a)]的给水、污水排水和雨水管道的纵断面图。

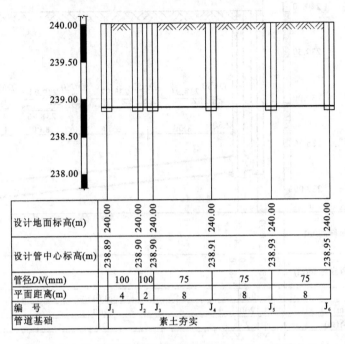

设计地面标高(m)	240.00	240.00	240.00	240.00	240.00	240.00
设计管中心标高(m)	238.89	238.90	238.90	238.91	238.93	238.95
管径DN(mm)		100	100	75	75	75
平面距离(m)		4	2	8	8	8
编　号	J_1	J_2	J_3	J_4	J_5	J_6
管道基础		素土夯实				

图 4-14　给水管道纵断面图

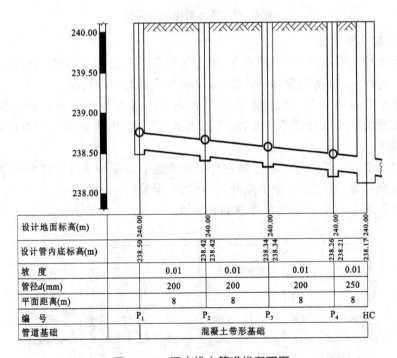

设计地面标高(m)	240.00	240.00	240.00	240.00	240.00
设计管内底标高(m)	238.50	238.42　238.42	238.34　238.34	238.26　238.21	238.17
坡　　度		0.01	0.01	0.01	0.01
管径d(mm)		200	200	200	250
平面距离(m)		8	8	8	8
编　号	P_1	P_2	P_3	P_4	HC
管道基础		混凝土带形基础			

图 4-15　污水排水管道纵断面图

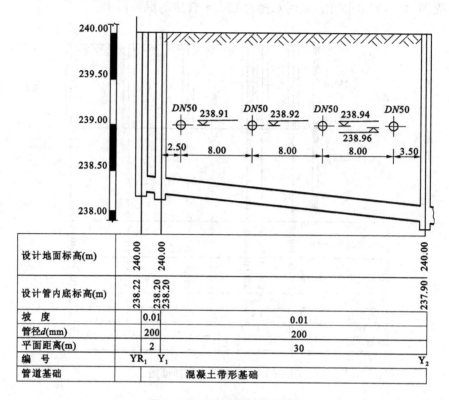

图 4－16　雨水管道纵断面图

3. 室外给排水节点图

在室外给水排水平面图中,对检查井、消火栓井和阀门井以及其内的附件、管件等均不作详细表示。为此,应绘制相应的节点图,以反映本节点的详细情况。

室外给排水节点图分为给水管道节点图、污水排水管道节点图和雨水管道节点图三种图样。通常需要绘制给水管道节点图,而当污水排水管道、雨水管道的节点比较简单时,可不绘制其节点图。

室外给水管道节点图识读时可以将室外给水管道节点图与室外给排水平面图中相应的给水管道图对照着看,或由第一个节点开始,顺次看至最后一个节点。

图 4－17 是图 4－13(a)中给水管道的节点图。

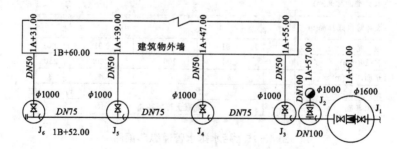

图 4－17　给水管道节点图

[复习思考题]

1. 建筑给排水施工图中对管道标高、管径及编号有哪些要求和规定?
2. 室内建筑给排水施工图由哪几部分组成?
3. 室内建筑给排水施工图识读的顺序是什么?
4. 室外建筑给排水施工图主要包含哪几部分?
5. 室外给排水管道断面图的识图方法是什么?

第 5 章　建筑采暖

5.1　建筑采暖概述

在建筑内部的环境受外界自然作用以及人为干扰等因素的影响时,要满足建筑环境的舒适性或者工艺性要求,就必须采取一系列的环控措施,也就是在自然环境满足不了的情况下创造一个适宜的人工环境,以满足热湿环境、空气环境以及声光环境等,这就是暖通空调的任务。而建筑采暖是暖通空调的主要任务之一。

在寒冷地区,尤其是在我国的北方地区,室外温度远低于室内温度,室内的热量就会通过建筑物的外墙、门窗、屋顶、地面等围护结构不断地传向室外。为了维持室内的温度,以满足人们正常工作、生活的需要,就必须向室内供给相应的热量。像这种向室内提供热量的工程设施称作供暖系统。

采暖有悠久的历史,随着人类对火的使用,便开始了采暖。近代采暖发展起源于1673年,英国工程师发明了用热水在管内流动以加热房间的方法,这是热水采暖的雏形。但是标志性突破,由直接利用到间接利用,是1784年英国开始应用蒸汽采暖,1904年纽约交易所建成空调系统。在我国,20世纪50年代的采暖、通风以及工艺性空调主要是依托前苏联技术。到了20世纪60年代到70年代,开始由蒸汽采暖向热水采暖转化。1975年颁布《工业企业采暖通风和空气调节设计规范》。80年代到90年代发展最快,空调应用由工业扩大到民用,目前要考虑的内容也发展到节能和环保,重视新能源开发利用以实现可持续发展。

5.1.1　采暖系统的组成

一般而言,供暖系统由热源、管道系统和散热设备三大部分组成。

（1）热源

热源是指热量的发生器,如锅炉。在热量发生器中,燃料燃烧经载热体热能转化,形成热水或蒸汽,也可利用工业余热、太阳能、地热、核能等作为供暖系统的热源。

（2）管道系统

管道系统是指由热源转送热媒至热用户,散热冷却后返回热源的闭式循环管道网络。它是室内管网组成的热媒输配系统,也称热网。

（3）散热设备

散热设备是将热量输往室内的装置。在供暖房间,带热体在放热设备中放出热量加热室内空气。

5.1.2　采暖系统的分类

根据三个组成部分的相互位置关系,供热系统可分为局部供热系统和集中供热系统。热源、输热管道和散热设备三个组成部分在构造上连在一起的供热系统称为局部供热系统;热源、散热设备分别设置,用管网将其连接,由热源向散热设备供应热量的供热系统称为集中供热系统。

1. 根据作用范围的大小分

(1)局部采暖系统:热源、供热管道和散热设备在构造上成为一个整体的采暖系统称为局部采暖系统。如火炉采暖、简易散热器采暖、煤气采暖和电热采暖系统等。

(2)集中采暖系统:热源设在独建的锅炉房或换热站内,热量由热媒(热水或蒸汽)经供热管道输送至一幢或几幢建筑物的散热设备,这种采暖系统称为集中采暖系统。

(3)区域采暖系统:以区域性锅炉房作为热源,供一个区域的许多建筑物采暖的采暖系统,称为区域采暖系统。

2. 根据所用热媒的不同分

(1)热水采暖系统:以热水为热媒,将热量输送至散热设备的采暖系统,称为热水采暖系统。热水采暖系统的供应温度一般为 95 ℃。回水温度为 70 ℃的称为低温热水采暖系统;供水温度高于 100 ℃的采暖系统,称为高温热水采暖系统。

(2)蒸汽采暖系统:以蒸汽为热媒,将热量输送至散热设备的采暖系统,称为蒸汽采暖系统。蒸汽相对压力小于 70 kPa 时,称为低压蒸汽采暖系统;蒸汽相对压力为 70～300 kPa 时,称为高压蒸汽采暖系统。

(3)热风采暖系统:用热空气把热量直接送到供暖房间的采暖系统,称为热风采暖系统。

5.2　热水采暖系统

民用建筑多采用热水采暖系统,热水采暖系统也广泛地应用于生产厂房和辅助建筑中。热水采暖系统按循环动力的不同可以分为自然循环和机械循环系统。系统中的水靠水泵来循环的,称为机械循环热水采暖系统;不用水泵来循环,而仅靠供回水密度差所形成的压力差使水进行循环的,称为自然循环热水采暖系统。

5.2.1　热水采暖系统的工作原理

1. 自然循环热水采暖系统的工作原理

图 5-1 所示是自然循环热水采暖系统的工作原理图。图中假设系统有一个加热中心(锅炉)和一个冷却中心(散热器),用供、回水管路把散热器和锅炉连接起来。在系统的最高处连接一个膨胀水箱,用来容纳水受热膨胀而增加的体积。在系统工作之前,先将系统中充满冷水。当水在锅炉内被加热后,它的密度减小,热水向上浮升,经供水管道流入散热器,在散热器内发生热量传递,热水被冷却。锅炉内加热后的水受到从散热器流回来密度较大的回水的驱动,热水沿着供水干管不断上升,流入散热器。在散热器内热水被冷却,再沿回水干管流回锅炉。

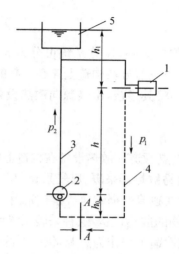

1—散热器;2—热水锅炉;3—供水管路;4—回水管路;5—膨胀水箱

图 5 - 1 自然循环热水采暖系统的工作原理图

在水的循环流动过程中,供水和回水由于温度差的存在,产生了密度差,系统就是以供、回水的密度差作为循环动力的。像这种靠系统的密度差达到采暖的效果是有限的,为了加大重力循环能力,可在安装时使散热器与锅炉的垂直距离加大。

自然循环热水采暖系统的作用半径不宜超过 50 m,所以只适合小型建筑或小型住户取暖。为了减少管路系统的阻力损失,管径不宜过小,连接散热器组数不宜过多,系统应紧凑,尽量少拐弯,膨胀水箱应接在供水干管的最高点处。

2. 机械循环热水采暖系统的工作原理

自然循环热水供暖系统虽然维护管理简单,不需要耗费电能,但由于作用压力小,管中水流动速度不大,所以管径就相对要大一些,作用半径也受到限制。如果系统作用半径较大,自然循环往往难以满足系统的工作要求。这时,应采用机械循环热水供暖系统。

机械循环热水采暖系统与自然循环热水采暖系统的主要区别是在系统中设置了循环水泵,靠水泵提供的机械能使水在系统中循环。系统中的循环水在锅炉中被加热,通过总立管、干管、支管到达散热器。水沿途散热有一定的温降,在散热器中放出大部分所需热量,沿回水支管、立管、干管重新回到锅炉被加热。

在机械循环系统中,水流的速度常常超过了自水中分离出来的空气气泡的浮升速度。为了使气泡不致被带入立管,在供水干管内要使气泡随着水流方向流动,应按水流方向设上升坡度。气泡聚集到系统的最高点,通过在最高点设排气装置,将空气排至系统以外。供水及回水干管的坡度根据设计规范 $i \geqslant 0.002$ 规定,一般取 $i = 0.003$,回水干管的坡向要求与自然循环系统相同,其目的是便于集中泄水。

水泵是装在回水干管上的,膨胀水箱设在系统的最高点,起恒定管网压力作用,连接在水泵的进口管道上,它可使整个系统在正压下工作,这保证了系统中的水不被汽化,从而避免因水的汽化使系统中断循环。

系统内的热水是靠泵压克服管道的阻力而流动循环的,所以不受系统的大小、地理位置等限制,广泛用于各种类型建筑物的采暖系统。

5.2.2　热水采暖系统的形式

1. 自然循环热水采暖系统的形式

（1）自然循环双管上供下回式系统

如图 5-2 所示为双管上供下回式系统，其特点是各层散热器都并联在供、回水立管上，热水经供水干管、立管进入各层散热器，冷却后的回水经回水立管、干管直接流回锅炉。如不考虑水在管道中的冷却，则进入各层散热器的水温相同。因为这种系统的供水干管在上面，回水干管在下面，故称为上供下回式；又由于这种系统的散热器都并联在两根立管上，一根为供水立管，一根为回水立管，故这种系统为双管系统。这种系统的散热器都自成一独立的循环回路，在散热器的供水支管上可以装设阀门，用来调节通过散热器的热水流量。

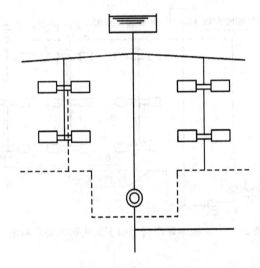

图 5-2　自然循环热水系统（左边为双管式，右边为单管式）

分析该系统循环作用压力时，因假设锅炉是加热中心，散热器是冷却中心，可以忽略水在管路中流动时管壁散热产生的水冷却，认为水温只是在锅炉和散热器处发生变化。在双管循环系统中，虽然各层散热器的进出水温度相同（忽略在管道中的沿途冷却），但由于各层散热器到锅炉之间的垂直距离不同，导致上层散热器环路作用压力大于下层散热器环路的作用压力。如果选用不同管径仍不能使上下各层阻力平衡，流量就会分配不均匀，必然会出现上层过热、下层过冷的垂直失调问题。楼层越多，垂直失调问题就越严重。

（2）自然循环单管上供下回式系统

如图 5-2 所示，单管系统的特点是热水送入立管后，由上向下顺序流过各层散热器，水温逐层降低，各组散热器串联在立管上。每根立管（包括立管上各层散热器）与锅炉、供回水干管形成一个循环环路，各立管环路是串联关系。

与双管系统相比，单管系统的优点是系统简单，节省管材，造价低，安装方便，上下层房间的温度差异较小；其缺点是顺流式不能进行个体调节。

上供下回式自然循环热水采暖系统管道布置的一个主要特点是：系统的供水干管必须有向膨胀水箱方向上升的坡度，其坡度宜采用 0.5%～1.0%；散热器支管的坡度一般取1.0%；回水干管应有沿水流向锅炉方向下降的坡度。

2. 机械循环热水采暖系统的主要形式

机械循环热水采暖系统设置了循环水泵,为水循环提供动力。虽然增加了运行管理费用和电耗,但系统循环作用压力大,管径较小,系统的作用半径会显著提高。

(1)上供下回式

上供下回式机械循环热水采暖系统也有单管和双管两种形式。单、双管系统的特点跟自然循环单双管系统类似。

如图5-3为双管式系统,在这种系统中,水在系统内循环,主要依靠水泵所产生的压头,但同时也存在自然压头,它使流过上层散热器的热水多于实际需要量,并使流过下层散热器的热水量少于实际需要量,所以"垂直失调"现象(即上层房间温度偏高、下层房间温度偏低的现象)仍然存在。

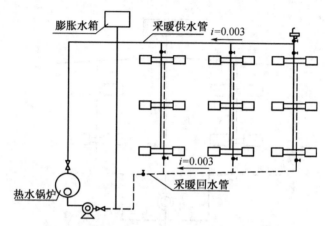

图5-3 机械循环双管上供下回式热水采暖系统

(2)双管下供下回式

系统的供水和回水干管都敷设在底层散热器下面,如图5-4所示。当建筑物设有地下室或平屋顶,建筑物顶棚下不允许布置供水干管时可采用这种布置形式。在供水立管上部接出空气管,将空气集中汇集到空气管末端设置的集气罐或自动排气阀排除。应注意集气罐或自动排气阀应设置在水平空气管下不小于300 mm处,可起到隔断作用,避免各立管中的水通过空气管串流,破坏系统的压力平衡。

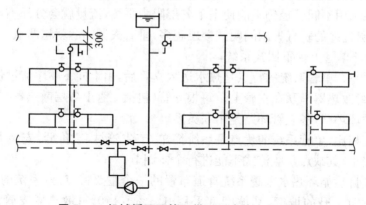

图5-4 机械循环双管下供下回式热水采暖系统

与上供下回式系统相比,它有如下特点:

① 主立管长度小,管路的热损失较小;

② 可以缓和双管系统的垂直失调问题;

③ 在施工中,每安装好一层散热器即可采暖,能适应冬季施工的需要;

④ 排除空气比较困难,管材用量增加,运行维护管理不方便。

(3) 中供式

从系统总立管引出的水平供水干管敷设在系统的中部,下部系统为上供下回式,上部系统可采用下供下回式,也可采用上供下回式。中供式系统可用于原有建筑物加建楼层或上部建筑面积小于下部建筑面积的场合。图 5-5 所示的中供式系统可将供水干管设在建筑物中间某层顶棚之下。中供式系统可在顶层梁下和窗户之间不能布置供水干管时采用。图中上部的下供下回式系统应考虑好空气的排除问题;下部的上供下回式系统,由于层数减少可以缓和垂直失调问题。

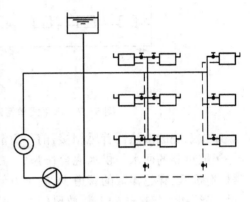

图 5-5　机械循环中供式热水采暖系统

(4) 下供上回式(倒流式)

该系统的供水干管设在所有散热器设备的上面,回水干管设在所有散热器下面,膨胀水箱连接在回水干管上。回水经膨胀水箱流回锅炉房,再被循环水泵送入锅炉,如图 5-6 所示。倒流式系统具有如下特点:

① 水在系统内的流动方向是自下而上的,与空气流动方向一致,可通过顺流式膨胀水箱排除空气,无须设置集中排气罐等排气装置。

② 对热损失大的底层房间,由于底层供水温度高,底层散热器的面积减小,便于布置。

③ 当采用高温水采暖系统时,供水干管设在底层,这样可降低防止高温水汽化所需的水箱标高,减少布置高架水箱的困难。

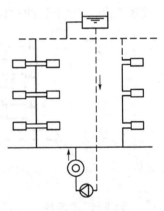

图 5-6　机械循环下供上回

④ 供水干管在下部,回水干管在上部,无效热损失小。

这种系统的缺点是散热器的放热系数比上供下回式低,散热器的平均温度几乎等于散热器的出口温度,这样就增加了散热器的面积。但用高温水供暖时,这一特点却有利于满足散热器表面温度不致过高的卫生要求。

(5) 水平式系统

水平式采暖系统是将同一水平位置(同一楼层)的各个散热器用水平管道进行连接的方式,它可分为顺序式和跨越式两种,其结构如图 5-7 所示。

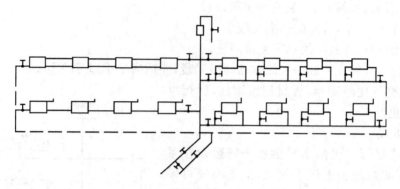

图 5-7　水平式单管散热系统(左为顺序式,右为跨越式)

顺序式系统的散热器首尾相接,前一组散热器的出水为后一组散热器的进水;跨越式系统前一组散热器的回水与供水混合作为后一组散热器的供水。水平式系统具有系统简单、省管材、造价低、穿越楼板的管道少、施工方便等优点,但排气困难、无法调节单个散热器的放热量,必须在每组散热器上装放风门,一般适用于单层工业厂房、大厅等建筑。

(6)异程式系统与同程式系统

① 异程式系统

热水在各环路所走路程不等的系统称为异程式系统,如图 5-8 所示。在机械循环系统中,由于作用半径较大,连接立管较多,因而通过各个立管环路的压力损失较难平衡。异程式系统供、回水干管的总长度较短,造价低,投资少,但易出现近热远冷的水平失调现象。

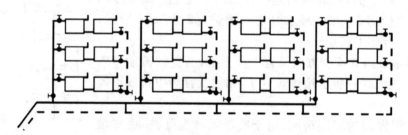

图 5-8　异程式热水采暖系统

② 同程式系统

为了消除或减轻系统的水平失调,在供、回水干管走向布置方面,可采用同程式系统。同程式系统的特点是通过各个立管的循环环路的总长度都相等,如图 5-9 所示。同程式系统的供热效果较好,但工程初期投资较大,常用于较大的建筑物。

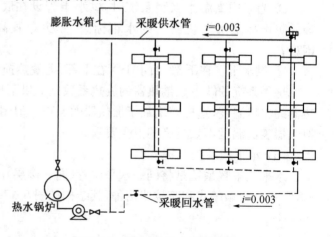

图 5-9　同程式热水采暖系统

5.3　蒸汽采暖系统

水在汽化时吸收汽化潜热,而水蒸汽在凝结时要放出汽化潜热。蒸汽采暖系统以蒸汽为热媒,利用蒸汽压力的不同,蒸汽采暖系统可分为低压蒸汽采暖系统,即蒸汽压力小于等于 70 kPa;高压蒸汽采暖系统,即蒸汽压力大于 70 kPa。另外,低压蒸汽采暖系统根据回水方式的不同,又可分为重力回水和机械回水。

5.3.1　蒸汽采暖系统的工作原理

如图 5-10 是蒸汽采暖系统的原理图。水在锅炉中被加热成具有一定压力和温度的蒸汽,蒸汽靠自身压力作用通过管道流入散热器内,在散热器内放出热量后,蒸汽变成凝结水,凝结水靠重力经疏水器(疏水阻汽)后沿凝结水管道返回凝结水箱内,再由凝结水泵送入锅炉重新被加热变成蒸汽。

蒸汽采暖系统中,蒸汽在散热设备中定压凝结成同温度的凝结水,发生了相变。通常认为在散热器内蒸汽凝结放出的是汽化热。蒸汽的汽化热比水在散热设备中靠温降放出的显热量要大得多。由于饱和蒸汽在凝结过程中温度不变,所以散热器内的平均温度即为蒸汽的饱和温度,在蒸汽采暖使用的压力范围内,蒸汽采暖系统散热设备中的热媒平均温度要比热水采暖系统高得多。对于同样的热负荷,蒸汽采暖时所需要的蒸汽质量流量比热水的质量流量小得多,所需的散热设备面积也比热水采暖时少。

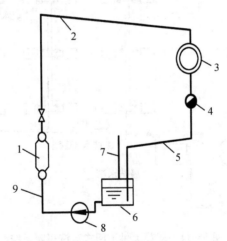

1—热源;2—蒸汽管路;3—散热设备;4—疏水器;5—凝水管路;
6—凝水箱;7—空气管;8—凝水泵;9—凝水管

图 5-10　蒸汽采暖原理

总的来说,蒸汽采暖系统具有如下特点:

① 低压或高压蒸汽采暖系统中,散热器内热媒的温度等于或高于 100 ℃,高于低温热水采暖系统中热媒的温度。所以,蒸汽采暖系统所需要的散热器片数少于热水采暖系统。在管路造价方面,蒸汽采暖系统也比热水采暖系统要少。

② 蒸汽采暖系统管道内壁的氧化腐蚀要比热水采暖系统快,特别是凝结水管道更易损坏。

③ 高层建筑采暖时,蒸汽采暖系统不会产生很大的静水压力。

④ 真空蒸汽采暖系统要求的严密度很高,并需要有抽气设备。

⑤ 蒸汽采暖系统的热惰性小,即系统的加热和冷却过程都很快,它适用于间歇供暖的场所,如剧院、会议室等。

⑥ 蒸汽采暖系统的散热器表面温度高,易使有机灰尘剧烈升华,对卫生不利。

⑦ 系统中容易出现跑、冒、滴、漏现象,影响系统的使用效果和经济性。

5.3.2　蒸汽采暖系统的形式

1. 低压蒸汽采暖系统

(1) 双管上供下回式低压蒸汽采暖系统

图 5-11 所示是双管上供下回式系统,该系统是低压蒸汽采暖系统常用的一种形式。从锅炉产生的低压蒸汽经分汽缸分配到管道系统,蒸汽在自身压力的作用下,克服流动阻力经室外蒸汽管道、室内蒸汽主管、蒸汽干管、立管和散热器支管进入散热器。蒸汽在散热器内放出汽化潜热变成凝结水,凝结水从散热器流出后,经凝结水支管、立管、干管进入室外凝结水管网流回锅炉房内凝结水箱,再经凝结水泵注入锅炉,重新被加热变成蒸汽后送入采暖系统。

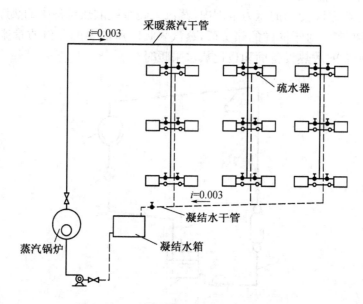

图 5-11　双管上供下回式蒸汽采暖系统

(2) 双管下供下回式低压蒸汽采暖系统

该系统的室内蒸汽干管与凝结水干管同时敷设在地下室或特设地沟。在室内蒸汽干管的末端设置疏水器以排除管内沿途凝结水,但该系统供汽立管中凝结水与蒸汽逆向流动,运行时容易产生噪声,特别是系统开始运行时,凝结水较多容易发生水击现象,如图 5-12。

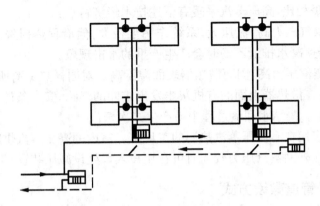

图 5-12　双管下供下回式低压蒸汽采暖系统

（3）双管中供式低压蒸汽采暖系统

图 5-13 为双管中供式低压蒸汽采暖系统。如多层建筑顶层或顶棚下不便设置蒸汽干管时可采用中供式系统，这种系统不必像下供式系统那样需设置专门的蒸汽干管末端疏水器，总立管长度也比上供式小，蒸汽干管的沿途散热也可得到有效的利用。

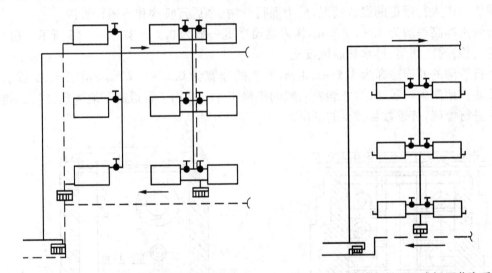

图 5-13　双管中供式低压蒸汽采暖　　　　**图 5-14　单管上供下回式低压蒸汽采暖**

（4）单管上供下回式低压蒸汽采暖系统

该系统采用单根立管，可节省管材，蒸汽与凝结水同向流动，不易发生水击现象，但低层散热器易被凝结水充满，散热器内的空气无法通过凝结水干管排除，如图 5-14。由于散热器内低压蒸汽的密度比空气小，通常在每组散热器的 1/3 高处设置自动排气阀，其作用除了运行时使散热器内空气在蒸汽压力的作用下及时排出，还可以在系统停止供汽使散热器内形成负压时，通过自动排气阀迅速向散热器内补充空气，防止散热器内形成真空破坏散热器接口的严密性，而且可以使凝结水排除干净，下次启动时不再产生水击现象。

2. 高压蒸汽采暖系统

在工厂中，生产工艺往往需要使用高压蒸汽，厂区内的车间及辅助建筑也常常利用高压蒸汽做热媒进行采暖，高压蒸汽采暖是厂区常见的一种采暖方式。

与低压蒸汽供暖相比,高压蒸汽采暖有下述技术经济特点:

(1) 高压蒸汽供气压力高,流速大,系统作用半径大,但沿程热损失亦大。对同样热负荷所需管径小,但沿途凝水排泄不畅时会产生严重的水击现象。

(2) 散热器内蒸汽压力高,因而散热器表面温度高。对同样热负荷所需散热面积较小;但易烫伤人,烧焦落在散热器上面的有机灰尘发出难闻的气味,安全条件与卫生条件较差。

(3) 凝水温度高。凝结水回流过程中易产生二次蒸汽。

高压蒸汽供暖多用在有高压蒸汽热源的工厂里。室内的高压蒸汽供暖系统可直接与室外蒸汽管网相连。在外网蒸汽压力较高时可在用户入口处设减压装置。

5.3.3　室外采暖管道敷设方式

供热管道的敷设方式可分为管沟敷设、埋地敷设和架空敷设三种。

1. 管沟敷设

厂区或街区交通特别频繁以至管道架空有困难或影响美观,或在蒸汽供热系统中,凝水是靠高度差自流回收时,适于采用地下敷设。管沟是地下敷设管道的围护构筑物,其作用是承受土压力和地面荷载并防止水的侵入。

根据管沟内人行通道的设置情况,分为通行管沟、半通行管沟和不通行管沟。

通行管沟净高一般为 1.8~2.0 m,沟内通道净宽一般为 0.7 m,如图 5-15 所示。通行地沟内应有检修孔、照明、排水和通风设施。

半通行管沟的断面净高为 1.2~1.4 m,通道的净宽为 0.5~0.7 m,如图 5-16 所示。检修人员能在地沟内弯腰通过,并能做一般的维修工作。适用于管道需要地沟敷设,又不能掘开路面进行检修,管道数目较少的场所。

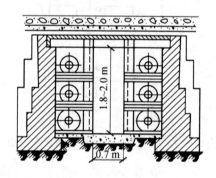

图 5-15　通行管沟

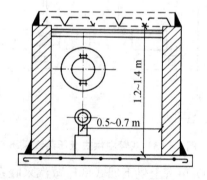

图 5-16　半通行管沟

不通行地沟为内部高度小于 1.0 m 的地沟。这种地沟断面尺寸较小,耗费材料少,管道配件较少,一般维护工作量不大,管道的运行不受地下水影响,适合于焊接的蒸汽或热水管道,如图 5-17 所示。

2. 埋地敷设

对于 $DN \leqslant 500$ mm 的热力管道均可采用埋地敷设。将由工厂制作的保温结构和管子结成一体的整体保温管,直接铺设在管沟的砂垫层上,经砂子或细土埋管后,回填土即可完成供热管道的埋地敷设。这种敷设方式最为经济,但管道需做防水和保温处理。这种敷设方式适用于地下水位较低、土质不下沉、土壤不带腐蚀性且不很潮湿的地区。

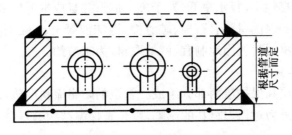

图 5 - 17　不通行管沟

3. 架空敷设

架空敷设在工厂区和城市郊区应用广泛,它是将供热管道敷设在地面上的独立支架或带纵梁的桁架以及建筑物的墙壁上。

在地下敷设必须进行大量土石方工程的地区也可采取架空敷设。当有其他架空管道时,可考虑与之共架敷设。在寒冷地区,若因管道散热量过大,热媒参数无法满足用户要求,或因管道间歇运行而采取保温防冻措施,使得它在经济上不合理时,则不适于采用架空敷设。

根据支架的高度不同,架空敷设可分为低支架敷设、中支架敷设和高支架敷设。低支架敷设时,保温层的底部与地面间的净距离通常为 0.5～1.0 m,两个相邻管道保温层外面的间距一般为 0.1～0.2 m,如图 5 - 18 所示。低支架敷设适用于工业区、人和车辆稀少的地区。低支架敷设可以节省土建材料,建设投资小,施工安装方便,维护管理容易,但适应范围小。在人行频繁、需要通行大车的地方,可采用中支架敷设,其净高为 2.5～4.0 m。穿越主干道时,可采用高支架敷设,高支架的净空高度为 4.0～6.0 m。如图 5 - 19 所示。适用于供热管道跨越公路、铁路或其他障碍物的场所。

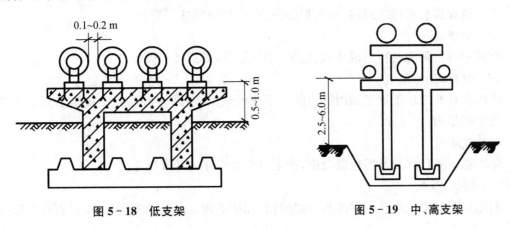

图 5 - 18　低支架　　　　　　　　　　　　　　　　**图 5 - 19　中、高支架**

5.3.4　采暖管道的保温

供热管道及其附件均应包敷保温层。其主要目的在于减少热媒在输送过程中的热损失;有时也为了维持一定的热媒参数;或者从技术安全出发,主要为了降低管壁外表面温度,避免运行维修中烫伤人。

1. 保温材料及制品

良好的保温材料应该具有重量轻、导热系数小、高温下不变形或变质、具有一定的机械强度、不腐蚀金属、可燃性小、吸水率低、易于施工成形并且成本低廉等特性。

供热管道中常用的保温材料有石棉、矿渣棉、泡沫混凝土、蛭石硅藻土、膨胀珍珠岩、玻璃棉等。在选用保温材料时要因地制宜,就地取材,力求节约。

2. 保温结构及其安装

保温结构由保温层和保护层两部分组成。管道的防腐涂料层包含在保护层内。保护层的作用是阻挡环境和外力对保温材料的影响,以延长保温结构的寿命。保护层包括防水、防潮层。

不同的管道敷设方式,对保温结构提出的要求也不同。

（1）架空敷设

由于受到自然环境的侵袭,同时检修也不方便,因而要求强度较高的保护层。采用高支架时,为了减轻支架负担,保温层的重量应较小。

（2）通行地沟

因为检修方便,不受较大的机械荷载,又很少受潮湿的影响,因而保温结构可较简单。

（3）不通行地沟

由于地沟中温度高、湿度大,常有水浸入,甚至可能有水暂时淹没管道,又不能进行经常的维修,因此要求良好的防水及防潮性能。

（4）埋地敷设

管道直接埋地,保温结构承受土壤及地面负荷,而且检修困难,因而要求较高的机械强度、稳定的物理性能与可靠的防水性。

3. 供热管道保温结构的施工方法

（1）涂抹式

将湿的保温材料（如石棉粉或石棉硅藻土）直接分层抹于管上。

（2）预制式

在预制场将保温材料制成块状、扇形、半圆形等,然后扎于管上。

（3）填充式

将保温材料充填于管子四周特制的套子或铁丝网中,或将保温材料直接填充于地沟或无沟敷设的槽内。

（4）浇灌式

常用在不通行地沟及埋地敷设中,浇灌材料大多是泡沫混凝土。

（5）捆扎式

利用成形的柔软而具有弹性的保温织物（如矿渣棉毡或玻璃棉毡）直接包裹在管道或附件上。

4. 保护层

内防腐层在保温前进行,首先应对金属表面除油、除锈,然后刷防腐涂料,如防锈漆等。保护层可根据保温结构及敷设方式选择不同的做法,常采用的保护层做法有沥青胶泥、石棉水泥砂浆等分层涂抹;或用油毡、玻璃布等卷材缠绕;还可利用黑铁皮、镀锌铁皮、铝皮等金属材料咬口安装;或在保温层外加钢套管、硬塑套管等。保护层外根据要求刷面漆。

5.3.5　蒸汽采暖和热水采暖的比较

（1）低压或高压蒸汽采暖系统中，散热器内热媒的温度等于或高于 100 ℃，高于低温热水采暖系统中热媒的温度。所以，蒸汽采暖系统所需要的散热器片数要少于热水采暖系统。在管路造价方面，蒸汽采暖系统也比热水采暖系统要少。

（2）蒸汽采暖系统管道内壁的氧化腐蚀要比热水采暖系统快，特别是凝结水管道更易损坏。

（3）在高层建筑采暖时，蒸汽采暖系统不会产生很大的静水压力。

（4）真空蒸汽采暖系统要求的严密度很高，并需要有抽气设备。

（5）蒸汽采暖系统的热惰性小，即系统的加热和冷却过程都很快，它适用于间歇供暖的场所，如剧院、会议室等。

（6）热水采暖系统的散热器表面温度低，供热均匀；蒸汽采暖系统的散热器表面温度高，容易使有机灰尘剧烈升华，对卫生不利。

（7）蒸汽采暖系统中容易出现跑、冒、滴、漏现象，影响系统的使用效果和经济性。

5.4　采暖设备

5.4.1　热源

热源是供热之源。使燃料燃烧产生热能，对热媒加热成为高温水或蒸汽的区域锅炉房或热电厂，总称为热源。

1. 锅炉

锅炉主要由锅和炉两部分组成。锅是指特制的装有水并密闭的压力容器，容器上接有对流循环管束以增大其换热效率，它的作用是吸收燃料放出的热量，并传递给水。锅又分为立式和卧式、单锅筒和双锅筒等类型。炉由炉排及烟道管束等组成，使燃料充分燃烧，让燃料放出的热量充分地与锅内水进行热交换，使水加热为热水及蒸汽。

锅炉与锅炉房设备的任务在于安全可靠、经济有效地把燃料（即一次能源）的化学能转化为热能，进而将热能传递给水，生产热水或蒸汽（即二次能源）。通常把用于动力、发电方面的锅炉称为动力锅炉；把用于工业及采暖方面的锅炉称为供热锅炉，又叫工业锅炉。根据锅炉制取的热媒形式，锅炉可分为蒸汽锅炉和热水锅炉。按其压力的大小可分为低压锅炉和高压锅炉。在蒸汽锅炉中，蒸汽压力低于 0.7 MPa 的，称为低压锅炉；蒸汽压力高于 0.7 MPa 的，称为高压锅炉。在热水锅炉中，热水温度低于 100 ℃ 的，称为低温热水锅炉；热水温度高于 100 ℃ 的，称为高温热水锅炉。按水循环动力的不同有自然循环锅炉和机械循环锅炉。按所用燃料的不同有燃煤锅炉和燃油燃气锅炉。

2. 热电厂

热电厂为热源的区域供热，已在理论和实践中被确认为一种节能的供热方案。几十年来，研究人员对它的节能特性、系统优化、经济性、工程设计基础性资料等方面都做了比较深入的研究。许多研究成果已成为区域供热、规划、工程设计的依据。当然，以热电厂为热源的区域供热中也有尚待深入研究的问题，如多目标优化规划、设计问题，如何科学合理地分摊热、电两种品位不同的产品的能耗问题。近年来又出现了以热电厂为热源的区域供热和供冷系统(又称热电冷联产系统)。

5.4.2 散热器

散热器是安装在房间内的一种放热设备,也是我国目前大量使用的一种散热设备。它是把来自管网的热媒(热水或蒸汽)的部分热量传给室内,以达到补偿房间散失的热量的目的,维持室内所要求的温度,从而达到采暖的目的。

热媒在散热器内流动,首先加热散热器壁面,使得散热器外壁面温度高于室内空气的温度,温差的存在促使热量通过对流、辐射的传导方式不断传给室内空气以及室内的物体和人,从而达到提高室内空气温度的目的。

在选择散热器时,对散热器有一些要求,如在热工性能方面要求散热器壁面热阻越小(即传热系数越大)越好;在经济方面则要求散热器的金属热强度大[所谓金属热强度,是指散热器内热媒平均温度与室内空气温度差为 1 ℃时,每单位质量的散热器单位时间内散出的热量,其单位为 W/(kg·℃)],使用寿命长,成本低;在卫生和美观方面则要求外表光滑美观,不积灰且易于清洗,并要与房间装饰相协调;在制造和安装方面,则要求散热器具有一定的机械强度和承压能力,不漏水,不漏气,耐腐蚀,便于大规模生产和组装,散热器高度应有多种尺寸,以便满足不同窗台高度的要求。

散热器的种类繁多,按其制造材质的不同主要分为铸铁和钢铸两种;按其结构形状可分为管形、翼形、柱形、平板形和串片式等。

下面介绍几种常见的散热器。

1. 铸铁散热器

铸铁散热器长期以来得到广泛应用,它具有结构简单、防腐性好、使用寿命长以及热稳定性好的优点;但其金属耗量大、金属热强度低于钢制散热器。我国目前应用较多的铸铁散热器有柱形和翼形两种形式。

翼形散热器又分为长翼形和圆翼形。长翼形散热器,如图 5-20 所示,外表面有许多竖向肋片,内部为扁盒状空间,高度通常为 60 cm,常称为 60 型散热器。每片的标准长度有280 mm(肋片 14 片,又称大 60)和 200 mm(肋片 10 片,又称小 60)两种规格,宽度为115 mm。圆翼形散热器是一根内径为 DN75 mm 的管子,如图 5-21 所示,其外表面带有许多圆形肋片。圆翼形散热器的长度有 750 mm 和 1000 mm 两种,两端带有法兰盘,可将数根并联成散热器组。翼形散热器制造工艺简单,造价较低,但金属耗量大,传热性能不如柱形散热器,外形不美观,不易恰好组成所需面积。翼形散热器现已逐渐被柱形散热器取代。

柱形散热器是单片的柱状连通体,每片各有几个中空的立柱相互连通,可根据散热面积的需要,把各个单片组成一组。柱形散热器常用的有二柱 M-132 型、四柱 813 型、二柱 700型和四柱 640 型,如图 5-22 所示。

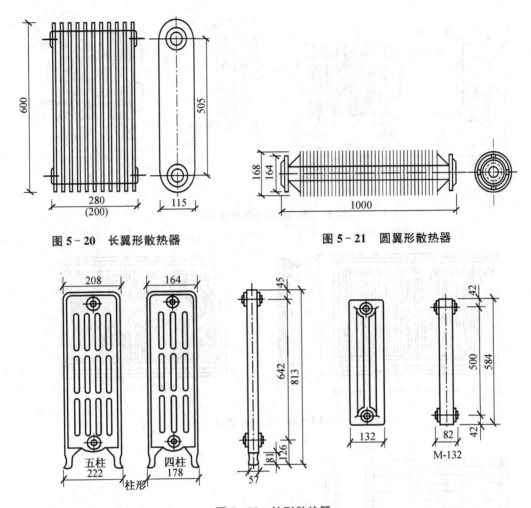

图 5 - 20　长翼形散热器　　　　　　　图 5 - 21　圆翼形散热器

图 5 - 22　柱形散热器

散热器 M - 132 的宽度是 132 mm,两边为柱状,中间有波浪形的纵向肋片。四柱和五柱散热器的规格是按其高度表示的。如四柱 813 型,其高度为 813 mm,它有带足片和不带足片两种片形,可将带足片作为端片,不带足片作为中间片,组对成一组,直接落地安装。柱形散热器与翼形散热器相比,传热系数高,散出同样热量时金属耗量少,易消除积灰,外形比较美观,每片散热面积少,易组成所需散热面积。

2. 钢制散热器

闭式钢串片式散热器由钢管、钢片、联箱及管接头组成,如图 5 - 23 所示。钢串片在钢管外面,两端折边 90°形成封闭的竖直空气通道,具有较强的对流散热能力。但使用时间较长会出现串片与钢管连接不紧或松动,影响传热效果。其规格常用高×宽表示,如 240×100 型和 300×80 型。

板式散热器由面板、背板、进出口接头、放水门固定套及上下支架组成,如图 5 - 24 所示。面板、背板多用 1.2~1.5 mm 厚的冷轧钢板冲压成形,其流通断面呈圆弧形或梯形。背板有带对流片的和不带对流片的两种规格。

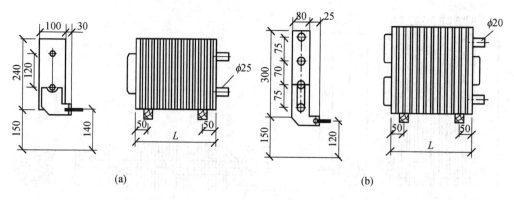

图 5－23　闭式钢串片散热器

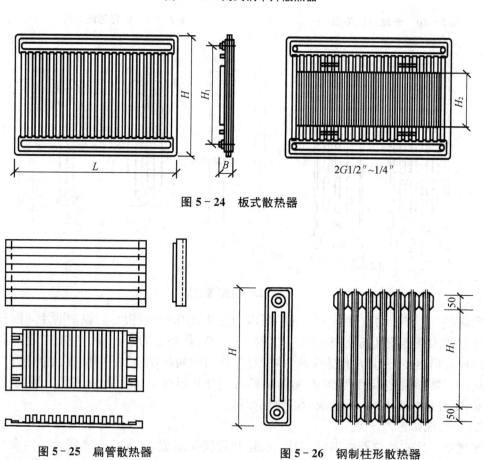

图 5－24　板式散热器

图 5－25　扁管散热器　　　　　　图 5－26　钢制柱形散热器

　　扁管式散热器是由数根宽×高×厚为 50 mm×11 mm×1.5 mm 的矩形扁管叠加焊接在一起,两端加上连箱制成的,如图 5－25 所示。扁管式散热器的板形有单板、双板、单板带对流片、双板带对流片四种形式。单、双板扁管散热器两面均为光板,板面温度较高,有较多的辐射热。带对流片的单、双板扁管散热器在对流片内形成空气流通通道,除辐射散热量外,还有大量的对流散热量。

　　钢制柱形散热器如图 5－26 所示,其结构形式与铸铁柱形相似。它是用 1.25～1.5 mm

厚的冷轧钢板经冲压加工焊制而成。

钢制散热器与铸铁散热器相比具有金属耗量少、耐压强度高、外形美观整洁、体积小、占地少、易于布置等优点，但易受腐蚀，使用寿命短，多用于高层建筑和高温水采暖系统中，不能用于蒸汽采暖系统，也不宜用于湿度较大的采暖房间内。

3. 铝合金散热器

铝合金散热器是近年来我国工程技术人员在总结吸收国内外经验的基础上，潜心开发的一种新型、高效散热器。其造型美观大方，线条流畅，占地面积小，富有装饰性；其质量约为铸铁散热器的十分之一，便于运输安装；其金属热强度高，约为铸铁散热器的六倍；节省能源；采用内防腐处理技术。

采用铝制散热器时，应选用内防腐型散热器，并应满足产品对水质的要求，散热器内腔应严格按涂装工艺要求由机械程序化操作，以防止简易手工操作的不稳定性。

以上几种散热器各有优缺点，应根据实际情况，选择经济、适用、耐久、美观的散热器。在选择散热器时，应考虑系统的工作压力，选用承压能力符合要求的散热器；有腐蚀性气体的生产厂房或相对湿度大的房间，应选用铸铁散热器；热水采暖系统选用钢制散热器时，应采取防腐措施；热水采暖系统选用散热器时，应采用等电位连接，即钢制散热器与铝制散热器不宜在同一热水采暖系统中使用；蒸汽采暖系统不得选用钢制柱形、板形、扁管形散热器；散发粉尘或防尘要求较高的生产厂房，应选用表面光滑、积灰易清扫的散热器；民用建筑选用的散热器尺寸应符合要求，且外表面光滑、美观、不易积灰。

散热器一般布置在外墙窗台下，这样能迅速加热室外渗入的冷空气，阻挡沿外墙下降的冷气流，减少外窗、外墙对人体冷辐射的影响，使室温均匀。为防止散热器冻裂，两道外门之间、门斗及开启频繁的外门附近不宜设置散热器。设在楼梯间或其他有冻结危险地方的散热器，立、支管宜单独设置，其上不允许安阀门。

另外，散热器的安装形式有明装和暗装两种。明装是指散热器裸露在室内，暗装则有半暗装（散热器的一半宽度置于墙槽内）、全暗装（散热器宽度方向完全置于墙槽内，加罩后与墙面平齐）两种形式。散热器的安装尺寸应保证底部距地面不小于 60 mm，通常取 150 mm；顶部距窗台板不小于 50 mm；背部与墙面净距不小于 25 mm。

5.4.3 主要设备与附件

热水采暖系统附件。

1. 膨胀水箱

膨胀水箱的作用是用来储存热水采暖系统加热的膨胀水量，在自然循环上供下回式系统中还起着排气作用。膨胀水箱的另一个作用是恒定采暖系统的压力。

膨胀水箱一般用钢板制成，通常是圆形或矩形。箱上连有膨胀管、溢流管、信号管、排水管及循环管等管路。

膨胀水箱在系统中的安装位置如图 5-27 所示，其基本配管见图 5-28。

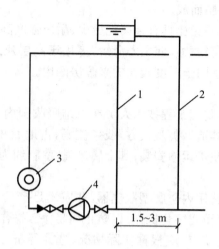

1—膨胀管；2—循环管；3—热水锅炉；4—循环水泵

图 5 – 27 膨胀水箱与机械循环系统的连接方式

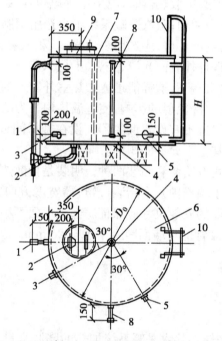

1—溢流管；2—排水管；3—循环管；4—膨胀管；5—信号管；
6—箱体；7—内人梯；8—玻璃管水位计；9—人孔；10—外人梯

图 5 – 28 圆形膨胀水箱

（1）膨胀管

膨胀水箱设在系统最高处，系统的膨胀水通过膨胀管进入膨胀水箱。自然循环系统膨胀管接在供水总立管的上部；机械循环系统膨胀管接在回水干管循环水泵入口前。要注意的是膨胀管上不允许设置阀门，以免偶然关断使系统内压力增高，发生事故。

（2）循环管

当膨胀水箱设在不采暖的房间内时，为了防止水箱内的水冻结，膨胀水箱需设置循环管。机械循环系统中循环管接在定压点前的水平回水干管上。连接点与定压点之间应保持1.5~3 m 的距离,使热水能缓慢地在循环管、膨胀管和水箱之间流动。自然循环系统的循环管接到供水干管上,与膨胀管也应有一段距离,以维持水的缓慢流动。

另外需要注意的是,循环管上也不允许设置阀门,以免水箱内的水冻结,在非采暖房间,水箱、膨胀管、循环管以及信号管均应做保温处理。

(3)溢流管

用于控制系统的最高水位,当水的膨胀体积超过溢流管口时,水溢出就近排入排水设施中。溢流管也可以用来排空气。另外,溢流管上也不允许设置阀门。

(4)信号管

用于检查膨胀水箱水位,决定系统是否需要补水。在信号管末端应设置阀门。

(5)排水管

用于清洗、检修时放空水箱,可与溢流管一起就近接入排水设施,其上应安装阀门。

2. 排气装置

自然循环和机械循环系统必须及时迅速地排除系统内的空气。只有自然循环系统、机械循环的双管下供下回式及倒流式系统可以通过膨胀水箱排空气,其他系统都应在供水干管末端设置集气罐或手动、自动排气阀排空气。

(1)集气罐

集气罐一般是用直径 100~250 mm 的钢管焊制而成的,分为立式和卧式两种,如图 5-29。

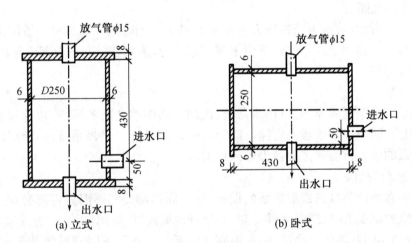

(a)立式　　　　　　　　(b)卧式

图 5-29　集气罐

集气罐一般设于系统供水干管末端的最高处,供水干管应向集气罐方向设上升坡度,以使管中水流方向与空气气泡的浮升方向一致,利于空气聚集到集气罐的上部,定期排除。当系统充水时,应打开排气阀,直至有水从管中流出时方可关闭排气阀。系统运行期间,应定期打开排气阀排除空气。

在选择集气罐时要注意:集气罐有效容积应为膨胀水箱有效容积的 1%;集气罐的直径应大于或等于干管直径的 1.5~2 倍;应使水在集气罐中的流速不超过 0.05 m/s。

（2）自动排气阀

自动排气阀大多是依靠水对浮体的浮力，通过自动阻气和排水机构使排气孔自动打开或关闭，达到排气的目的。

自动排气阀的种类很多，如图 5-30 所示。当阀内无空气时，阀体中的水将浮子浮起，通过系统内的空气经管道汇集到阀体上部空间时，空气将水面压下去，浮子随之下落，排气孔打开，自动排除系统内空气。空气排除后，水又将浮子浮起，排气孔关闭。

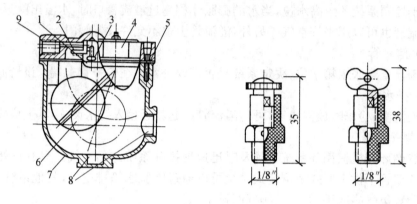

1—杠杆机构；2,5—垫片；3—阀堵；4—阀杆；
6—浮子；7—阀体；8—接管；9—排气孔
图 5-30　立式自动排气阀　　　　　图 5-31　手动排气阀

（3）手动排气阀

如图 5-31 所示，适用于公称压力 $p \leqslant 600 \text{ kPa}$、工作温度 $t \leqslant 100 \text{ ℃}$ 的水或蒸汽采暖系统的散热器上。多用于水平式和下供下回式系统中，旋紧在散热器上部专设的丝孔上，以手动方式排除空气。

（4）除污器

除污器是一种钢制筒体，它可用来截流、过滤管路中的杂质和污物，以保证系统内水质洁净、减少阻力、防止堵塞压板及管路。除污器一般应设置于采暖系统入口调压装置前、锅炉房循环水泵的吸入口前和热交换设备入口前。

（5）散热器温控阀

这是一种自动控制散热器散热量的设备，它由阀体部分和感温元件部分组成。当室内温度高于给定的温度值时，感温元件受热，其顶杆压缩阀杆，将阀口关小，进入散热器的水流量会减小，散热器的散热量也会减小，室温随之降低。当室温下降到设置的低限值时，感温元件开始收缩，阀杆靠弹簧的作用拾起，阀孔开大，水流量增大，散热器散热量也随之增加，室温开始升高。控温范围在 13~28 ℃，温控误差为 ±1 ℃。

5.4.4　蒸汽采暖系统的设备

1. 疏水器

蒸汽疏水器的作用是自动而且迅速地排出用热设备及管道中的凝水，并能阻止蒸汽逸漏，是蒸汽采暖系统中特有的自动疏水阻汽装置。在排出凝结水的同时，排出系统中积留的空气和其他非凝性气体。

对疏水器的要求应包括：排凝水量大，漏蒸汽量小，能排出空气；能承受一定的背压，对凝水入口压力和凝水进出口压差要求较小，对凝结水流量、压力、温度的适应性广，可以在凝结水流量、压力、温度等波动较大的范围内工作而不需经常地人工调节；疏水器体积小，质量轻，有色金属耗量少，价格便宜，结构简单，可活动部件少，长期运行稳定，维修量少且费用低，寿命长，不怕垢渣，不怕冻裂等。

按其工作原理分为机械型疏水器、热动力型疏水器和恒温型疏水器。

机械型疏水器主要有浮筒式、钟形浮子式和倒吊筒式，这种类型的疏水器是利用蒸汽和凝结水的密度差以及凝结水的液位变化来控制疏水器排水孔自动启闭工作的。

图 5-32 所示为机械型浮筒式疏水器，凝结水进入疏水器外壳内，当壳内水位升高时，浮筒浮起，将阀孔关闭，凝结水继续流入浮筒；当水即将充满浮筒时浮筒下沉，阀孔打开，凝结水借蒸汽压力作用排到凝结水管；当凝结水排出一定量以后，浮筒总量减轻，浮筒再度浮起又将阀孔关闭，如此反复。

热动力式疏水器主要有脉冲式、圆盘式和孔板式等，这种类型的疏水器是利用相变原理靠蒸汽和凝结水热动力学特性的不同来工作的，图 5-33 所示是圆盘式疏水器。当过冷的凝结水流入孔 A 时，靠圆盘形阀片上下的压差顶开阀片，水经环形槽 B，从向下开的小孔排出。由于凝结水的比体积几乎不变，凝结水流动通畅，阀片常开连续排水。当凝结水带有蒸汽时，蒸汽在阀片下面从孔 A 经 B 槽流向出口，在通过阀片和阀座之间的狭窄通道时，压力下降，蒸汽比体积急剧增大，阀片下面蒸汽流速激增，造成阀片下面的静压下降。同时，蒸汽在 B 槽与出口孔处受阻，被迫从阀片和阀盖之间的缝隙冲入阀片上部的控制室，动压转化为静压，在控制室内形成比阀片下部更高的压力，迅速将阀片压下而起阻汽的作用。阀片关闭一段时间后，由于控制室内蒸汽凝结，压力下降使阀片瞬时开启，造成周期性漏气。因此，新型的圆盘式疏水器凝结水先通过阀盖夹套再进入中心孔，以减缓控制室内蒸汽的凝结。

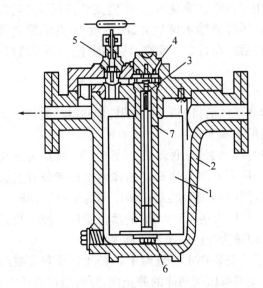

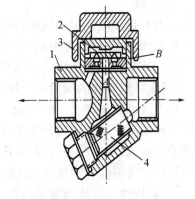

1—浮筒；2—外壳；3—顶针；4—阀孔；5—放气阀；6—可换重块；7—水封套筒上的排气孔

图 5-32 浮筒式疏水器

1—阀体；2—阀片；3—阀盖；4—过滤器

图 5-33 圆盘式疏水器

　　圆盘形疏水器体积小,重量轻且结构简单,安装维修都比较方便,但是容易出现周期性漏汽现象,在凝结水量较小或疏水器前后压差过小时会发生连续漏汽;当周围环境温度较高、控制室内的蒸汽凝结缓慢时,阀片不易打开,会使排水量减少。

　　恒温型疏水器主要有双金属片式、波纹管式和液体膨胀式等,这种类型的疏水器是靠蒸汽和凝结水的温度差引起恒温元件膨胀或变形工作的。图 5-34 是一种温调式疏水器,疏水器的动作部件是一个波纹管的温度敏感元件。波纹管内部冲入易蒸发的液体,当具有饱和温度的凝结水通过时,由于凝结水温度较高,使液体的饱和压力增高,波纹管轴向伸长带动阀芯关闭凝结水通路,防止蒸汽逸漏。当疏水器中的凝结水向四周散热温度下降时,液体饱和压力下降,波纹管收缩打开阀孔,凝结水流出。

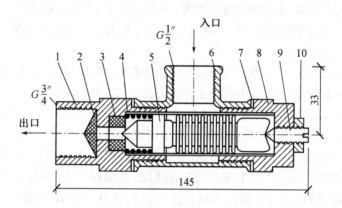

1—大管接头;2—过滤网;3—网座;4—弹簧;5—温度敏感元件;
6—三通;7—垫片;8—后盖;9—调节螺钉;10—锁紧螺母

图 5-34　温调式疏水器

　　温调式疏水器加工工艺要求较高,适用于排除过冷凝结水,不宜安装在周围环境温度高的场合。选择疏水器时,要求疏水器在单位压降凝结水排量大、漏汽量小,并能顺利排除空气,对凝结水流量、压力和温度波动的适应性强,而且结构简单,活动部件少,便于维修,体积小,金属耗量少,使用寿命长。

　　2. 减压阀

　　减压阀靠启闭阀孔对蒸汽进行节流达到减压的目的。减压阀应能自动地将阀后压力维持在一定范围内,工作时无振动,完全关闭后不漏气。

　　目前国产减压阀有活塞式、波纹管式和薄片式等几种形式。图 5-35 所示为波纹管减压阀,靠通至波纹箱 4 的阀后蒸汽压力和阀杆下的调节弹簧 5 的弹力平衡来调节主阀的开启度。压力波动范围在 ±0.025 MPa 以内,阀前与阀后的最小调压差为 0.025 MPa。波纹管式减压阀适用于工作温度低于 200 ℃、工作压力达 1.0 MPa 的蒸汽管道。波纹管式减压阀的调节范围大,压力波动范围小,适用于须减为低压的蒸汽采暖系统。

　　减压阀在安装时不能装反,应使它垂直地安装在水平管道上。旁通管是安装减压阀的一部分,当减压阀发生故障需要检修时,可关闭减压阀两侧的截止阀,暂时通过旁通管供汽。减压阀两侧应分别装有高压和低压压力表。另外,为了防止减压阀减压后的压力超过允许限度,阀后应装设安全阀。

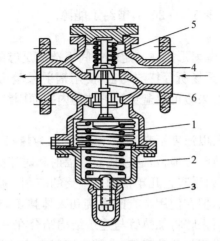

1—辅助弹簧；2—阀瓣；3—阀杆；4—波纹箱；5—调节弹簧；6—调整螺钉

图 5-35　波纹管式减压阀

5.4.5　低温地板辐射采暖

1. 辐射采暖的特点

辐射采暖是指通过辐射散热设备散出的热量来满足房间或局部工作地点温度要求的一种采暖方式。它与对流采暖相比有以下特点：

（1）采暖的热效应好

对流采暖主要是通过室内空气的流动传递热量，因此对流采暖产生的热效应主要取决于室内空气的温度和流动速度，其热效应效果以室内空气温度为衡量标准；辐射采暖是依靠辐射换热的方式向室内传播热量，处于辐射采暖空间的人或物体是在接受到的辐射照度和环境温度综合作用下产生热效应，以实感温度来确定。

实测表明，在人体具有相同舒适感的情况下，辐射采暖的室内空气温度可比对流采暖时低 2～3 ℃，减小了能源消耗。

（2）人体舒适感强

研究表明，人体的舒适感与自身的各种热湿交换（如对流、辐射、汗水蒸发等）有关，在保持人体散热总量一定时适当减少人体辐射散热量而相应增加一些对流散热量，可以提高人体的舒适感。辐射采暖时，人体和物体直接受到热量辐射，且室内围护结构及物体表面温度比对流采暖时高，因此可以减少人体对外界的有效辐射热，加大人体与外界的对流散热，从而符合人体舒适感要求。

（3）环境卫生条件好

辐射采暖时室内空气上下对流弱，空气中含尘量少，空气温度分布均匀，有利于改善劳动条件和保持环境卫生，可为人们提供较对流采暖更舒适且卫生的空气环境。

（4）建筑物耗热量少

辐射采暖时室内温度梯度（房间工作区以上每增加 1 m 时空气温度升高的数值）较对流采暖小，从而可减少房屋上部的热损失，且由于热压作用的削弱，冷风渗透量也减少，又因辐射采暖的室内计算温度可比对流采暖时低 2～3 ℃（高温辐射采暖时可降低 5～10 ℃），故利用辐射采暖可使总耗热量减少 5%～20%,节约了能源。

(5) 适用面广

由于辐射采暖主要是以辐射形式在一定的空间里造成足够的辐射热强度来维持采暖效果的,故在一些高大厂房、露天场所等特殊场合,使用辐射采暖可以达到对流采暖难以实现的采暖效果。另外,采用辐射采暖可以避免维护结构内表面因结露潮湿而脱落,从而延长了建筑物的使用寿命。

低温热水地板辐射采暖,以温度不高于 60 ℃ 的热水为热媒,在埋置于地面以下填充层中的加热管内循环流动,加热整个地板,通过地面以辐射和对流的热传递方式向室内供热的一种供暖方式。低温地板辐射采暖近几年得到了广泛的应用。低温辐射采暖在建筑美观和舒适感方面较其他形式优越,但在使用中有的直接和人体接触,有的距离很近,故其表面平均温度较低。另外,低温辐射采暖将加热管与建筑结构结合在一起,结构复杂、施工难度大、维护检修不便,一般适用于民用与公共建筑,尤其适用于安装散热器会影响建筑物协调美观的场合。

地板辐射采暖系统在住宅中需占用最小 60 mm 的高度,建筑物层高需要每层增加 60～100 mm 高度,但是不需要在室内布置散热器,少占室内的有效空间,也便于家具的布置。

2. 辐射采暖的分类

按照不同的分类标准,辐射采暖的形式比较多,如表 5-1 所示。

表 5-1 辐射采暖的形式

分类根据	名　称	特　征
板面温度	低温辐射	板面温度低于 80 ℃
	中温辐射	板面温度等于 80～200 ℃
	高温辐射	板面温度高于 500 ℃
辐射板构造	埋管式	以直径 15～32 mm 的管道埋置于建筑结构内构成辐射表面
	风道式	利用建筑构件的空腔使热空气在其间循环流动构成辐射表面
	组合式	利用金属板焊以金属管组成辐射板
辐射板位置	顶棚式	以顶棚作为辐射采暖面,加热元件镶嵌在顶棚内
	墙壁式	以墙壁作为辐射采暖面,加热元件镶嵌在墙壁内
	地板式	以地板作为辐射采暖面,加热元件镶嵌在地板内
热媒种类	低温热水式	热媒水温度低于 100 ℃
	高温热水式	热媒水温度等于或高于 100 ℃
	蒸汽式	以蒸汽(高压或低压)为热媒
	热风式	以加热以后的空气作为热媒
	电热式	以电热元件加热特定表面或直接发热
	燃气式	通过燃烧可燃气体在特制的辐射器中燃烧发射红外线

3. 地板辐射热水采暖系统的组成

地板辐射热水采暖系统一般由温度阀、分水器、集水器、除污器、保温层、铝箔层和盘管等组成,如图 5 - 36 所示。

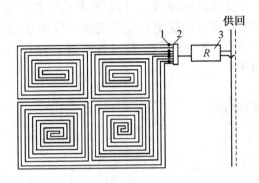

1—温控阀;2—集、分水器;3—户内热力入口
图 5 - 36　地板辐射热水采暖系统示意图

4. 地板辐射热水采暖系统的管路系统

加热管采取不同布置形式时,地面温度分布是不同的。布管时,应本着保证地面温度均匀的原则进行,宜将高温管段优先布置于外窗、外墙侧,使室内温度分布尽可能均匀。

加热管的布置形式很多,通常有以下几种形式,如图 5 - 37 所示。在安装加热管时,用卡钉将加热盘管在地面上固定牢固,地下管道不得有接头,安装完毕后及时对系统做水压试验。

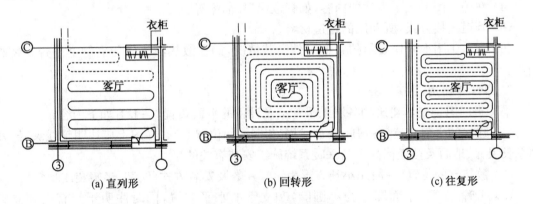

(a) 直列形　　　　　　(b) 回转形　　　　　　(c) 往复形

图 5 - 37　加热管的布置形式

5. 地板辐射热水采暖系统的施工

(1) 管材

地板辐射采暖系统一般采用塑料管。塑料管具有无泄漏、容易弯曲、易于施工等优点。最好的管材是 PE 材料,但国内很难买到纯正的 PE 管材,所以在工程中常用交联聚乙烯 PEX 管、改性聚丙烯 PP - C 管、聚丁烯 PB 管和交联聚乙烯铝塑复合管等。这些管材都具有抗老化、耐腐蚀、不结垢、承压高、无环境污染、不易渗漏、水阻力及膨胀系数小等特点,在 50 ℃ 环境下使用可达 50 年。不论用什么管材,管件和管材的内外壁应平整、光滑、无气泡、裂口、裂纹、脱皮和明显痕纹、凹陷;管件和管材颜色应一致,无色泽不均匀;装卸运输和搬运时应小心轻放,不能受到剧烈碰撞和尖锐物体冲击,不能抛、摔、滚、拖,避免接触油污,在储存和施工过程中要严防泥土和杂物进入管内,存放处避免阳光直射。

（2）施工

在钢筋混凝土地板上先用水泥砂浆找平，再铺聚苯或聚乙烯泡沫等保温材料为保温层，板上部再覆一层夹筋铝箔层，在铝箔层上按设计要求敷设加热盘管并加以固定，然后浇筑 40～60 mm 厚细石混凝土作为埋管层。地板辐射采暖适用热媒温度≤65 ℃（最高温度 80 ℃），供回水温差 8～15 ℃。

5.5　采暖施工图识读

5.5.1　采暖系统施工图

采暖系统施工图一般由设计说明、平面图、采暖系统图、详图、主要设备材料表等部分组成。施工图是设计结果的具体体现，它表示出建筑物的整个采暖工程。

1．设计说明

设计图纸无法表达的问题一般用设计说明来表达。设计说明是设计图的重要补充，其主要内容有：

（1）建筑物的采暖面积、热源的种类、热媒参数、系统总热负荷。

（2）采用散热器的型号及安装方式、系统形式。

（3）在安装和调整运转时应遵循的标准和规范。

（4）在施工图上无法表达的内容，如管道保温、油漆等。

（5）管道连接方式，所采用的管道材料。

（6）在施工图上未作表示的管道附件安装情况，如在散热器支管与立管上是否安装阀门等。

2．采暖平面图（图 5-38）

采暖平面图是表示建筑物各层采暖管道及设备的平面布置，一般有如下内容：

（1）建筑的平面布置（各房间分布、门窗和楼梯间位置等）。在图上应注明轴线编号、外墙总长尺寸、地面及楼板标高等与采暖系统施工安装有关的尺寸。

（2）散热器的位置（一般用小长方形表示）、片数及安装方式（明装、半暗装或暗装）。

（3）干管、立管（平面图上为小圆圈）和支管的水平布置，同时注明干管管径和立管编号。

（4）主要设备或管件（如支架、补偿器、膨胀水箱、集气罐等）在平面上的位置。

（5）用细虚线画出的采暖地沟、过门地沟的位置。

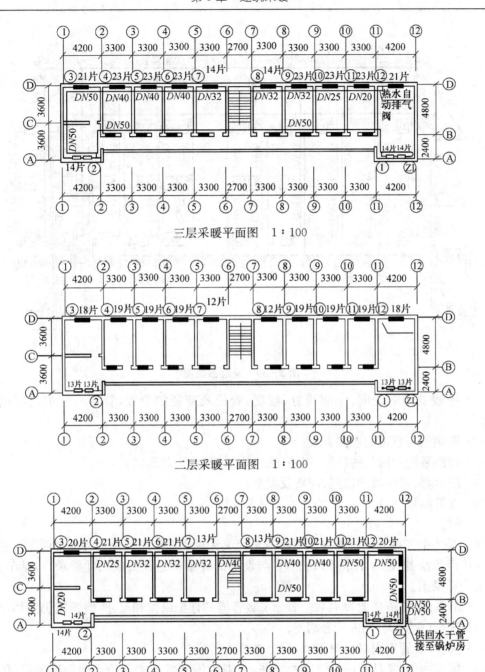

三层采暖平面图　1∶100

二层采暖平面图　1∶100

底层采暖平面图　1∶100

图 5 - 38　采暖平面图

3. 采暖系统图（图 5-39）

系统图又称流程图，也叫系统轴测图，与平面图配合，表明整个采暖系统的全貌。系统图包括水平方向和垂直方向的布置情况。散热器、管道及其附件（阀门、疏水器）均在图上表示出来。此外，还应标注各立管编号、各段管径和坡度、散热器片数、干管的标高。主要包括以下内容：

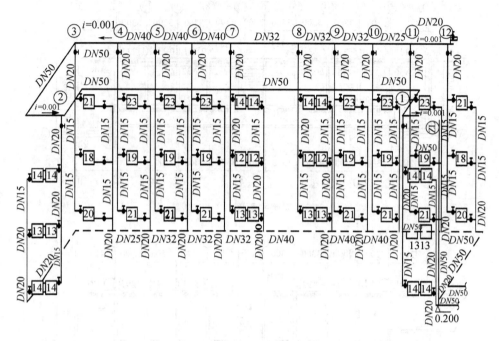

图 5-39 采暖系统图

（1）采暖管道的走向、空间位置、坡度，管径及变径的位置，管道与管道之间的连接方式；

（2）散热器与管道的连接方式；

（3）管路系统中阀门的位置、规格，集气罐的规格、安装形式；

（4）疏水器、减压阀的位置、规格及类型；

（5）立管编号。

4. 详图

详图是当平面图和系统图表示不够清楚而又无标准图时所绘制的补充说明图。它用局部放大比例来绘制，能表示采暖系统节点与设备的详细构造及安装尺寸要求，包括节点图、大样图和标准图。

（1）节点图：能清楚地表示某一部分采暖管道的详细结构和尺寸，但管道仍然用单线条表示，只是将比例放大，使人能看清楚。

（2）大样图：管道用双线图表示，看上去有真实感。

（3）标准图：它是具有通用性质的详图，一般由国家或有关部委出版标准图案，作为国家标准或部标准的一部分颁发。

5. 主要设备材料表

为了便于施工备料，保证安装质量和避免浪费，一般的施工图均应附有设备及主要材料表，简单项目的设备材料表可列在主要图纸内。设备材料表的主要内容有编号、名称、型号、规格、单位、数量、质量、附注等。

5.5.2 室内采暖管道的安装

采暖管道的安装方式有明装和暗装两种。一般民用建筑、公共建筑及工业厂房多采用明装,装饰要求较高的建筑物如剧院、礼堂、展览馆以及有特殊要求的建筑物常采用暗装。

采暖管道安装顺序一般为先安装干管,再安装立管,最后安装支管。采暖管道安装应按施工图进行。采暖系统的安装既受土建进度限制,又要与土建、给排水、电气安装相协调,因此,施工时必须全面考虑,密切配合。

管道安装时,立管应垂直地面安装;同一房间内散热器的安装高度应一致;干管及散热器支管的坡度应合乎设计要求。

管道穿过楼板和隔墙时,应外加套管。套管的内径稍大于管道外径,以便管道能自由伸缩而不会损坏楼板和隔墙。

[复习思考题]

1. 绘出自然循环与机械循环原理图,比较说明两者的主要区别。
2. 自然循环作用压力的大小与哪些因素有关? 主要因素是什么?
3. 热水采暖系统为何要设置膨胀水箱?
4. 试述蒸汽采暖与热水采暖的区别。

[案例分析]

2008 年年底,陈先生搬入新购买的一套商品房中,并于 2009 年 9 月对房屋进行了装修。2009 年 12 月 15 日下午 4 点多钟,陈先生下班回家,发现家中暖气跑水,虽然陈先生赶快堵水,可家中的家具、木地板、书籍等物品还是被水泡了。此后物业维修人员赶到现场,将暖气阀门关闭,止住了跑水。陈先生就自己遭受的损失与物业管理部门进行交涉,没有得到满意的结果,于是将房子的开发商告上法庭。

陈先生认为暖气跑水发生在房子的保修期内,根据物业管理公约的约定,该公司物业管理部门应在保修期内履行保修义务,并承担相应费用。开发商则称,2008 年 11 月公司把住房交给陈先生,经过陈先生验收,暖气设备没有问题。陈先生违反装修管理规定,擅自拆改暖气设施设备,违章操作,造成暖气跑水,故不同意陈先生的诉讼请求。

试分析应由谁承担全部责任?

第6章 通风与空调系统

6.1 通风系统

通风是为了创造良好的空气环境条件(如温度、湿度、空气流速、洁净度等),对保障人们的健康、提高劳动生产率、保证产品质量是必不可少的。这一任务是由通风和空气调节来实现的。

通风,就是用自然或机械的方法向某一房间或空间送入室外空气,或由某一房间或空间排出空气的过程。送入的空气可以是处理的,也可以是未经处理的。换句话说,通风是利用室外空气(称为新鲜空气或新风)来置换建筑物内的空气(简称室内空气),以改善室内空气品质,从而保证室内的空气环境符合卫生标准。

人体周围的空气流动速度是影响人体对流散热和水分蒸发的主要因素之一,舒适条件对室内空气流动速度也有所要求。气流流速过大会引起吹风感,气流流速过小会有闷气、呼吸不畅感。气流流速的大小还直接影响人体皮肤与外界环境的对流换热效果,流速加快对流换热速度也加快,气流流速减慢对流换热速度也减慢。人体与周围环境之间存在着热量传递,它与人体的表面温度、环境温度、空气流动速度、人的衣着厚度、劳动强度及姿势等因素有关。因此在建筑通风设计中应该根据当地气候条件、建筑物的类型、服务对象等条件选取适宜的计算温度。人体在气温较高时需要更多的水分蒸发,相对湿度的设计极限应该从人体生理需求和承受能力来确定。而生产车间的设计,除了考虑人体舒适的要求外,还应该考虑生产工艺的要求。

有害物对人体的危害不但取决于有害物的性质,还取决于有害物在空气中的含量。单位体积空气中的有害物含量称为浓度,浓度越大危害也越大。

通风的功能主要有:

(1) 提供人呼吸所需要的氧气;

(2) 稀释室内污染物或气味;

(3) 排除室内工艺过程产生的污染物;

(4) 除去室内多余的热量(称余热)或湿量(称余湿);

(5) 提供室内燃烧设备燃烧所需的空气。

建筑中的通风系统可能只完成其中的一项或几项任务。其中,利用通风除去室内余热和余湿的能力是有限的,它受室外空气状态的限制。

6.1.1　通风系统的分类

（一）按照空气流动的作用动力分

1. 自然通风

自然通风是在自然压差作用下,使室内外空气通过建筑物围护结构的孔口流动的通风换气。根据压差形成的机理,可以分为热压作用下的自然通风、风压作用下的自然通风以及热压和风压共同作用下的自然通风。自然通风的优点是不需要动力设备,投资少,管理方便;缺点是热压或风压均受自然条件的束缚,通风效果不稳定。在建筑中多利用开启外窗的无组织换气来实现。同时,由于自然通风的空气未经任何处理,不能满足对空气的温度、湿度要求较高的车间;车间内排出的污染气体会污染周围的环境。

（1）风压作用下的自然通风

当风吹过建筑物时,在建筑的迎风面一侧压力升高了,相对于原来大气压力而言,产生了正压;在背风侧产生涡流及在两侧空气流速增加,压力下降了,相对原来的大气压力而言,产生了负压。

建筑在风压作用下,具有正值风压的一侧进风,而在负值风压的一侧排风,这就是在风压作用下的自然通风。通风强度与正压侧和负压侧的开口面积及风力大小有关,如图 6-1所示。

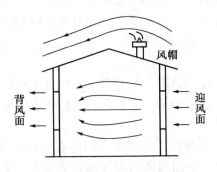

图 6-1　风压作用下的自然通风

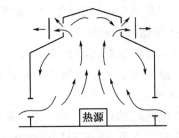

图 6-2　热压作用下的自然通风

（2）热压作用下的自然通风

热压是由于室内外空气温度不同而形成的重力压差,如图 6-2所示。这种以室内外温度差引起的压力差为动力的自然通风,称为热压差作用下的自然通风。

热压作用产生的通风效应又称为"烟囱效应"。"烟囱效应"的强度与建筑高度和室内外温差有关。一般情况下,建筑物越高,室内外温差越大,"烟囱效应"越强烈。

（3）热压和风压共同作用下的自然通风

热压与风压共同作用下的自然通风可以简单地认为是两者效果的叠加。当热压和风压共同作用时,在下层迎风侧进风量增加了,下层的背风侧进风量减少了,甚至可能出现排风;上层的迎风侧排风量减少了,甚至可能出现进风,上层的背风侧排风量加大了;在中和面附近,迎风面进风、背风面排风。

建筑中的压力分布规律究竟由谁起主导作用呢? 实测及原理分析表明:对于高层建筑,在冬季(室外温度低),即使风速很大,上层的迎风面房间仍然是排风的,热压起了主导作用;

高度低的建筑,风速受临近建筑影响很大,因此也影响了风压对建筑的作用。

风压作用下的自然通风与风向有着密切的关系。由于风向的转变,原来的正压区可能变为负压区,而原来的负压区可能变为正压区。风向是不受人的意志控制的,并且大部分城市的平均风速较低。因此,由风压引起的自然通风的不确定因素过多,无法真正应用风压的作用原理来设计有组织的自然通风。

2. 机械通风

依靠通风机提供的动力迫使空气流通来进行室内外空气交换的方式叫做机械通风。与自然通风相比,此系统设置了动力配件——通风机,可以克服系统中存在的阻力,使得通风具有一定的可靠性。机械通风中还存在一些空气处理设备,例如加湿器、除湿器、除尘器等,可使空气品质达到相关标准。我们可以总结机械通风系统是把经过处理达到一定质量和数量的空气送到一定场合的系统。

与自然通风相比,机械通风具有以下优点:送入车间或工作房间内的空气可以经过加热或冷却、加湿或减湿的处理;从车间排出的空气,可以进行净化除尘,保证工厂附近的空气不被污染;能够在房间内按卫生和生产的要求创造人为的气象条件;可以将新鲜空气按照需要送到车间或工作房间内各个地点,同时也可以将室内污浊的空气和有害气体从产生地点直接排放到室外去;通风量在一年四季中都可以保持平衡,不受外界气候的影响,必要时,还可以根据车间或工作房间内生产与工作情况,任意调节换气量。

但是,机械通风系统中需设置各种空气处理设备、动力设备(通风机)、各类风道、控制附件和器材,故初次投资和日常运行维护管理费用远大于自然通风系统。另外,各种设备需要占用建筑空间和面积,并需要专门人员管理,通风机还会产生噪声。

(二)按照通风的范围分

机械通风可根据有害物分布的状况,按照系统作用范围分为局部通风和全面通风两类。局部通风包括局部送风系统和局部排风系统;全面通风包括全面送风系统和全面排风系统。

1. 全面通风

全面通风系统是对整个房间进行通风换气,用新鲜空气把整个房间的有害物浓度冲淡到最高允许浓度以下,或改变房间内的温度、湿度。全面通风所需的风量大大超过局部通风,相应的设备也较庞大,如图6-3。

此外还有全面机械排风系统和全面机械送风系统,如图6-4和图6-5。

对整个车间全面均匀地进行送风的方式称为全面送风。全面送风可以利用自然通风或机械通风来实现。全面机械送风系统利用风把室外大量新鲜空气经过风道、风口不断送入室内,将室内污染空气排至室外,把室内有害物浓度稀释到国家卫生标准的允许浓度以下。

对整个车间全面均匀进行排气的方式称为全面排风。全面排风系统既可利用自然排风也可利用机械排风。全面机械排风系统利用全面排风将室内的有害气体排出,而进风来自不产生有害物的邻室和本房间的自然进风,这样形成一定的负压,可防止有害物向卫生条件较好的邻室扩散。

全面通风的效果不仅与全面通风量有关,还与通风房间的气流组织有关。全面通风的进、排风应使室内的气流从有害物浓度较低的地区流向较高的地区,使气流将有害物从人员停留地区带走。通风房间气流组织的常用形式有:上送下排、下送上排、中间送上下排等,选用时应按照房间功能、污染物类型、有害源位置及分布情况、工作地点的位置等因素来确定。

气流组织方式通常按下列原则确定：

（1）送风口应尽量接近并经过人员工作地点，再经污染区排至室外。

（2）排风口应尽量靠近有害物源或有害物浓度高的区域，以利于把有害物迅速从室内排出。

（3）在整个通风房间内，尽量使进风气流均匀分布，减少涡流，避免有害物在局部地区积聚。

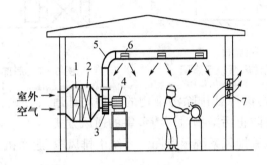

1—空气过滤器；2—空气加热器；3—风机；4—电动机；
5—风管；6—送风口；7—轴流风机

图 6 - 3　全面通风系统示意图

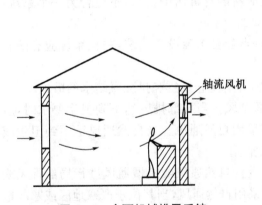

图 6 - 4　全面机械排风系统

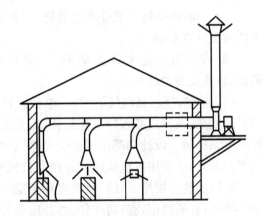

图 6 - 5　全面机械送风系统

2. 局部通风

利用局部的送、排风控制室内局部地区的污染物的传播或控制局部地区的污染物浓度以达到卫生标准要求的通风叫做局部通风。局部通风又分为局部排风和局部送风。

在一些大型的车间中，尤其是有大量余热的高温车间，采用全面通风已经无法保证室内所有地方都达到适宜的程度。在这种情况下，可以向局部工作地点送风，制造温度、湿度、清洁度适合工作人员的局部空气环境，这种通风方式叫做局部送风。

图 6 - 6 为车间局部送风示意图。局部送风是将室外新风以一定风速直接送到工人的操作岗位，使局部地区空气品质和热环境得到改善。

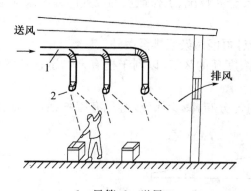

1—风管;2—送风口

图6-6 局部机械送风系统示意图   图6-7 局部机械排风系统

局部排风是直接从污染源处排除污染物的一种局部通风方式。当污染物集中于某处时,局部排风是最有效的防止污染物对环境危害的通风方式。

图6-7为一局部机械排风系统示意图。系统由排风罩、通风机、空气净化设备、风管和排风帽组成。

局部排风系统的划分应遵循如下原则:

(1)污染物性质相同或相似,工作时间相同且污染物散发点相距不远时,可合为一个系统。

(2)不同污染物相混可产生燃烧、爆炸或生成新的有毒污染物时,不应合为一个系统,应各自成独立系统。

(3)排除有燃烧、爆炸或腐蚀的污染物时,应当各自单独设立系统,并且系统应有防止燃烧、爆炸或腐蚀的措施。

(4)排除高温、高湿气体时,应单独设置系统,并有防止结露和排除凝结水的措施。

散发热、蒸汽或有害物的建筑物,宜采用局部排风。当局部排风达不到卫生要求时,应辅以全面排风。设计局部排风或全面排风时,宜采用自然通风。当自然通风达不到卫生或生产要求时,应采用机械通风或自然与机械的联合通风。

民用建筑的厨房、厕所、盥洗室和浴室等,宜设置自然通风或机械通风进行局部排风或全面换气;普通民用建筑的居住、办公用房等,宜采用自然通风,当其位于严寒地区或寒冷地区时,应设置可开启的气窗进行定期换气。

设置机械通风的民用建筑和生产厂房以及辅助建筑中要求清洁的房间,当其周围空气环境较差时,室内应保持正压;当室内的有害气体和粉尘有可能污染相邻房间时,室内应保持负压。设置集中采暖且有排风的建筑物,应考虑自然补风(包括利用相邻房间的清洁空气)的可能性。当自然补风达不到室内卫生条件、生产要求或技术经济不合理时,宜设置机械送风系统。

(三)按通风的用途分

1.工业与民用建筑通风

它是以治理工业生产过程和建筑中人员及其产生的污染物为目标的通风系统。前面几种形式的通风多用于工业与建筑通风。

2. 建筑防烟和排烟

它是以控制建筑火灾烟气流动、创造无烟的人员疏散通道或安全区为目的的通风系统。

建筑物发生火灾后会产生热烟气,烟气中的毒气可致人死亡,高温也使人难以忍受,以致烧伤,黑色的烟气会遮挡光线使人惊慌。据有关火灾死亡原因统计分析,有 80% 以上的人是烟气中毒而死,由此可以看出建筑物的防、排烟的重要性。

（1）防烟

机械防烟是利用鼓风机向防烟楼梯间及前室、消防电梯前室、合用前室加压送风,使楼梯间、前室、合用前室气压升高,以阻止烟气进入,为安全疏散创造安全环境。

① 防烟分区的概念

防烟分区是指以屋顶挡烟隔板、挡烟垂壁、隔墙或从顶棚下突不小于 500 mm 的梁来划分区域的防烟空间。其划分原则是保证在一定时间内,使火场上产生的高温烟气不致随意扩散,并迅速排除,达到控制火势蔓延和减少火灾损失的目的,为人员的安全疏散和火灾扑救创造良好的时机。

挡烟垂壁是指用不燃烧材料制成,从顶棚下垂不小于 500 mm 的固定或活动的挡烟设施。活动挡烟垂壁系指火灾时因感烟或其他控制设施的作用,自动下垂的挡烟垂壁。

② 防烟分区的划分原则

不设排烟设施的房间（包括地下室）和夹道,不划分防烟分区。防烟分区不应跨越防火分区。对有特殊用途的场所,如地下室、防烟楼梯间、消防电梯、避难层（间）等应单独划分防烟分区。防烟分区一般不跨越楼层,某些情况下一层面积过小,允许包括一个以上的楼层,但以不超过 3 层为宜。

每个防烟分区的面积,对于高层民用建筑和其他建筑,其面积不宜大于 500 m²,对于地下建筑,其使用面积不应大于 400 m²,当顶棚（或顶板）高度在 6 m 以上时,可不受其限,但防烟分区不得跨越防火分区。

（2）排烟

排烟有机械排烟和自然排烟。机械排烟是利用风机把热烟气从建筑物内吸走,排到室外。自然排烟是靠开启建筑物的外窗,利用烟气的热压差造成烟气运动,使烟气自己排出室外,开口部位高处向室外排烟,低处室外冷空气进入室内,形成对流。排烟设施位于房间和疏散走道。

（3）防烟、排烟设施的设置范围

高层建筑的防烟设施应分为机械加压送风的防烟设施和可开启外窗的自然排烟设施。除建筑高度超过 50 m 的一类公共建筑和建筑高度超过 100 m 的居住建筑外,靠外墙的防烟楼梯间及其前室、消防电梯间前室和合用前室,宜采用自然排烟方式。

3. 事故通风

事故通风是为防止生产车间中的生产设备发生偶然事故或故障时,可能突然放出的大量有害气体或爆炸性气体造成人员或财产损失而设置的排气系统,是保证生产安全和保障工人生命安全的一项必要措施。事故通风的排风量要根据工艺精确计算确定。

事故排风装置所排出的空气可不设专门的进风系统来补偿,而且排出的空气一般都不进行净化或其他的处理。排出有剧毒的有害物时,应将它们排放到 10 m 以上的大气中,仅在非常必要时,才加以化学中和。

6.1.2　通风系统常用设备

(一)风道

1. 风道的材料及保温

在通风空调工程中,管道及部件主要用普通薄钢板、镀锌钢板制成,有时也用铝板、不锈钢板、硬聚氯乙烯塑料板及砖、混凝土、玻璃、矿渣石膏板等制成。

风道的断面形状有圆形和矩形。圆形风道的强度大、阻力小、耗材少,但占用空间大,不易与建筑配合。流速高、管径小的除尘和高速空调系统,或是需要暗装时可选用圆形风道。矩形风道容易布置,易和建筑结构配合,便于加工。低流速、大断面的风道,多采用矩形风道。

在输送空气过程中,如果要求管道内空气温度维持恒定,应考虑风道的保温处理问题。保温材料主要有软木、泡沫塑料、玻璃纤维板等,保温厚度应根据保温要求进行计算,或采用带保温的通风管道。

2. 风道的布置

风道的布置应符合通风系统的总体布局,并与土建、生产工艺和给排水等各专业互相协调、配合,使风道少占建筑空间,风道布置应尽量缩短管线、减少转弯和局部构件,这样可减少阻力。风道布置应避免穿越沉降缝、伸缩缝和防火墙等。对于埋地管道,应避免与建筑物基础或生产设备底座交叉,并应与其他管线综合考虑。风道在穿越火灾危险性较大房间的隔墙、楼板处以及垂直和水平风道的交接处时,均应符合防火设计规范的规定。风道布置应力求整齐美观,不影响工艺和采光,不妨碍生产操作。

(二)风机

1. 离心式风机

离心式风机主要由叶轮、机壳、风机轴、进风口、电动机等部分组成。叶轮上有一定数量的叶片,机轴由电动机带动旋转,由进风口吸入空气,在离心力的作用下空气被抛出叶轮甩向机壳,获得了动能与压能,由出风口排出。当叶轮中的空气被压出后,叶轮中心处形成负压,此时室外空气在大气压力作用下由吸风口进入叶轮,再次获得能量后被压出,形成连续的空气流动,如图 6-8 所示。

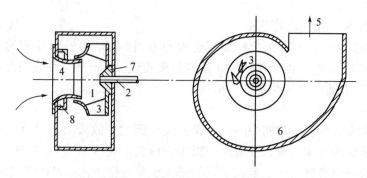

1—叶轮;2—风机轴;3—叶轮;4—吸气口;
5—出口;6—机壳;7—轮毂;8—扩压环
图 6-8　离心式风机构造示意图

2. 轴流式风机

轴流式风机主要由叶轮、机壳、风机轴、进风口、电动机等部分组成,它的叶片安装于旋转的轮毂上,叶片旋转时将气流吸入并向前方送出。风机的叶轮在电动机的带动下转动时,空气由机壳一侧吸入,从另一侧送出。我们把这种空气流动与叶轮旋转轴相互平行的风机称为轴流式风机,如图 6-9 所示。

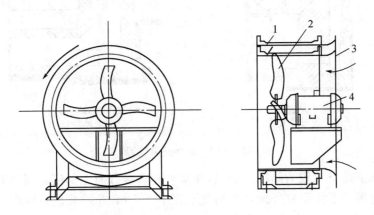

1—圆筒形机壳;2—叶轮;3—进口;4—电动机

图 6-9　轴流式风机构造示意图

3. 风机的基本性能参数

(1) 风量(L),是指风机在标准状况下工作时,在单位时间内所输送的气体体积,称为风机风量,以符号 L 表示,单位为 m^3/h;

(2) 全压(或风压 p),是指每立方米空气通过风机应获得的动压和静压之和,单位为 Pa;

(3) 轴功率(N),是指电动机施加在风机轴上的功率,单位为 kW;

(4) 有效功率(N_x),是指空气通过风机后实际获得的功率,单位为 kW;

(5) 效率(η),风机的有效功率与轴功率的比值;

(6) 转数(n),风机叶轮每分钟的旋转数,单位为 r/min。

4. 通风机的选择

(1) 根据被输送气体(空气)的成分和性质以及阻力损失大小,选择不同类型的风机。例如:用于输送含有爆炸、腐蚀性气体的空气时,需选用防爆、防腐性风机;用于输送含尘浓度高的空气时,用耐磨通风机;对于输送一般性气体的公共民用建筑,可选用离心式风机;对于车间内防暑散热的通风系统,可选用轴流式风机。

(2) 根据通风系统的通风量和风道系统的阻力损失,按照风机产品样本确定风机型号。风机的磨损和系统不严密易产生的渗风,故应对通风系统计算的风量和风压附加安全系数。

(三) 室外送、排风口设置

1. 室外进风装置

室外进风口是通风和空调系统采集新鲜空气的入口。根据进风室的位置不同,室外进风口可采用竖直风道塔式进风口,如图 6-10 所示,其中图(a)是贴附于建筑物的外墙上的进风装置,图(b)是将进风装置做成离开建筑物而独立的构筑物。

室外进风口的位置应满足以下要求:

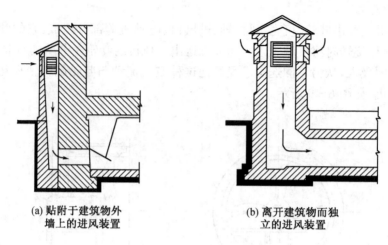

(a) 贴附于建筑物外　　　　　　　(b) 离开建筑物而独
墙上的进风装置　　　　　　　　　立的进风装置

图 6 - 10　室外进风装置

（1）设置在室外空气较为洁净的地点，在水平和垂直方向上都应远离污染源。

（2）室外进风口下缘距室外地坪的高度不宜小于 2 m，并须装设百叶窗，以免吸入地面上的粉尘和污物，同时可避免雨、雪的侵入。

（3）用于降温的通风系统，其室外进风口宜设在背阴的外墙侧。

（4）室外进风口的标高应低于周围的排风口，宜设在排风口的上风侧，以防吸入排风口排出的污浊空气。当进、排风口的水平间距小于 20 m 时，进风口应比排风口至少低 6 m。

（5）屋顶式进风口应高出屋面 0.5～1.0 m，以防吸进屋面上的积灰或被积雪埋没。室外新鲜空气由进风装置采集后直接送入室内通风房间或送入进风室，根据用户对送风的要求进行预处理。机械送风系统的进风室多设在建筑物的地下室或底层，也可以设在室外进风口内侧的平台上。

2. 室外排风装置

室外排风装置的任务是将室内被污染的空气直接排到大气中去。管道式自然排风系统和机械排风系统的室外排风口通常是由屋面排出的，也有由侧墙排出的。排风口应高出屋面，一般地，室外排风口应设在屋面以上 1 m 的位置，出口处应设置风帽或百叶风口。

（四）通风系统其他辅助设备

1. 排风罩

常用排风罩有：密闭罩、外部吸气罩、吹吸式排风罩和接受罩。

（1）密闭罩

图 6 - 11 是一个密闭式排风罩。将生产过程中产生的污染源密闭在罩内，并进行排风，以保证罩内负压。当排风罩排风时，罩外的空气通过缝隙、操作孔口渗入罩内，一般缝隙处的风速不应小于 1.5 m/s。排风罩内的负压宜在 5～10 Pa，排风罩排风量除了考虑从缝隙孔口进入的空气量外，还应该考虑因工艺设备而吹入的风量，或污染源生成的气体量，或物料装桶时挤出的空气。

密闭罩应根据工艺设备具体情况设计它的形状、大小，最好将污染物的局部散发点密闭，这样排风量少，比较经济。但有时无法做到局部点密闭，而必须将整个工艺设备，甚至把工艺流程的多个设备密闭在罩内或小室中。

密闭罩的优点:能有效地捕集并排除局部污染源产生的污染物,风量小,较经济,排风罩的性能不受气流影响;缺点:维修和操作不便。

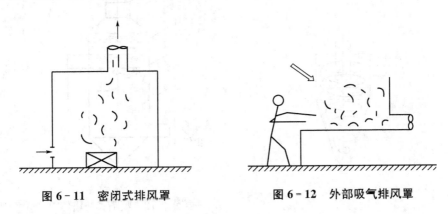

图 6-11　密闭式排风罩　　　　图 6-12　外部吸气排风罩

（2）开敞式排风罩

开敞式排风罩又称外部排气罩,如图 6-12 所示。这种排风罩的特点是,污染源基本上是敞开的,而排风罩只在污染源附近进行吸气。为了使污染物被排风罩吸入,排风罩必须在污染源周围形成一定的速度场,其速度应能克服污染物的流动速度而将污染物引导至排风罩。

2. 除尘器

（1）电除尘器

电除尘器又称静电除尘器,它是利用静电力使尘粒从气流中分离,是一种高效干式过滤器,用于去除微小尘粒,除尘效率高,处理能力大。但它设备庞大,投资高,结构复杂,耗电量大。目前主要用于某些大型工程或是进风的除尘净化处理中。

由于受到技术经济条件的限制或有害物的毒性微小,可将未经净化或净化不完善的废气直接排入高空,通过在大气中扩散进行稀释,以使降落到地面的有害物的浓度不超过卫生标准中规定的"居住区大气中有害物最高允许浓度",这种处理方法称为有害气体的高空排放。

（2）旋风除尘器

旋风除尘器利用气流旋转过程中作用在尘粒上的惯性离心力,使尘粒从气流中分离。旋风除尘器结构简单、体积小、维护方便,对于 $10\sim20\ \mu m$ 的粉尘,效率为 90% 左右。旋风除尘器在通风工程中得到了广泛的应用,它主要用于 $10\ \mu m$ 以上的粉尘,也用作多级除尘中的第一级除尘器,如图 6-13 所示。

（3）湿式除尘器

湿式除尘器是通过含尘气体与液滴或液膜的接触使尘粒从气流中分离的。湿式除尘器与吸收净化处理的工作原理相同,可以对尘粒、有害气体同时进行除尘、净化处理。它的优点是结构简单、投资低、占地面积小、除尘效率高,能同时进行有害气体的净化。它适宜处理有爆炸危险或含有多种有害物的气体。它的缺点是有用物料不能干法回收,泥浆处理比较困难,为了避免水系污染,有时要设置专门的废水处理设备,如图 6-14 所示。

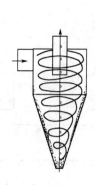

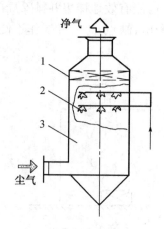

图 6 - 13　旋风式除尘

1—挡水板；2—喷嘴；3—塔体

图 6 - 14　湿式除尘器

（4）过滤式除尘器

含尘气流通过固体滤料时，粉尘借助于筛滤、惯性碰撞、接触阻留、扩散、静电等综合作用，从气流中分离的一种除尘设备。过滤方式有两种，即表面过滤和内部过滤，如图 6 - 15 所示。

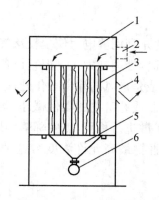

1—气体分配室；2—尘气进口；3—滤袋；
4—净气出口；5—灰斗；6—卸灰装置

图 6 - 15　过滤式除尘器

滤料的种类很多，选用滤料时必须考虑含尘气体的特性和滤料本身的性能。如袋式除尘器（一种干式高效除尘器），常利用纤维织物的过滤作用除尘。在室外进风净化处理的空气过滤中，其滤料可以采用金属丝网、玻璃丝、泡沫塑料、合成纤维等材料制作。

3. 相关阀门

（1）排烟阀

它安装在排烟系统中，平时呈关闭状态，发生火灾时，通过控制中心信号来控制执行机构的工作，实现阀门在弹簧力或电动机转矩作用下的开启。设有温感器装置的排烟阀，阀门开启后，在火灾温度达到动作温度时动作，阀门在弹簧力作用下关闭，阻止火灾沿排风管道蔓延。

（2）风阀

风阀装设在风管或风道中,主要用于调节空气的流量。通风系统中的风阀可分为一次调节阀、开关阀和自动调节阀等。

6.2　空调系统

6.2.1　空调系统概述

空气调节,简称空调,狭义上是指炎热地区的降温;广义上是指改变空气参数的所有方法和过程。总体来说,空气调节是指对某一特定空间空气的温度、湿度、清洁度和空气流动速度进行调节,以达到满足人体舒适性和生产工艺过程的需求。

空气环境的好坏有四个决定指标,即温度、湿度、清洁度和流动速度,它们称为空气调节的"四度",又称空气调节的旧"四度"。空气调节的新"四度"是生态文明下的空调概念,它包括空气的品质度、节能度、智能度和绿色度。现代空调概念下的空气调节应是旧"四度"与新"四度"之和。

空调可以实现对建筑热湿环境、空气品质全面进行控制,它包含了采暖和通风的部分功能。

众所周知,空调系统需要处理一些空气参数,而对这些参数产生干扰的来源主要有两个:一是室外气温变化、太阳辐射及外部空气中的有害物;二是内部空间的人员、设备与生产过程所产生的热、湿及其他有害物。因此需要采用人工的方法消除室内的余热、余湿,或补充不足的热量与湿量,清除室内的有害物,保证室内新鲜空气的含量。

一般把为生产或科学实验过程服务的空调系统称为"工艺性空调",而把为保证人体舒适的空调系统称为"舒适性空调"。工艺性空调往往同时需要满足人员的舒适性要求,因此两者又是相互关联的。

舒适性空调的作用是为人们的工作和生活提供一个舒适的环境,目前已普遍应用于公共与民用建筑中,如会议室、图书馆、办公楼、商业中心、酒店和部分民用住宅。交通工具如汽车、火车、飞机、轮船,空调的装备率也在逐步提高。

对于现代化生产来说,工艺性空调更是不可缺少。工艺性空调一般对新鲜空气量没有特殊要求,但对温湿度、洁净度的要求比舒适性空调高。在这些工业生产过程中,为避免元器件由于温度变化产生胀缩及湿度过大引起表面锈蚀,一般严格规定了温湿度的偏差范围,如温度不超过 ± 0.1 ℃,湿度不超过 $\pm 5\%$。在电子工业中,不仅要保证一定的温湿度,还要保证空气的洁净度。制药行业、食品行业及医院的病房、手术室则还需要控制空气的含菌数。工业建筑中室内空气参数是由生产工艺过程的特殊要求决定的,所以,工艺性空调的室内计算参数应根据工艺需要并考虑必要的卫生条件确定。

对于舒适性空调,根据我国的情况,《采暖通风与空气调节设计规范》中规定,室内计算参数如下:

夏季:温度应采用 22 ℃～28 ℃,相对湿度应采用 40%～65%,风速不应大于 0.3 m/s;

冬季:温度应采用 18℃～24℃,相对湿度应采用 30%～60%,风速不应大于 0.2 m/s。

图 6-16 是一个集中式空调系统示意图,从图上可以看出,一个完整的集中式空调系统

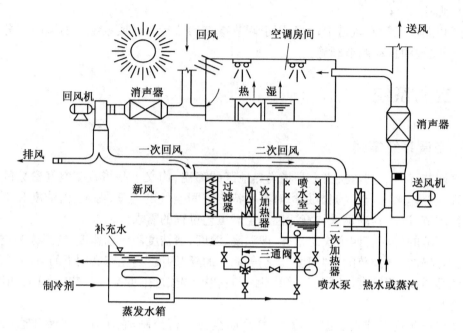

图 6-16 二次回风集中式空调系统

由以下几部分组成：

（1）空气处理部分

集中式空调系统的空气处理部分是一个包括各种空气处理设备在内的空气处理室，其中主要有过滤器、一次加热器、喷水室、二次加热器等。用这些空气处理设备对空气进行净化过滤和热湿处理，可将送入空调房间的空气处理到所需的送风状态点。

（2）空气输送部分

空气输送部分主要包括送风机、回风机（系统较小时不用设置）、风管系统和必要的风量调节装置。送风系统的作用是不断将空气处理设备处理好的空气有效地输送到各空调房间；回风系统的作用是不断地排出室内回风，实现室内的通风换气，保证室内空气品质。

（3）空气分配部分

空气分配部分主要包括设置在不同位置的送风口和回风口，其作用是合理地组织空调房间的空气流动，保证空调房间内工作区（一般是 2 m 以下的空间）的空气温度和相对湿度均匀一致，空气流速不致过大，以免对室内的工作人员和生产形成不良的影响。

（4）辅助系统部分

集中式空调系统是在空调机房集中进行空气处理，然后再送往各空调房间，空调机房里对空气进行制冷（热）的设备（空调用冷水机组或热蒸汽）和湿度控制设备等就是辅助设备。一个完整的空调系统，尤其是集中式空调系统，系统是比较复杂的。空调系统是否能达到预期效果，空调能否满足房间的热湿控制要求，关键在于空气的处理。

6.2.2　空调系统分类

（一）按空气处理设备的集中程度分类

1. 集中式系统

空气集中于机房内进行处理（冷却、去湿、加热、加湿等），而房间内只有空气分配装置。目前常用的全空气系统中大部分是属于集中式系统；机组式系统中，如果采用大型带制冷机的空调机，在机房内集中对空气进行冷却、去湿或加热，也属于集中式系统。

集中式空调系统的主要优点有：① 空调设备集中设置在专门的空调机房里，管理维修方便，无凝结水产生，室内空气质量好，消声防振也比较容易。② 可根据季节变化调节空调系统的新风量，节约运行费用。③ 使用寿命长，初投资和运行费比较小。

集中式空调系统的主要缺点有：① 需要的风量大，风道又粗又长，占用建筑空间较多，施工安装工作量大，工期长。② 系统处理送风状态点的空气单一，当各房间的热、湿负荷的变化规律差别较大时，不便于运行调节。③ 当只有部分房间需要空调时，仍然要开启整个空调系统，造成能量上的浪费。

2. 半集中式系统

对室内空气处理（加热或冷却、去湿）的设备分设在各个被调节和控制的房间内，而又集中部分处理设备，如冷冻水或热水集中制备或新风进行集中处理等，全水系统、空气-水系统、水环热泵系统、变制冷剂流量系统都属这类系统。半集中式系统在建筑中占用的机房少，可以满足各个房间各自的温湿度控制要求，但房间内设置空气处理设备后，管理维修不方便，如设备中有风机，还会给室内带来噪声。

3. 分散式系统

对室内进行热湿处理的设备全部分散于各房间内，如家庭中常用的房间空调器、电取暖器等都属于此类系统。这种系统在建筑内不需要机房，不需要进行空气分配的风道。但维修管理不便，分散的小机组能量效率一般比较低，其中制冷压缩机、风机会给室内带来噪声。

（二）根据集中式系统处理空气来源分类

1. 封闭式系统

封闭式空调系统处理的空气全部取自空调房间本身，没有室外新鲜空气补充到系统中来，全部是室内的空气在系统中周而复始地循环。因此，空调房间与空气处理设备由风管连成了一个封闭的循环环路，如图 6-17(a)所示。

2. 直流式系统

直流式系统处理的空气全部取自室外，即室外的空气经过处理达到送风状态点后送入各空调房间，送入的空气在空调房间内吸热吸湿后全部排出室外，如图 6-17(b)所示。

3. 混合式系统

因为封闭式系统没有新风，不能满足空调房间的卫生要求，而直流式系统消耗的能量又大，不经济，所以封闭式系统和直流式系统只能在特定的情况下才能使用。大多数有一定卫生要求的场合，往往采用混合式系统。混合式系统综合了封闭式系统和直流式系统的优点，既能满足空调房间的卫生要求，又比较经济合理，故在工程实际中被广泛应用。图 6-17(c)即为混合式系统。

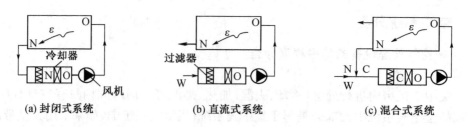

(a) 封闭式系统　　　　　(b) 直流式系统　　　　　(c) 混合式系统

N—室内空气;W—室外空气;C—混合空气;O—冷却器后的空气状态

图 6-17　全空气空调系统的分类

6.2.3　空调系统主要设备

在空调工程中,实现不同的空气处理过程,需要不同的空气处理设备。空气处理的设备有很多,主要有以下几种:空气加热设备、空气加湿和减湿设备、空气净化设备、消声和减振设备等。

在空气热湿处理设备中,与空气进行热湿交换的介质有水、水蒸气、冰、各种盐类及其水溶液、制冷剂和其他物质。

根据各种热湿交换设备的特点不同,可将它们分成两大类:接触式热湿交换设备和表面式热湿交换设备。在所有的热湿设备中,表面式空气换热器和喷水室应用最广。表面式换热器具有构造简单、占地少、水质要求一般、水系统阻力小等优点,所以广泛应用于空调工程中。表面式换热器包括空气加热器和表面式冷却器两大类。加热器以热水或蒸汽为热媒,冷却器用冷水(或冷盐水和乙二醇)或者制冷剂为冷媒。以制冷剂为冷媒的表面冷却器为直接蒸发式表面冷却器。

1. 空气净化设备

空气净化包括除尘、消毒、除臭以及离子化等。其中,对送风的除尘处理,通常使用空气过滤器。根据过滤效果的高低,可将空气过滤器分为粗效、中效、亚高效和高效四种类型,见表 6-1。

表 6-1　空气过滤器的分类

类别	有效的捕集尘粒直径/μm	适应的含尘浓度/(mg·m^{-3})	过滤效率/%
粗效	＞5	＜10	＜60
中效	＞1	＜1	60～90
亚高效	＜1	＜0.3	90～99.9(对粒径为 0.3 μm 的尘粒计数法)
高效	＜1	＜0.3	≥99.91(对粒径为 0.3 μm 的尘粒计数法)

过滤效率,是指在额定风量下过滤器前、后空气含尘浓度之差与过滤器前空气含尘浓度之比的百分率。

空气过滤器的选用,应主要根据空调房间的净化要求和室外空气的污染情况而定。一般的空调系统,通常只设一级粗效过滤器;有较高净化要求的空调系统,可设粗效和中效两级过滤器,其中第二级中效过滤器应集中设在系统的正压段(即风口的出口段);有高度净化要求的空调工程,一般用粗效和中效两级过滤器作预过滤,再根据要求的洁净度级别的高低,使用亚高效过滤器或高效过滤器进行第三级过滤。亚高效过滤器和高效过滤器,应尽量靠近进风口安装。

2. 空气加热设备

目前广泛使用的加热设备有表面式空气加热器和电加热器两种类型,前者用于集中式空调系统的空气处理室和半集中式空调系统的末端装置,后者主要用在各空调房间的送风支管上,作为精密设备,以及用于空调机组中。

(1) 表面式空气加热器

表面式空气加热器又称表面式换热器,是以热水或蒸汽作为热媒通过金属表面传热的一种换热设备。图 6-18 是用于集中加热空气的一种表面式空气加热器的外形图。

用于半集中式空调系统末端装置中的加热器,通常称为"二次盘管",有的专为加热空气用,也有的属于冷、热两用型,即冬季作为加热器,夏季作为冷却器。其构造原理与大型的加热器相同,只是容量小、体积小,并使用有色金属来制作(如铜管铝肋片等)。

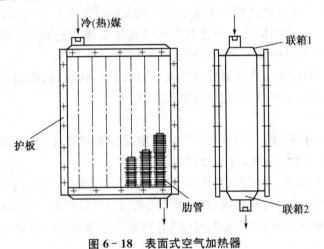

图 6-18　表面式空气加热器

(2) 电加热器

电加热器是让电流通过电阻丝发热来加热空气的设备,它具有结构紧凑、加热均匀、热量稳定、控制方便等优点,但由于电费较贵,通常只在加热量较小的空调机组等场合采用。在恒温精度较高的空调系统里,常安装在空调房间的送风支管上,作为控制房间温度的调节加热器。

电加热器有裸线式和管式两种结构。裸线式电加热器的构造如图 6-19(a),(b)所示,图中只画出一排电阻丝,根据需要可以多排组合。在定型产品中,常把电加热器做成抽屉式,检修更为方便。裸线式电加热器热惯性小、加热迅速、结构简单,但容易断丝漏电,安全性差。所以,在使用时,必须有可靠的接地装置并应该与风机连锁运行,以免造成事故。

管式电加热器是由若干根管状电热元件组成的,管状电热元件是将螺旋形的电阻丝装在细钢管里,并在空隙部分用导热而不导电的结晶氧化镁绝缘,外形做成各种不同的形状和尺寸,如图 6-19(c)所示。这种电加热器的优点是加热均匀、热量稳定、经久耐用、使用安全性好,但它的热惯性大,构造也比较复杂。

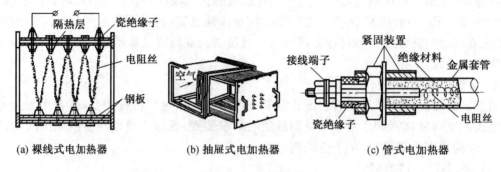

(a) 裸线式电加热器　　(b) 抽屉式电加热器　　(c) 管式电加热器

图 6-19　电加热器

3. 空气冷却器

在空气调节工程中,除了用喷水室对空气进行加湿外,不定期可以用表面式换热器处理空气。大部分的表面式换热器既可以做加热器也可以做冷却器。

表面式冷却器简称表冷器,是由铜管上缠绕的金属翼片所组成排管状或盘管状的冷却设备,分为水冷式和直接蒸发式两种类型。水冷式表面冷却器与空气加热器的原理相同,只是将热媒换成冷媒——冷水而已。直接蒸发式表面冷却器就是制冷系统中的蒸发器,这种冷却方式是靠制冷剂在其中蒸发吸热而使空气冷却的。

与喷水室相比,用表面式冷却器处理空气具有设备结构紧凑、机房占地面积小、水系统简单以及操作管理方便等优点,因此应用也很广泛。

4. 空气加湿设备

空气加湿的方式有两种:一种是在空气处理室或空调机组中进行,称为"集中加湿";另一种,是在房间内直接加湿空气,称为"局部补充加湿"。

用喷水室加湿空气,是一种常用的集中加湿方法。对于全年运行的空调系统,在夏季是用喷水室对空气进行减湿冷却处理的,在其他季节需要对空气进行加湿处理时,仍可使用该喷水室,只需相应地改变喷水温度,而不必变更喷水室的结构。喷水室的结构如图 6-20 所示。

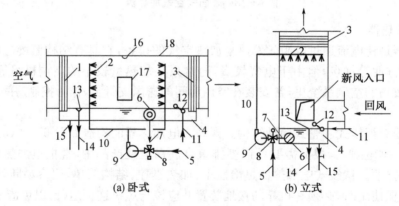

(a) 卧式　　　　　　(b) 立式

1—前挡水板;2—喷嘴与排灌;3—后挡水板;4—底池;5—冷水管;6—滤水器;7—循环水管;8—三通混合阀;9—水泵;10—供水管;11—补水管;12—浮球阀;13—溢水阀;14—溢水管;15—泄水管;16—防水灯;17—检查门;18—外壳

图 6-20　喷水室构造示意图

常用的加湿方法还有喷蒸汽加湿和水蒸发加湿。喷蒸汽加湿是用普通喷管(多孔管)或专用的蒸汽加湿器将来自锅炉房的水蒸气喷入空气中去。水蒸发加湿是将常温水雾化后直接喷入空气中,水吸收空气中的热量而蒸发成水气,增加空气的含水量。常用水蒸发加湿设备有压缩空气喷水装置、电动喷雾器和超声波加湿器等,这种方式主要用于空调机组中。

5. 空气减湿设备

当空气湿度比较大时,可以用空气除湿设备降低湿度,使空气干燥。民用建筑中的空气除湿设备主要是制冷除湿机,其工作原理见图 6-21。

制冷除湿机由制冷系统和风机等组成。待处理的潮湿空气通过制冷系统的蒸发器时,由于蒸发器表面的温度低于空气的露点温度,不仅使空气降温,而且能析出一部分凝结水,这样便达到了空气除湿的目的。冷却除湿的空气通过制冷系统的冷凝器时,又被加热升温,从而降低了空气的相对湿度。

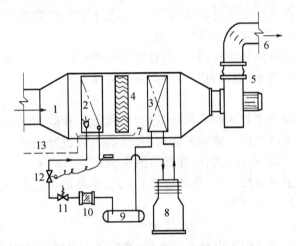

1—外界空气进口;2—空气冷却器(蒸发器);3—冷凝器;4—挡水板;
5—风机;6—干燥空气出口;7—盛水盘;8—压缩机;9—储液器;10—过
滤干燥器;11—电磁阀;12—膨胀阀;13—泄水管

图 6-21　制冷除湿机工作原理

6. 消声和减振设备

(1) 空调系统的消声设备

空调设备的电机在运行时产生噪声,并通过风道及其他结构物传入空调房间。电机噪声以电动机冷却风扇引起的空气动力噪声为最强,机械噪声次之,电磁噪声最小。除此之外,还有一些其他的气流噪声,如风管内气流引起的管壁振动,气流遇到障碍物(管道变径、弯头、阀门等)产生的涡流以及出风口风速过高等都会产生噪声。

空调系统的噪声控制,应首先在系统设计时考虑降低系统噪声,在空调系统设备的选择上选择耗电小、转速低、噪声性能较低的产品,并尽量使其工作点接近最高效率点。对于一般有消声要求的系统,主风道中空气的流速不宜超过 8 m/s,有严格消声要求的系统不宜超过 5 m/s。同时,尽可能合理布置风道管件。

经计算后证明自然衰减不能达到允许的噪声时,则应在管路中或空调箱内设置消声器,对噪声加以控制。消声器是利用声的吸收、反射、干涉等原理,降低通风与空调系统中气流噪声的装置。根据消声原理的不同可以分为阻性、抗性、共振型和复合型等。

① 阻性消声器

阻性消声器是利用吸声材料的吸声作用来消声的。其构造是把吸声材料固定在气流流动的管道内壁,或按一定方式排列在管道或壳体内构成阻性消声器,吸声材料能够把入射在其上的声能部分地吸收掉。声能之所以能被吸收,是由于吸声材料的多孔性和松散性。当声波进入孔隙,会引起孔隙中的空气和材料产生微小的振动,由于摩擦和黏滞阻力,相当一部分声能化为热能而被吸收掉。它对高频和中频噪声效果较好,但对低频噪声消声效果较差。

② 共振型消声器

吸声材料通常对低频噪声的吸收能力很低,单靠增加吸声材料的厚度来提高吸声效果并不经济,为了改善低频噪声的吸声效果,通常采用共振型消声器。共振型消声器的形式是利用管道开孔与共振腔相连接,利用小孔处的空气柱和空腔内的空气构成弹性共振系统,当外界噪声频率和此共振系统的固有频率相同时,小孔中的空气柱发生共振并与孔壁发生剧烈摩擦,摩擦可以消耗声能,从而达到消声的目的。

这种消声器具有较强的频率选择性,即有效的频率范围很窄,一般对低频噪声可以产生较大的衰减。其气流阻力小,但因有共振腔而使结构偏大。

③ 抗性消声器

抗性消声器由管和小室相连而成,该消声器是利用风管截面的突然改变使声波向声源方向反射回去而起到消声作用。该消声器对中、低噪声有较好的消声效果,结构简单,由于不使用吸声材料,因而不受高温和腐蚀性气体的影响。

为了保证一定的消声效果,消声器的膨胀比(大、小断面积之比)应大于 4。因此,在机房的建筑空间较小的场合应用受限。

④ 复合型消声器

复合型消声器是上述几种消声器的综合体,集中了几种消声器的性能特点,以弥补单独使用时的不足。如阻抗复合型消声器、共振复合型消声器等。这些消声器对于高、中、低频噪声均有良好的消声作用。

(2) 空调系统的减振

空调系统中的风机、水泵、制冷压缩机等设备运转时,会因转动部件的质量中心偏离轴中心而产生振动。该振动传给支撑结构(基础或楼板),并以弹性波的形式从运转设备的基础沿建筑结构传递到其他房间,再以噪声的形式出现,称为固体声。振动噪声会影响人的身体健康、工作效率和产品质量,甚至危及建筑物的安全,所以,对通风空调中的一些运转设备需要采取减振措施。

空调装置的减振措施就是在振源和它的基础之间安装弹性构件,即在振源和支承结构之间安装弹性避振构件(如弹簧减振器、软木、橡皮等),在振源和管道间采用柔性连接,这种方法称为积极减振法。对精密设备、仪表等采取减振措施,以防止外界振动对它们的影响,这种方法称为消极减振法。

空调设备常采用橡胶减振垫、橡胶减振器、弹簧减振器等减振措施。

① 橡胶减振垫

橡胶弹性好、阻尼比大、制造方便,是一种常用的较理想的隔振材料。可以一块或多块叠加使用,但橡胶易受温度、油质、阳光、化学溶剂的侵蚀,易老化。该类减振装置主要是采用经硫化处理的耐油丁腈橡胶制成。使用时将橡胶材料切成所需的面积和厚度,直接垫在设备下面,一般不需要预埋螺栓固定,易加工制作,安装方便。

② 橡胶减振器

橡胶减振器是由丁腈橡胶制成的圆锥形状的弹性体,有较低的固有频率和足够的阻尼,减振效果好,安装和更换方便,且价格低廉。

③ 弹簧减振器

由单个或数个相同尺寸的弹簧和铸铁护罩组成,用于机组座地安装及吊装。固有频率低,静态压缩量大,承载能力大,减振效果好,性能稳定,应用广泛,但价格较贵。

7. 风机盘管

风机盘管机组是空调系统的一种末端装置,广泛应用于宾馆、办公楼、医院、科研机构等场所。风机盘管一般由风机、盘管(换热器)以及空气过滤器、室温调节装置和箱体等构件组成,其形式有立式和卧式两种,在安装方式上又有明装和暗装之分。图 6-22 所示的是一种卧式风机盘管的构造图。

风机盘管主要是借助风机盘管机组不断地循环室内空气,使空气通过冷水(热水)盘管后被冷却(加热),以保持房间要求的温度和相对湿度。而空气处理所需的冷、热水则由空调机房集中制备,通过供水系统提供给各个风机盘管机组。机组一般设有三档(高、中、低档)变速装置,可调整风量大小,以达到调节冷、热量和噪声的目的。有些型号的机组还另外配备室温自动调节装置,可控制室温在 $(16\sim28)℃\pm12℃$。

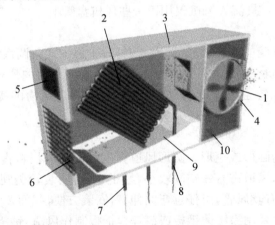

1—风机;2—盘管;3—箱体;4—循环风进口及空气过滤器;5—控制器;6—出风格栅;7—排水管;8—冷媒;9—凝水盘;10—吸声材料

图 6-22　卧式风机盘管构造图

由于这种空调方式只基于对流换热,室内往往达不到最佳的舒适水平,故只适用于人停留时间较短的场所,如办公室及宾馆,而不用于普通住宅。由于增加了风机,提高了造价和运行费用,设备的维护和管理也较为复杂。

风机盘管系统的特点是:机组结构精致、紧凑、设计轻巧、坚固耐用,外形美观;排水管及线路安装简便,机组能安装于任何空间场所;单独调节性好,无送、回风风管,各方间的空气互不串通;合理的风机与气流结构设计配合优质的吸音保温材料,可以保证机组噪音低于国家标准;风机与换热器合理匹配,三档可调风量,使风机用电最省。目前风机盘管空调系统已经成为国内外高层建筑的主要空调方式之一。

8. 空气输送与分配设备

空气调节系统中空气的输送与分配是利用风机、风道来实现的。

(1) 风机

① 离心式风机

离心式风机主要由叶轮、机壳、风机轴、进风口和电动机等组成。离心式风机的工作原理与离心式水泵相同,主要借助叶轮旋转时产生的离心力使气体获得压能和动能。离心式风机的特点是噪声低,全压头高,往往用于要求低噪声、高风压的系统。

② 轴流式风机

轴流式风机主要由叶轮、机壳、电动机和机座等组成。与离心式风机相比,其产生的风压较低、噪声较高、风量较大,占地面积小,电耗小,便于维修。常用于噪声要求不高、阻力较小或风道较短的大风量系统。

③ 贯流式风机

贯流式风机具有体积小、重量轻、噪声低、耗电少、安装简易的优点。贯流式风机进风口开在风机机壳上,气流直接径向进入风机,气流横穿叶片两次,叶轮采用多叶式前向叶型,两端封闭。贯流式风机的进出口均为矩形,易与土建工程配合。贯流式风机与离心式风机的主要区别是风机进风口在机壳上的位置:离心式风机进风口开在机壳侧板上,气流轴向进入风机;贯流式风机是将机壳部分地敞开,使气流直接径向进入风机。贯流式风机的效率较低,一般为30%~50%。贯流式风机仅用于一些风机盘管上。

(2) 风道

风道是空气输配系统的主要组成部分之一。对于集中式空调系统与半集中式空调系统来说,风道的尺寸对建筑空间的使用与布置有重大影响。风道内风速的大小与风道的敷设情况不仅影响着空调系统空气输配的动力消耗,而且对建筑物的噪声水平有着决定性的作用。

① 风道的形状与材料

风道的截面一般为圆形或矩形。圆形风道强度大,节省材料,占有效空间大,其弯管与三通需较长距离。矩形风道占有效空间较小,易于布置,明装较美观。因此,空调管道多采用矩形风道。此外,还有软风管,可任意弯曲伸直,安装方便,截面多为圆形或椭圆形。

空调通风工程中常采用涂漆薄钢板或镀锌薄钢板制作风道,钢板厚度为0.5~1.2 mm,风道的截面积越大,采用的钢板越厚。输送腐蚀性气体的风道可采用塑料或玻璃钢。软风管一般是用铝制成的波纹状圆管,或是用铝箔带缠绕成螺旋状圆管。

在民用和公共建筑中,为节省钢材和便于装饰,常利用建筑空间或地沟敷设钢筋混凝土风道、砖砌风道、预制石棉水泥风道等,其面应抹光,要求高的还要刷漆。要注意的是土建风道往往存在漏风问题;如地下水位较高,地沟风道需要做防水处理。

② 风道的布置与敷设

风道的布置应尽量减少其长度和不必要的转弯。空调箱集中设在地下室内,一般由主风道直上各楼层再于各楼层内水平分配。吊顶内水平风管所需空间净高为风道高度加100 mm。如果空调机房设在空调房间的同一楼层上,则主风道直接从机房引出,在走廊吊顶内延伸。

民用建筑中,风道的布置应不占或少占房间的有效面积,或与建筑结构结合,充分利用建筑的剩余空间。风道的断面大小应考虑结构的可能及房间的美观要求,使风道与内部装修相协调。当房间有吊顶时,应尽量将风道布置在吊顶内。

在居住和公共建筑中,垂直的砖风道最好砌筑在墙内。但为了避免结露和影响自然通风,一般不允许设在外墙上,而应设在间壁墙内。相邻两个排风或进风风道的间距不能小于1/2砖,排风与进风竖风道的间距应不小于1砖。敷设在地下的风道,要避免与工艺设备及建筑物的基础相冲突,要与其他各种地下管道和电缆的敷设相配合,还应设置必要的检查口。

钢板风道各段之间采用法兰连接,较长的风道管段中应加角钢加固,法兰盘之间应垫入衬垫,使接头密封。薄钢板风管的内外表面均应涂防锈漆。

6.2.4　窗式空调器和分体空调机

1. 窗式空调器

窗式空调器是可以安装在窗上或窗台下预留空洞内的一种小型空调机组。

根据组成结构的不同,窗式空调器有降温、供暖和恒温等多种功能。目前国产窗式恒温空调器,一般可控制室温范围$(20\sim28)℃\pm(1\sim2)℃$,产冷量为$3.5\ kW(3000\ kcal/h)$,产热量为$3.5\sim4\ kW(3000\sim3500\ kcal/h)$,循环风量为$500\sim800\ m^3/h$。

图6-23是一种热泵型窗式空调器的结构示意图。制冷系统中采用风冷式冷凝器(即图中的室外侧盘管),借助风机用室外空气冷却冷凝器;此外,增设一个电磁换向阀,冬季制冷系统运行时,将换向阀转向,使制冷剂逆向循环,把原蒸发器作为冷凝器(原冷凝器作为蒸发器),这样空气通过时被加热,以做供暖使用。

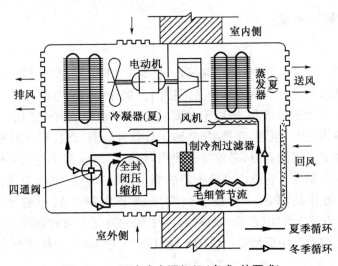

图6-23　风冷式空调机组(窗式、热泵式)

2. 分体空调机

分体式空调机,就是冷凝器和散热器分别在室内、室外的空气调节器,一个内机对应一台外机,有壁挂式也有立柜式。把噪声比较大的轴流风扇、压缩机以及冷凝器等安装在室外机组内。把蒸发器、毛细管、控制电器和风机等安装在室内机组中。

分体式空调器具有如下几个优点:

（1）外形美观，式样多，占地小，噪声低（可以低于 40～50 dB，窗式空调器的噪声在 60 dB 左右），使用灵活。

（2）由于分成室内机组和室外机组，室内机组安装位置灵活，可以由多个室内机组和一个室外机组配套使用。室外机组的外形尺寸不受限制。

（3）不影响室内采光，不会产生窗户随空调器振动的现象，安装检修方便。

分体式空调系统的制冷（加热）原理与其他空调系统原理相似，只是在布置上将蒸发器、通风机及温感、控制元件集中在室内机上，而将制冷压缩机、冷凝器、排热风扇及冷热工况转换元件集中安装在一起，组成室外机。双制式空调器夏季制冷，冬季可采暖。冷热工况的转换靠四通阀的遥控转向来实现。系统原理见图 6-24，其中实线箭头所示流向为制冷工况，虚线箭头所示流向为采暖工况。

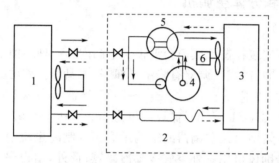

1—室内空调器；2—室外机组；3—冷凝（蒸发）器；4—压缩机；5—四通阀；6—轴流式风机

图 6-24　分体式空调机原理图

6.2.5　空调用制冷系统

1. 概述

制冷就是采用一定的方法，在一定时间内，使某一物体或空间达到比周围环境介质（空气和水）更低的温度，并维持在给定的温度范围内。制冷的方法有两种。一种是利用自然界的天然冷源制冷。天然冷源很多，适用于空调的主要是地下水和地道风。它具有价廉和不需要复杂技术设备等优点，但是，它受时间、地区等条件限制，而且不宜用来获取低于 0 ℃的温度。目前由于地下水资源有限，必须节约使用，而地道风也由于空气品质较差，所以使用不多。另一种是人工制冷。它是以消耗一定的能量（机械能或热能）为代价，实现使低温物体的热量向高温物体转移的一种技术。空气调节用制冷属于普通制冷范围（高于 −120 ℃），主要采用液体气化（相变）制冷法，其中包括蒸气压缩式制冷、吸收式制冷和蒸气喷射式制冷。在空调系统中应用最广泛的是蒸气压缩式制冷和吸收式制冷。

2. 制冷剂和载冷剂

制冷剂，又称制冷工质，是制冷机内进行制冷循环的工作物质。对制冷剂的要求是：易凝结，冷凝压力不需要太高；大气压力下，沸点较低，单位容积制冷量大，气化潜热大，比容小；无毒、不燃烧、不爆炸、无腐蚀，且价格低廉等。在空调制冷装置上，常用的有氨（NH_3，代号 R717）、氟利昂-12（代号 R-12）、氟利昂-22（代号 R-22）等。

氨属无机化合物，应用广泛。它液化压力适中，单位容积制冷量大、价廉，但有刺激性臭味，有毒，有燃烧和爆炸危险。氟利昂是饱和碳氢化合物氟、氯、溴衍生物的总称。氟利昂类制冷剂化学性能稳定、可燃性低、惰性大、基本无毒,它的应用促进了制冷技术的发展。然而近年的研究发现 R-12 和 R-22 等会使地球上的臭氧层衰减,使地球上的生物遭到紫外线的损害,进而危及人类的健康。因此,国际"蒙特利尔"议定书要求,对这两类制冷剂应逐步限制生产。世界各国都在规划与行动,认为空调制冷中应采用无氯的碳氢氟化合物或氨做制冷剂,或采用吸收式制冷。

把制冷装置产生的冷量传递给被冷却物体的媒介物称为载冷剂或冷媒。对载冷剂的要求是:比热大,凝固点低,对金属的腐蚀性小,不燃烧、不爆炸、无毒、化学稳定性好,价格低廉等。常用的载冷剂有空气、水和盐水等。空调制冷装置中的载冷剂是水,这种水在空调技术中称为冷却水。

3. 冷却水系统

在制冷水系统中,为了把冷凝器中高温高压的气态制冷剂冷凝为高温高压的液态制冷剂,需要用温度较低的水、空气等物质带走制冷剂冷凝时放出的热量,对于制冷量较大的冷水机组,通常采用水作为冷却介质。用水做冷却介质时,按照冷却水的供水方式分为直流式和循环式两种。

直流式冷却水系统的冷却水在经过冷凝器升温后,直接排入河道、下水道,或排入小区的综合用水系统的管道。

为了节约水资源,通常采用循环式冷却水系统。循环式冷却水系统是采用冷却塔把在冷凝器中升温后的冷却水重新冷却后,再送入冷凝器中使用,系统只需要补充少量的新鲜水。冷却塔按通风方式不同分为自然通风冷却塔和机械通风冷却塔。民用建筑空调系统的冷水机组通常采用机械通风式冷却循环水系统。

机械通风冷却塔的工作原理是使水和空气上下对流,让温度较高的冷却水通过与空气的温差传热以及部分冷却水的蒸发吸热,把冷却水的温度降低,如图 6-25。

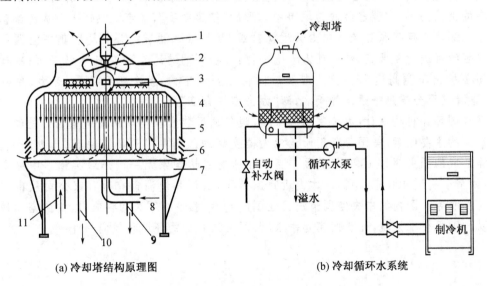

(a) 冷却塔结构原理图　　　　　　　(b) 冷却循环水系统

1—电机;2—风机;3—布水器;4—填料;5—塔体;6—进风百叶;
7—水槽;8—进水;9—溢水管;10—出水管;11—补水管

图 6-25　冷却循环水系统

［复习思考题］

1. 简述通风系统的分类及各系统的特点。
2. 空调系统的旧"四度"和新"四度"分别是什么？
3. 简述空调系统的分类及各系统的特点。
4. 简述集中式空调系统的组成及空调系统的常用设备。

［案例分析］

案例一

某家用电器厂为改善车间工作条件，将原装配车间改造为封闭的空调车间，安装了多部空调，关闭门窗生产。该车间有100多名职工流水作业，用401黄胶水黏合海绵和按摩垫的皮革套。工作四个月后，女工杨某渐渐觉得经常头晕、头疼、心慌，并且面色苍白，并渐有小块紫色斑点显现。杨某到医院检查，被诊断为苯中毒再生障碍性贫血。后有关部门对该厂100多名工人验血化验，诊断结果有35名工人慢性职业性苯中毒，其中，重度中毒有22人，中度中毒有10人，全部需要住院治疗。经查，事故原因是车间通风不良，有毒物质严重超标。该厂使用的401黄胶水含有大量的有毒物质苯，其挥发气体含苯量达97.3%。职工在操作中没有使用防护用品，通过呼吸道吸入和皮肤接触导致中毒。

　　问题：1. 针对此案例，谈谈通风的作用。

　　　　　2. 工作中如何提高对工人的安全防护？

案例二

现代社会，高层写字楼、豪华酒店中广泛采用空调通风系统，尤其是中央空调供暖制冷，它的便捷舒适受到人们的普遍欢迎，中央空调名副其实成为现代建筑的"肺"。但是由于缺乏定期的清洁消毒，空调已经成为城市中隐形的"健康杀手"，楼宇之"肺"也会成为细菌滋生的温床。深圳市疾病预防控制中心最近就对四、五星级大酒店的公共场所集中空调通风系统的卫生状况进行了调查，结果让人大吃一惊：被检测的通风管污染率为49.3%；冷却塔水的军团菌检出率竟高达75%。人若长时间待在空调室内，就会感到头晕、乏力、免疫力下降，严重者甚至会罹患呼吸道等疾病，即"办公室综合征"。

据美国环保机构统计，办公室综合征中，暖气通风装置和空调系统是室内助长细菌产生化学污染的主要因素，美国每年用于治疗大楼疾病的医药费以及员工缺勤、产量降低、利润减少等造成的损失超过1000亿美元。目前在所有发达国家无一例外地实施了中央空调的清洗，如美国有近400家公司，日本有近百家公司，欧洲和澳洲也有数百家公司从事中央空调的清洗服务。国内的中央空调清洗行业刚刚起步，相信在不久的将来，国内的空调清洗行业可以和国际标准接轨，让我们携起手来，共同关注我们的环境和我们的健康。

第7章　建筑热水、饮水供应与燃气供应

7.1　建筑热水供应

7.1.1　热水供应的分类

1. 热水供应系统的分类

建筑工程室内热水供应系统,按照供应范围可以分为:局部热水供应系统、集中热水供应系统、区域性热水供应系统。

(1) 局部热水供应系统

局部热水供应系统的加热器可用炉灶、煤气热水器、电热水器及太阳能热水器等,主要适用于供水点很少的情况,如家庭、食堂等一些用热水量较小的建筑。此类系统的主要优点为设备简单、使用方便、造价低等,在没有集中热水供应系统的建筑中应用广泛。

(2) 集中热水供应系统

集中热水供应系统一般应用在热水供应范围较大、用水量多的建筑物。热水的加热、储存及输送均集中于锅炉房,在锅炉房或热交换间设加热设备,将冷水集中加热,热水由统一的热水管网配送,集中管理,可供一幢或几幢建筑物使用。特点为节省建筑面积,热效率较高,但投资大。此类系统适用于医院、疗养院、旅馆、公共浴室、体育馆、集体宿舍等建筑。

一个比较完善的热水供应系统,通常是由下列几部分组成的:

① 加热设备:锅炉、炉灶、太阳能热水器、各种热交换器等;

② 热媒管:蒸汽管或过热水管、凝结水管等;

③ 热水储存水箱:开式水箱或闭式水箱等;

④ 热水输配水管网和回水管网、循环管网;

⑤ 其他设备和附件:循环水泵、各种器材和仪表、管道伸缩器等。

集中热水供应系统的工作流程为锅炉生产的蒸汽经热媒管送入水加热器把冷水加热。蒸汽凝结水由凝结水管排入凝水池。锅炉用水由凝水池旁的凝结水泵压入水加热器中,水加热器中所需的冷水由给水箱供给,加热器中热水由配水管送到各个用水点。为了保证热水的温度,回水管(循环管)和配水管中还循环流动着一定数量的循环热水,用来补偿配水管路在不配水时的热量损失。因此,集中热水供应系统可以认为由第一循环系统(发热和加热器等设备)和第二循环系统(配水和回水管网等设备)组成。

(3) 区域性热水供应系统

区域性热水供应系统是小区锅炉房集中供应热水,或利用城市热网进行供水的常用方

式。加热冷水的热媒可用热电站、工业锅炉房等引出的余热集中制备热水。此种方式供应热水的规模大、设备集中、热效高、使用方便、环境污染小,是一种较环保的热水供应方法。但设备复杂、管理技术要求高、投资也很高。考虑到此类系统的热效率最高,供应范围比集中热水供应系统大得多,每幢建筑物所需的热水供应设备也最少,所以在有条件的情况下应优先采用。

2. 集中热水供应系统的热水供应方式

集中热水供应系统通常由加热设备、热媒管道、热水输配管网和循环管道、配水龙头或用水设备、热水箱及水泵组成。根据是否设置循环管可分为全循环热水供应方式、半循环热水供应方式和不设置循环管的热水供应方式。

全循环热水供应方式,它所有的供水干管、立管和分支管都设有相应的热水管道,可以保证配水管网任意点的水温。冷水从给水箱经冷水管从下部进入水加热器,热水从上部流出,经上部的热水干管和立管、支管分送到各用水点。这种方式一般适用于要求能随时获得稳定的热水温度的建筑,如旅馆、医院、疗养院、托儿所等场所。当配水干管与回水干管之间的高差较大时,可以采用不设循环水泵的自然循环系统。

半循环热水供应方式是只在干管或立管上设循环管,分为干管循环或立管循环。干管循环热水供应系统仅保持热水干管内的热水循环。在热水供应前,需要先打开配水龙头放掉立管和支管内的冷水。立管循环热水供水方式是指热水干管和热水立管内均保持有热水的循环,打开配水龙头时只需放掉热水支管中少量的存水,就能获得设计水温的热水。半循环热水供应方式适用于对水温的稳定性要求不高、用水较集中或一次用水量较大的场所,比全循环方式节省管材。

不设循环管道的热水供应方式的优点是节省管材,缺点是每次供应热水前需要先放掉管中的冷水。适用于浴室、生产车间等定时供应热水的场所。

倒循环热水供应方式,这种布置方式水加热器承受的水压力小,冷水进水管道短,阻力损失小,可降低冷水箱设置高度,膨胀排气管短。但它必须设置循环水泵,减振消声的要求高,一般适用于高层建筑。

热水供应方式的选择应当根据建筑物性质、要求卫生器具供应热水的种类和数量、热水供应标准、热源情况等因素,选择不同的方式进行技术和经济比较后确定。

7.1.2　热水供应系统的组成

1. 热水供应系统的组成

建筑内广泛应用集中热水供应系统,其组成如图7-1所示。

(1) 第一循环系统(热水制备系统)

第一循环系统又称热媒系统,由热源、水加热器和热媒管网组成。

热水制备过程是:锅炉产生的蒸汽(或过热水)通过热媒管网送到水加热器,经表面热交换加热冷水。蒸汽经过热交换变成凝结水,靠余压经疏水器流到凝结水箱,凝结水和新补充的冷水经循环水泵再送回锅炉生产蒸汽,如此循环制备热水。

(2) 第二循环系统(热水供应系统)

热水供应系统由热水配水管网和回水管网组成。

配水管网将在加热器中加热到一定温度的热水送到各配水点,冷水由高位水箱或给水

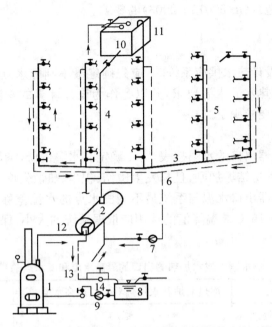

1—锅炉；2—水加热器；3—配水干管；4—配水立管；5—回水立管；6—回
水干管；7—循环水泵；8—凝结水箱；9—冷凝水泵；10—给水水箱；11—透
气管；12—热媒蒸气管；13—凝水管；14—疏水器

图 7－1　集中热水供应系统

管网补给；为满足各热水配水点随时都有适当温度的热水，在立管和水平干管、配水支管上设置回水管。

（3）附件

常用附件有温度自动调节器、疏水器、减压阀、安全阀、膨胀罐（箱）、管道自动补偿器、闸阀、水嘴、自动排气器等。

2．热源及其选择

热源选用直接关系到系统运行的经济性、安全可靠性等技术指标。

常用热源有燃气、燃油和燃煤，通过锅炉产出蒸汽或过热水。有条件时应充分采用地热、太阳能、工业余热和废热等。

局部热水供应系统：常采用蒸汽、燃气、太阳能和电作为热源。

集中热水供应系统：宜采用工业余热、废热、地热和太阳能。

区域性热水供应系统：一般是与城市供热等综合考虑后，确定出城市热力管网或区域性锅炉房。

对热源的选择必须考虑因地制宜、经济、技术、安全可靠等因素，经过分析、论证后确定。

3．热水用水定额

生活用热水定额的确定有下面两种方法：

（1）根据建筑物使用性质和内部卫生器具完善程度，用单位数来确定，其水温按 60 ℃计算。

（2）根据建筑物使用性质和内部卫生器具的单位用水量来确定，即卫生器具 1 次和 1 h 的热水用水定额，其水温随着卫生器具的功用不同，水温要求也不同。具体用水定额请参考

《建筑给水排水设计规范》(GB 50015—2003)的要求。

4. 水温

(1) 热水使用温度

生活用热水水温:设计热水供应系统时,应先确定最不利配水点的热水最低水温,使其与冷水混合达到生活用热水的水温要求,并以此作为设计计算的参数,见表 7-1。生产用热水水温根据生产工艺要求确定。

(2) 热水供应温度

热水锅炉或水加热器出口的水温按表 7-1 确定。水温偏低,满足不了要求,水温过高,会使热水系统的设备、管道结垢加剧,且易发生烫伤、积尘、热散失增加等现象。

热水锅炉或水加热器出口水温与系统最不利配水点的水温差称为温降值,即配水管网的热散失,一般为 5 ℃~15 ℃。温降值的选用应根据系统的大小、保温材料的不同,进行经济技术比较后确定。

表 7-1　热水锅炉或水加热器出口的最高水温和配水点的最低水温

水质处理	加热锅炉和水加热器出口最高水温/℃	配水点最低水温/℃
无需软化处理或有软化处理	≤75	≥50
需软化处理但没有软化处理	≤60	≥50

5. 水质

(1) 热水的水质要求

生活用热水水质必须符合《生活饮用水卫生标准》。

生产用热水水质则根据生产工艺要求确定。

(2) 集中热水供应系统被加热水的水质要求

水加热后钙、镁离子受热析出,在设备和管道内结垢,水中的溶解氧析出,从而加速金属管材和设备的腐蚀。

热水供应系统的被加热水,应根据水量、水质、使用要求、工程投资、管理制度、设备维修和设备折旧率计算标准等因素,确定是否需要进行水质处理。

日用水量小于 10 m³(按 60 ℃计算)的热水供应系统,可不进行水质处理。

日用水量大于 10 m³(按 60 ℃计算)、原水硬度大于 357 mg/L 时以及洗衣房用热水均应进行水质处理,用做其他用途的热水也宜进行水质处理。

集中热水供应系统常采用电子除垢器、静电除垢器、超强磁水器等处理装置。

6. 热水加热方式

热水加热方式有直接加热和间接加热两种,如图 7-2 所示。

(1) 直接加热方式,也称一次换热方式,利用燃气、燃油、燃煤为燃料的热水锅炉,把冷水直接加热到所需温度,或者是将蒸汽或高温水通过穿孔管或喷射器直接与冷水接触混合制备热水(水-水或汽-水接触)。

直接加热方式的特点是设备简单、热效率高、节能,但噪声大,对热媒质量要求高,即不能造成水质污染。一般用于有高质量的热媒,对噪声要求不严格,或定时供应热水的公共浴室、洗衣房、工矿企业等。

(2) 间接加热方式,也称二次换热方式,利用热媒通过水加热器把热量传递给冷水,把

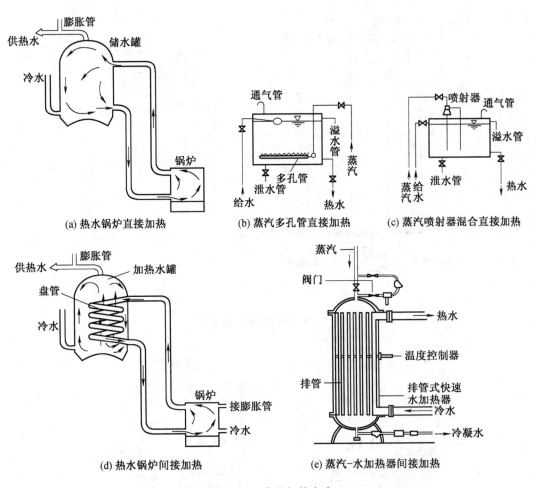

(a) 热水锅炉直接加热　　(b) 蒸汽多孔管直接加热　　(c) 蒸汽喷射器混合直接加热

(d) 热水锅炉间接加热　　(e) 蒸汽-水加热器间接加热

图 7 - 2　常用加热方式

冷水加热到所需热水温度,热媒在加热过程中与被加热水不直接接触。

间接加热方式的特点是噪声小、安全稳定、被加热水不会污染。这种方式适用于要求供水安全、稳定、噪声低的宾馆、住宅、医院、办公楼等建筑。

7. 热水供应方式

(1) 开式和闭式

按管网压力工况特点分为开式和闭式两种。

开式:在热水管网顶部设有水箱,其设置高度由系统所需压力经计算确定,管网与大气相通,如图 7 - 3。一般用于用户对水压要求稳定、室外给水管网水压波动较大的情况。

闭式:管理简单,水质不易受外界污染,但安全阀易失灵,安全可靠性较差,如图 7 - 4。

(2) 不循环、半循环、全循环方式

根据是否设置循环管道或如何设置循环管道,可分为不循环、半循环和全循环热水供应方式。

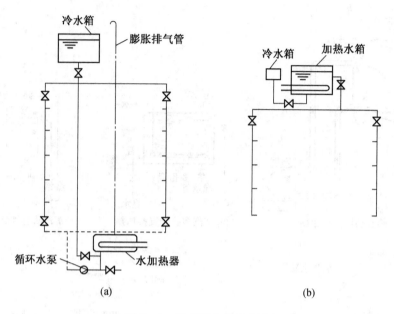

图 7-3　开式热水供应方式

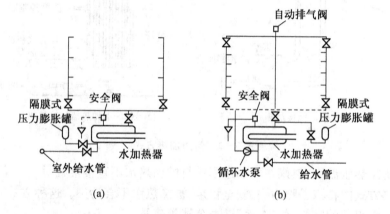

图 7-4　闭式热水供应方式

① 不循环热水供应方式(图 7-5)

系统中热水配水管网的水平干管、立管、配水支管都不设任何循环管道。应用于小型系统,使用要求不高的定时供应系统,如公共浴室、洗衣房等连续用水的建筑中。

② 半循环热水供应方式(图 7-6)

系统中只在热水配水管网的水平干管上设置循环管道。一般用于设有全日供应热水的建筑和定时供应热水的建筑中。

③ 全循环热水供应方式(图 7-7)

系统中热水配水管网的水平干管、立管以及配水支管都设有循环管道。该系统设循环水泵,用水时不存在使用前放水和等待时间。常用于高级宾馆、饭店、高级住宅等高标准建筑等。

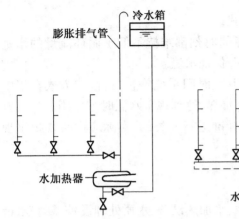
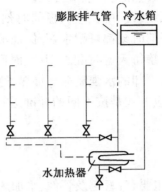
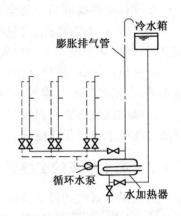

　　图7-5　不循环热水供应方式　　图7-6　半循环热水供应方式　　图7-7　全循环热水供应方式

　　（3）同程式、异程式

　　在全循环热水供应方式中，各循环管路长度可布置成相等或不相等的方式，即分为同程式和异程式。

　　同程式：每一个热水循环环路长度相等，对应管段管径相同，所有环路的水头损失相同，如图7-8所示。

　　异程式：每一个热水循环环路长度各不相等，对应管段的管径也不相同，所有环路的水头损失也不相同，如图7-9所示。

　　（4）自然循环、机械循环方式

　　根据循环动力不同分为自然循环和机械循环方式。

　　自然循环方式：利用配水管和回水管中水的温差所形成的压力差，使管网维持一定的循环流量，以补偿配水管道热损失，保证用户对水温的要求。自然循环适用于热水供应系统小、用户对水温要求不严格的系统中。

　　机械循环方式：在回水干管上设循环水泵，强制一定量的水在管网中循环，以补偿配水管道热损失，保证用户对热水温度的要求。机械循环适用于中、大型，且用户对热水温度要求严格的热水供应系统。

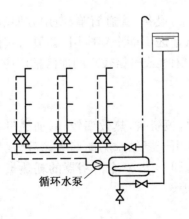
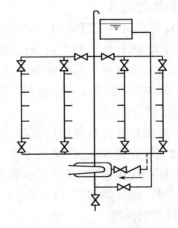

　　　　图 7-8　同程式全循环　　　　　　　图 7-9　异程式全循环

（5）全日供应、定时供应方式

根据供应的时间可分为全日供应和定时供应方式。

全日供应方式：指热水供应系统管网中在全天任何时刻都维持不低于循环流量的水量在进行循环，热水配水管网全天任何时刻都可配水，并保证水温。

定时供应方式：指热水供应系统每天定时配水，其余时间系统停止运行，该方式在集中使用前，利用循环水泵将管网中已冷却的水强制循环加热，达到规定水温时才使用。

热水的加热方式和热水的供应方式是按不同的标准进行分类的，实际应用时要根据现有条件和要求进行优化组合。

7.1.3　热水供应的主要设备

热水供应系统的器材及设备主要有：管道及管件、水加热设备、水质处理设备、膨胀水箱及配管、温度自动调节器、混水装置、循环水泵、捕碱器、磁水器、伸缩补偿器、疏水器（热媒为蒸汽时设置）、自动排气阀等。

1. 水加热设备

（1）燃油燃煤热水锅炉

燃油燃煤热水锅炉生产热水的优点是设备、管道简单，投资较省；热效率较高，运行费用较低；运行稳定、安全、噪声低、维修管理简单。但给水水质较差时结垢（或腐蚀）较严重，煤质较差时炉膛腐蚀比较严重，而且运行卫生条件较差，劳动强度较大；若不设热水箱则供水温度波动较大。这种加热方式适用于用水较均匀、耗热量不大（一般小于 380 kW，即小于 20 个淋浴器的耗热量）的单层或多层建筑等场合。

（2）燃气加热器

这种加热方式的优点是设备、管道简单，使用方便，不需专人管理，热效率较高，噪声低，烟尘少、无炉灰，比较清洁卫生。但是，若安全措施不完善或使用不当，易发生烫伤和煤气事故；水质较差时，易产生结垢（或腐蚀）；没有自动调节装置时，出水温度波动较大。适用于耗热量较小（一般小于 76 kW，即小于 4 个淋浴器的耗热量）的用户。

（3）电加热器

这种加热方式使用方便、卫生、安全，不产生二次污染，但由于电费较高和电力供应不富余，只适用于燃料和其他热源供应困难而电力有富余的地区，或不允许产生烟气的地方等。

（4）太阳能加热器

太阳能加热器具有节省能源，不存在二次污染，设备、管道简单，使用方便等优点；缺点是基建投资较大，钢材耗量较大，在我国绝大多数地区不能全年应用，必须与其他加热方式结合使用。因此，适合在日照条件较好、燃料供应困难或价格较高的地区推广应用。通常用于公共浴室、理发室、小型饮食行业、住宅等场所。

（5）汽-水混合加热

汽-水混合加热方式具有加热设备、管道简单，投资省，热效率较高，加热设备不易结垢堵塞，维修管理较方便等优点；缺点是噪声较大。由于凝结水不能回收，蒸汽锅炉给水处理负荷较大，适用于耗热量较小（一般小于 380 kW，即小于 20 个淋浴器的耗热量）、对噪声要求不严格的建筑，如公共浴室、洗衣房、工业企业等。

（6）容积式加热器

容积式加热器具有一定的储存容积,出水温度稳定;设备可承受一定水压,噪声低,因此可设在任何位置,布置方便;蒸汽凝结水和热媒热水可以回收,水质不受热媒污染;供水一般是通过沿程阻力,损失较少。但其热效率低、传热系数较小、体积大,占地面积大;设备、管道较复杂,投资较大,维修管理较麻烦。适用于要求供水温度稳定、噪声低、耗热量较大(一般大于 380 kW)的旅馆、医院等建筑。

(7) 快速加热器

快速加热器有汽水加热器和水-水加热器两种类型。前者热媒为蒸汽,后者热煤为过热水。这种加热方式热效率较高,传热系数较大,结构紧凑,占地面积小;热媒可回收,可以减少锅炉给水处理的负担,且水质不受热媒的污染。但在水质较差时,加热器结垢较严重;而且用水不均匀或热媒压力不稳定时,水温不易调节;热水一般是通过管程加热,阻力损失较大;设备、管道较复杂,投资较大,维修管理较麻烦。适用于:① 热水用水量大且较均匀;② 热力网容量较大,可充分保证热媒供应;③ 水质较好,加热器结垢不严重的场所。

水加热设备的种类较多,各种水加热器的主要性能、适用条件见表 7-2。根据水加热器是否密闭(有压)分为开式、闭式两类;根据水加热器的外形有立式、卧式两类;根据水加热器热媒种类有汽-水加热器和水-水加热器两类;按水加热器的换热方式有表面式、混合式两类。表面式水加热器属间接加热,如容积式水加热器、快速式加热器;混合式水加热器是将冷水与热水或蒸汽直接接触相互掺混,属于直接加热方式。

表 7-2 水加热器的类型及特点

类型				主要特点	适用条件
区域、集中热水供应加热设备	直接加热	汽-水混合式	多孔管式	构造简单,热效率高,成本低,噪声大	可用于定时供水、对噪声要求不高的公共浴室和洗澡房中
			混合器式		
		水-水混合式		使用方便,热效率高	用于热媒为热水的情况
	间接加热	闭式	容积式 汽-水	出水水温稳定,有储水功能,占地大,投资大	用于供水水温要求恒定、无噪声的建筑
			容积式 水-水		
			快速式 汽-水	占地少,热效高,水温变化大,不能储水	用于有热力网、用水量大的工业和公共建筑
			快速式 水-水		
		开式或闭式	加热水箱 排管式	构造简单,水温稳定,可储水,占地大,热效率低	用于屋顶可设水箱、用水量不大的热水系统
			加热水箱 盘管式		
局部热水加热设备	蒸汽加热器			同"汽-水混合式"加热器	
	太阳能热水器			构造简单,节能经济,成本低,无污染,受自然条件限制	用于家庭、小型浴室或餐厅等
	燃气热水器			管理方便,卫生,构造简单,使用不当会出事故	用于有燃气源、耗热量不大的建筑中
	电加热器			使用方便,无污染,卫生,耗能大	用于电力充足、无其他热源的场所

2. 膨胀管、膨胀水箱和膨胀罐

这类设备的功能是解决热水供应系统中因水温升高、水密度减小、水容积增加而引起的系统不能正常工作的问题。这里主要介绍膨胀管和膨胀罐。

膨胀管可由加热设备出水管引出,将膨胀水引至高位水箱中。膨胀管上不得设置阀门,其管径一般为 $DN20\sim DN25$。

膨胀罐是一种密闭式压力罐,这种设备适用于热水供应系统中不宜设置膨胀管和膨胀水箱的情况。膨胀罐可安装在热水管网与容积式加热器之间,与水加热器同在一室,且注意在水加热器和管网接管上不得设置阀门。

3. 温度自动调解器

在加热设备的热水出水管管口装设温度自动调解器,其感温元件将温度变化传导到热媒进口管上的调节器,便可控制热媒流量的大小,达到自动调温的目的。

4. 循环水泵

循环水泵的作用是使热水配水管网经常保持一定数量的热水循环,以补偿配水管网和热水加热设备中的散热损失,保持配水点水温符合用户的要求。

5. 水质处理设备

集中热水供应系统的热水在加热前是否需要软化处理,应根据水质、水量、水温、使用要求等因素经技术经济比较确定。按 65 ℃ 计算的日用水量大于或等于 $10\ m^3$ 时,原水碳酸盐硬度大于 $7.2\ mg/L$ 时,洗衣房用水应进行软化处理,其他建筑用水宜进行水质处理;按 65 ℃ 计算的日用水量小于 $10\ m^3$ 时,其原水可不进行软化处理。另外,对溶解氧控量要求较高时还需采取除氧措施。当前,水质处理方法多样、有效、简便,如软化处理器、磁化处理器、电子水处理仪已得到推广应用。

6. 管道伸缩补偿装

热水系统设备和管道都会因水温升高而产生膨胀和伸长,导致热应力增加,使设备和管道变形,严重时会产生裂纹,发生事故,所以要用管道伸缩器来补偿这种变形。管道伸缩器有自然补偿、方形补偿器、套管式伸缩等。热水供应管网除尽量利用自然补偿外,直管和立管应多采用金属波形伸缩器。

图 7-10 为自然补偿器,图 7-11 为方形补偿器。

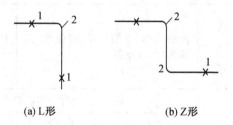

(a) L形   (b) Z形

1—固定支撑;2—煨弯管

图 7-10 自然补偿器

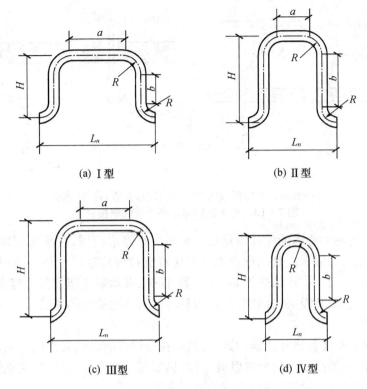

(a) Ⅰ型

(b) Ⅱ型

(c) Ⅲ型

(d) Ⅳ型

图 7-11 方形补偿器

7.1.4 热水管网的布置及敷设

1. 管网的布置和敷设

室内热水管网设置的基本原则是在满足使用要求、便于维修管理的情况下管线最短。

热水管网有明装和暗装两种敷设方式。铜管、薄壁不锈钢管、衬塑钢管等可根据建筑、工艺要求暗装或明装。塑料热水管宜暗装,明装时立管宜布置在不受撞击处。热水干管根据所选定的方式可以敷设在室内地沟、地下室顶部、建筑物最高层或专用设备技术层内。一般建筑物的热水管线布置在预留沟槽、管道竖井内。明装管道尽可能布置在卫生间或不居住人的房间。管道穿楼板及墙壁应设套管,楼板套管应该高出地面 50～100 mm,以防楼板集水时由楼板孔流到下一层。暗装管道在装设阀门处应留检修门,以利于管道更换和维修。管沟内敷设的热水管应置于冷水管之上,并且进行保温。

上行下给式配水干管的最高点应设排气装置(自动排气阀、带手动放气阀的集气罐和膨胀水箱),下行上给配水系统可利用最高配水点放气。下行上给热水供应系统的最低点应设泄水装置(泄水阀或丝堵等),有可能时也可利用最低配水点泄水。对下行上给全循环式管网,为了防止配水管网分离出的气体被带回循环管,应当把每根立管的循环管始端都接到其相应配水立管最高点以下 0.5 m 处。

热水管道应设固定支架,一般设置在伸缩器或自然补偿管道的两侧,其间距长度应满足管段的热伸长度不大于伸缩器所允许的补偿量。固定支架之间宜设导向支架。为了避免管道热伸长所产生的应力破坏管道,应采用乙字弯的连接方式,如图 7-12 所示。

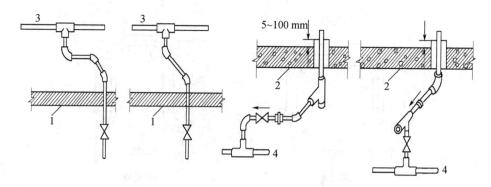

1—吊顶；2—地板或沟盖板；3—配水横管；4—回水管

图7-12 热水立管与水平干管的连接方式

为了调节平衡热水管网的循环流量和检修时缩小停水范围，在配水间水干管连接的分支干管上、配水立管和回水立管的端点以及居住建筑和公共建筑中每一用户或单元的热水支管上，均应装设阀门。在水加热设备、储水器、锅炉、自动温度调节器和疏水器等设备的进出水口的管道上，也应装设必需的阀门，以满足远行调节和检修的需要。

2. 管道支架

热水管道由于安装管道补偿器的原因，需要在补偿器的两侧设固定支架，以均匀分配管道伸缩量。此外，一般在管道的分支管处、水加热器接出管道处、多层建筑立管中间、高层建筑立管两端（中间有伸缩设施）等处均应设固定支架。

3. 管道保温

热水供应系统中的水加热设备、储热水器、热水箱、热水供水干管、方管，机械循环的回水干管、立管，有冰冻可能的自然循环回水干管、立管，均应保温，以减少传送过程中的热量损失。

热水供应系统保温材料应满足导热系数小，具有一定的机械强度、重量轻、无腐蚀性、易于施工成型及可就地取材等要求。热水管、回水管、热媒水管常用的保温材料为岩棉、超细玻璃棉、硬聚氨酯、橡塑泡棉等材料，其保温层厚度可参照表7-3采用。蒸汽管用憎水珍珠岩管壳保温时，其保温层厚度参照表7-4采用。水加热器、开水器等设备采用岩棉制品、硬聚氨酯发泡塑料等保温时，保温层厚度可取35 mm。

管道和设备在保温之前，应进行防腐处理。保温材料应与管道或设备的外壁紧密相贴，并在保温层外表面做防护层。在管道转弯处的保温应做伸缩缝，缝内装填柔性材料。

表7-3 热水管、回水管、热媒水管保温层厚度

管道直径 DN/mm	热水管、回水管				热媒水、蒸汽凝结水管	
	15~20	25~50	65~100	>100	≤50	>50
保温层厚度/mm	20	30	40	50	40	40

表7-4 蒸汽管保温层厚度

管道直径 DN/mm	≤40	50~65	≥80
保温层厚度/mm	50	60	70

7.2　饮水供应

7.2.1　饮水供应概述

饮水供应系统是建筑给水的重要组成部分。随着人们生活水平的不断提高,室内的卫生设施也日趋完善,对饮用水的水质要求也日益提高。为满足人们饮水的需求,制备饮水的方法也越来越多。目前,许多城市的居住小区已经将一般生活用水和饮用水分开供应,并安装了饮用净水系统。

1. 饮水的类型

(1)开水供应系统

开水供应系统多用于办公楼、旅馆、学生宿舍和军营等建筑中。

(2)冷饮水供应系统

冷饮水供应系统一般用于大型商场、娱乐场所和工矿企业生产车间等。

(3)饮用净水供应系统

饮用净水供应系统多用于高级住宅。

采用何种类型主要依据人们的生活习惯和建筑物的性质及使用要求确定。

2. 饮水标准

(1)饮水定额

饮水定额及小时变化系数可根据建筑物的性质、地区的气候条件及生活习俗的不同按表 7-5 的规定选用,表中所列数据适用于开水、温水、饮用净水及冷饮水供应,注意制备冷饮水时其冷凝器的冷却用水量不包括在内。

表 7-5　饮水定额及小时变化系数

建筑名称	单位	饮水定额/L	小时变化系数 K
热车间	每人每班	3~5	1.5
一般车间	每人每班	2~4	1.5
工厂生活间	每人每班	1~2	1.5
办公楼	每人每班	1~2	1.5
集体宿舍	每人每日	1~2	1.5
教学楼	每学生每日	2~3	2.0
医院	每病床每日	2~3	1.5
影剧院	每观众每日	0.2	1.0
招待所、旅馆	每客人每日	2~3	1.5
体育馆(场)	每观众每日	0.2	1.0

注:小时变化系数指开水供应时间内的变化系数。

(2)饮水水质

各种饮水水质必须符合现行《生活饮用水水质标准》。作为饮用的温水和冷饮水,还应在接至饮水装置之前进行必要的过滤或进行消毒处理,以防饮水在储存和输送过程中被污染。

（3）饮水温度

对于开水，应将水烧至 100 ℃后并持续 3 min。计算温度采用 100 ℃，饮用开水是目前我国采用较多的饮水方式。温水的计算温度采用 50～55 ℃，目前我国采用较少。对于生水，一般为 10～30 ℃，国外采用较多，国内一些饭店、宾馆提供这样的饮水系统。对于冷饮水，国内除工矿企业（夏季劳保供应）和高级饭店外，较少采用，目前一些星级宾馆、饭店中直接为客人提供瓶装矿泉水等饮用水。

3. 开水制备

（1）集中制备

① 用开水炉将生水烧开（直接加热方式），常用热源为燃煤、燃油、燃气、电等。

② 利用热媒间接加热制备开水。

（2）分散制备

电开水器：在办公楼、科研楼、实验室等建筑中常采用，灵活方便，可随时满足需求。有的设备可制备开水，同时也可制备冷饮水。

4. 冷饮水制备

常用的冷饮水制备方法有以下几种：

（1）自来水：烧开后再冷却至饮水温度；或经净化处理后再加热至饮水温度；或经净化后直接供给用户或饮水点。

（2）天然矿泉水：取自地下深部循环的地下水。

（3）蒸馏水：通过水加热汽化，再将蒸汽冷凝。

（4）纯水：通过对水的深度预处理、主处理、后处理等。

（5）活性水：用电场、超声波、磁力或激光等将水活化。

（6）离子水：将自来水通过过滤、吸附离子交换、电离和灭菌等处理，分离出碱性离子水供饮用，而酸性离子水供美容。

5. 饮水的供应方式

（1）开水集中制备集中供应

在开水间集中制备，人们用容器取水饮用。

（2）开水统一热源分散制备分散供应

在建筑中把热媒输送至每层，再在每层设开水间制备开水。

（3）开水集中制备分散供应

在开水间集中制备，通过管道输送至开水取水点，系统对管道材质要求较高，必须确保水质不受污染。

（4）冷饮水集中制备分散供应

对中、小学校，体育场（馆），车站，码头等人员流动较集中的公共场所，可采用冷饮水集中制备，再通过管道输送至饮水点。

7.2.2　管道饮用净水的水质要求

直接饮用水应在符合国家《生活饮用水卫生标准》（GB 5749—2006）的基础上进行深度处理，出水的水质应符合《饮用净水水质标准》（CJ 94—2005），具体指标见表 7 - 6。

表 7-6　饮用净水水质标准

项目		限值
感官性状	色	5 度
	浑浊度	0.5NTU
	臭和味	无异臭异味
	肉眼可见物	无
一般化学指标	pH	6.0～8.5
	总硬度(以 $CaCO_3$ 计)	300 mg/L
	铁	0.20 mg/L
	锰	0.05 mg/L
	铜	1.0 mg/L
	锌	1.0 mg/L
	铝	0.20 mg/L
	挥发性酚类(以苯酚计)	0.002 mg/L
	阴离子合成洗涤剂	0.20 mg/L
	硫酸盐	100 mg/L
	氯化物	100 mg/L
	溶解性总固体	500 mg/L
	耗氧量(COD_{Mn},以 O_2 计)	2.0 mg/L
毒理学指标	氯化物	1.0 mg/L
	硝酸盐氮(以 N 计)	10 mg/L
	砷	0.01 mg/L
	硒	0.01 mg/L
	汞	0.001 mg/L
	镉	0.003 mg/L
	铬(+6 价)	0.05 mg/L
	铅	0.01 mg/L
	银	0.05 mg/L
	氯仿	0.03 mg/L
	四氯化碳	0.002 mg/L
	亚氯酸盐(采用 ClO_2 消毒时测定)	0.70 mg/L
	氯酸盐(采用 ClO_2 消毒时测定)	0.70 mg/L
	溴酸盐(采用 O_3 消毒时测定)	0.01 mg/L
	甲醛(采用 O_3 消毒时测定)	0.90 mg/L

（续表）

项目		限值
细菌学指标	细菌总数	50cfu/mL
	总大肠菌群	每 100 mL 水样中不得检出
	粪大肠菌群	每 100 mL 水样中不得检出
	余氯	0.01 mg/L（管网末梢水）
	臭氧（采用 O_3 消毒时测定）	0.01 mg/L（管网末梢水）
	二氧化氯（采用 ClO_2 消毒时测定）	0.01 mg/L（管网末梢水）

7.2.3 饮用净水处理方法

饮用净水的水质处理分为水质处理技术和饮用净水处理工艺。

（1）水质处理技术

饮用净水深度处理常用的方法有活性炭吸附过滤法和膜分离法。

活性炭吸附过滤法具有除臭、去色、去除有机物、防氯和除重金属等功能。在饮用水深度处理系统中通常采用压力粒状活性炭过滤器。

膜分离法处理工艺分为微滤、超滤、纳滤和反渗透四类，而且使用的装置和工艺流程都比较成熟。

饮用净水的后处理包括消毒和矿化。目前消毒常用紫外线或臭氧或组合用，既确保消毒效果，又不会产生有机卤化物的危害；经过滤和反渗透处理后，为使出水含有一定的对人体有益的矿物盐，需对出水进行矿化处理。

（2）饮用净水处理工艺

一般对地表水源（主要含有胶体和有机物），活性炭是深度处理工艺中必需的处理工艺；对地下水源（主要是无机盐、硝酸盐、硬度超标），离子交换与过滤是不可少的处理工艺。

目前，高质量的饮用水需求越来越大，我国正在推广直饮水工程建设，某工程饮用净水处理工艺流程为：自来水→水箱→水泵→砂滤器→软化器→活性炭过滤器→反渗透设备→不锈钢净水器→紫外线消毒器→用户用水→臭氧消毒器。

7.2.4 管道饮用净水供应方式与设置要求

1. 水泵和高位水箱供水方式

这种供水方式中净水处理装置及水泵设在管网的下部，管网为上供下回式。为保证供水水质，在高位水箱出口处设置消毒器，并在回水管路中设置防回流器。

2. 变频调速泵供水方式

采取变频调速泵供水方式时，净水处理装置设置于管网的下部，管网为下供上回式，由变频调速泵供水，不设高位水箱，低区为防止超压需设置减压阀。

3. 屋顶设水箱重力流供水方式

高位水箱重力供水方式，净水处理装置设于屋顶，水箱中水靠重力供给配水管网，不需设置饮用净水泵，但需设置循环水泵，用来保证系统正常循环。高层建筑可采用减压阀减压竖向分区供水,饮用净水系统的分区压力可比自来水系统小些,一般为 0.32～0.40 MPa。

为保证管道饮用净水系统的正常工作,有效避免水质二次污染,必须在系统的干管和立管中设置循环管道,并保证有效循环,水在循环管网的停留时间不宜超过 6 h,以抑制水中微生物的繁殖。饮用净水管道系统和设置应满足以下要求:

(1) 系统应设计成环状,循环管路布置成同程式,并进行循环消毒;

(2) 循环系统运行时,不得影响配水系统的压力和饮水龙头的出流量;

(3) 供、配水管路中不应产生滞水现象;

(4) 各水龙头处的压力应接近,且不宜大于 0.03 MPa;

(5) 饮用净水管网应独立设置,严禁与非饮用净水管网相连;

(6) 优先选用变频调速泵供水系统和无水箱的供水系统;

(7) 管网最远处设排水阀,最高处设排气阀,立管上设球阀,并应有防菌、防尘及防污染措施。

7.2.5　饮用净水管道系统水质防护

饮用净水管网系统设计中的关键是确保饮用净水在管网中的水质,包括水处理设备出口处水质和各个水嘴出水的水质符合标准。有些已建成的饮用净水系统存在较明显的附壁物或饮用净水水箱中的水在夏天细菌超标等水质下降的问题,应采取措施,抑制、减少污染物的产生。饮用冷水系统的设计中一般应注意以下几点:

(1) 管道、设备材料

饮用净水系统的管材应优于生活给水系统。净水机房以及与饮用净水直接接触的阀门、水表、管道连接件、密封材料、配水水嘴等均应符合食品级卫生标准,并应取得国家级资质认证。饮水管选用薄壁不锈钢管、薄壁钢管、优质塑料管,一般应优先选用薄壁不锈钢管,因为它的强度高、受高温变化影响小、热传导系数低、内壁光滑、耐腐蚀,所以对水质的不利影响相对较小。

(2) 水池、水箱的设置

水池、水箱中出现的水质下降现象常常是由于水的停留时间长,导致生物繁殖。饮用净水系统中水池、水箱没有与其他系统合用的问题。但若是储水容积计算值或调节水量的计算值偏大,以及小区集中供应饮用净水系统中,由于入住率低导致饮用净水用水量达不到设计值时,就有可能造成饮用净水在水池、水箱中的停留时间长,引起水质下降。

为减少水质污染,应优先选用高位水箱的供水系统,宜选用变频给水机组直接供水的系统,另外应保证饮用净水在整个供水系统中各个部分的停留时间不超过 4～6 h。

(3) 管网系统设计

饮用净水管网系统必须设置循环管道,并应保证干管和立管中饮用水的有效循环。饮用净水管网系统应尽量减少系统中的管道数量,各用户从立管上接至配水龙头的支管也应尽量缩短,一般不宜超过 1 m,以减少死水管段,并尽量减少接头和阀门。饮用净水管道应有较高的流速,以防细菌繁殖和微粒沉积、附着在内壁上。干管($DN \geqslant 32$)设计流速宜大于 1.0 m/s,支管设计流速宜大于 0.6 m/s。

循环水须经过净化与消毒处理后方可再进入饮用净水管道。

(4) 防回流

防回流污染的主要措施:若饮用净水嘴用软管连接且水嘴不固定、使用中可随手移动,则不论支管长短,均设置防回流阀,以消除水嘴进入低质水产生回流的可能;小区集中供水系统,各栋建筑的入户管在与室外管网的连接处设防回流阀;禁止与较低水质的管网或管道连接。

循环回水管的起端设防回流器以防循环管中的水"回流"到配水管网,造成回流污染,有条件时分高、低区系统的回水管最好各自引回净水车间,以易于对高、低区管网的循环分别控制。

7.3 燃气供应

燃气是各种气体燃料的总称,它燃烧放出热量,可供城市居民和工业企业使用。

燃气通常由单一气体混合而成,其组分主要是可燃气体,同时也含有一些不可燃气体。可燃气体包括碳氢化合物、氢及一氧化碳。不可燃气体包括氮、二氧化碳及氧。此外,燃气中还含有少量的混杂气体及其他杂质,例如水蒸气、氨、硫化氢、萘、焦油和灰尘等。

气体燃料较液体燃料和固体燃料有更高的热能利用效率,燃烧温度高,火力调节容易,使用方便,燃烧时没有灰渣,清洁卫生,而且可以利用管道和瓶装供应。在日常生活中用燃气作为燃料,对改善居民生活条件、减少空气污染和保护环境,都具有重大的意义。

燃气易引起燃烧或爆炸,火灾危险性较大。人工煤气具有强烈的毒性,容易引发中毒事故。所以,燃气设备及管道的设计、加工和敷设都有严格的要求,同时必须加强维护和管理工作,防止漏气。

7.3.1 燃气种类

燃气根据来源的不同,主要有人工煤气、液化石油气和天然气三大类。

1. 人工煤气

人工煤气是将矿物燃料(如煤、重油等)通过热加工而得到的。常用的有干馏煤气(如焦炉煤气)和重油裂解气。人工煤气具有强烈的气味和毒性,含有硫化氢、苯、焦油等杂质,极易腐蚀和堵塞管道,因此人工煤气需经过净化才能使用。

供应城市的人工煤气要求低发热量在 $14\,654\ kJ/Nm^3$ 以上。一般焦炉煤气的低发热量为 $17\,585\sim18\,422\ kJ/Nm^3$,重油裂解气的低发热量为 $16\,747\sim20\,515\ kJ/Nm^3$。

2. 液化石油气

液化石油气是在对石油进行加工处理时(例如减压蒸馏、催化裂化、铂重整等)所获得的副产品。它的主要成分是丙烷、丙烯、正(异)丁烷、正(异)丁烯、反(顺)丁烯等,这种副产品在标准状态下呈气相,而当温度低于临界值时或压力升高到某一数值时则呈液相。它的低发热量通常为 $83\,736\sim113\,044\ kJ/Nm^3$。

3. 天然气

天然气是从钻井中开采出来的可燃气体。一种是气井气,一种是石油伴生气。它的主要成分是甲烷,低发热量为 $33\,494\sim41\,868\ kJ/Nm^3$。天然气通常没有气味,故在使用时需混入某种无害而又有臭味的气体(如乙硫醇 C_2H_5SH),以便于发现漏气现象,避免发生中毒或爆炸燃烧事故。

7.3.2　城镇燃气的特点和供应方式

1. 城镇燃气的特点

（1）燃气具有无公害燃烧的综合特性。气体燃料是一种比较清洁的燃料。它的灰分、含硫量和含氮量较煤和油燃料要低得多。燃气中粉尘含量极少。近年来，由于气体燃料脱硫技术的进步，在燃烧时几乎可以忽略 SO_x 的发生。气体燃料中所含的氮，与其他燃料相比，燃烧时转化成 NO_x 少，并且对于高温生成 NO_x 量的抑制，也比其他燃料容易实现。因此，为保护环境提供了有利条件。同时，气体燃料由于采用管道输送，没有灰液，基本消除了在运输、储存过程中发生有害气体、粉尘和噪声的干扰。燃烧烟气还可以直接加热热水或对物料进行干燥。在有些情况下，降低烟气温度，使烟气中大量的蒸气析出，回收凝结水，从而可以制取软水。此种方法甚至比其他方法制取软水更为合算。

（2）容易进行燃烧调节。燃烧气体燃料时，只要喷嘴选择合适，便可以在较宽范围内进行燃烧调节，而且还可以实现燃烧的微调节，使其处于最佳状态。燃料气体具有能够迅速适应负荷变动的特性，从而为降低燃料消耗、提高燃烧效率提供了有利条件。

（3）作业性好。与油燃料相比，气体燃料输送免去了一系列的降温、保温、加热预处理等装置，在用户处也不需要储存措施。因此燃气系统简单，操作管理方便，容易实现自动化。另外，燃气几乎没有灰分，允许大幅度提高烟气流速，受热面的积灰和污染远比燃煤、燃油时轻微，不需要吹灰设备。在其他条件相似的情况下，燃气的炉膛热强度高于燃煤、燃油锅炉。因此，燃气锻炉的体积小，金属、耐火、保温等材料以及建设投资大大降低。

（4）容易调节发热量。特别是在燃烧液化石油气燃料时，在避开爆炸范围的部分加入空气，可以按需要调整发热量。因此，在液化石油气储配站中常设有鼓风机或用压缩空气来稀释燃气。

气体燃料的主要缺点是它与空气在一定比例下混合会形成爆炸性气体，而且气体燃料大多数成分对人和动物是窒息性的或有毒的，故对使用安全技术提出了较高的要求。

2. 城市燃气供应系统的分类与组成

城市燃气输配系统主要由燃气输配管网、储配站、计量调压站、运行操作和控制设施等组成。

燃气输配系统的主要组成部分是燃气管道。管道可按燃气压力、用途和敷设方式分类。

（1）按燃气压力分类：燃气管道分为低压燃气管道、中压燃气管道、高压燃气管道。

低压燃气管道：$p \leqslant 0.005\,\text{MPa}$；中压 B 燃气管道：$0.005\,\text{MPa} < p \leqslant 0.2\,\text{MPa}$；中压 A 燃气管道：$0.2\,\text{MPa} < p \leqslant 0.4\,\text{MPa}$；高压 B 燃气管道：$0.4\,\text{MPa} < p \leqslant 0.8\,\text{MPa}$；高压 A 燃气管道：$0.8\,\text{MPa} < p \leqslant 1.6\,\text{MPa}$。

（2）按用途分类：燃气管道分为长距离输气管道和城镇燃气管道。

（3）按敷设方式分类：燃气管道分为地下燃气管道和架空燃气管道。

城镇燃气管道为了安全运行，一般情况下均为埋地敷设，不允许架空敷设，当建筑物间距过小或地下管线和构筑物密集，管道埋地困难时才允许架空敷设。工厂厂区内的燃气管道常用架空敷设，以便于管理和维修，并减少燃气泄漏的危险性。

3. 城市燃气的供应方式

（1）天然气、人工煤气的管道输送

天然气或人工煤气经过净化后即可输入城市燃气管网。城市燃气管网根据输送压力不同可分为低压管网、中压管网、次高压管网、高压管网和超高压管网。

城市燃气管网通常包括街道燃气管网和小区燃气管网两部分。

在大城市里,街道燃气管网多采取环状布置,仅在边缘地区采用枝状管网。燃气由街道高压管网或次高压管网,经过燃气调压站,进入街道中压管网。然后经区域燃气调压站,进入街道低压管网,再经小区管网接入用户。临近街道的建筑物也可直接由街道管网引入。在小城市里,一般采用中-低压或低压燃气管网。

小区燃气管道是指燃气总阀门井以后至各建筑物前的户外管道。

小区燃气管应敷设在土壤冰冻线以下 0.1～0.2 m 的土层内,根据建筑群的总体布置,小区燃气管道宜与建筑物轴线平行,并埋在人行道或草地下;管道距建筑物基础应不小于 2 m,与其他地下管道的水平净距为 1 m,与树木应保持 1.2 m 的水平距离。小区燃气管不能与其他室外地下管道同沟敷设,以免管道发生漏气时经地沟渗入建筑物内。根据燃气的性质及含水状况,当有必要排除管网中的凝结水时,管道应具有不小于 0.003 的坡度,坡向凝水器,使凝结水能定期排除。

(2) 液化石油气的供应

液化石油气生产后,可用管道、汽车或火车槽车、槽船运输到储配站或灌瓶站后再用管道或钢瓶灌装,经供应站供应给用户。

供应站到用户的输送方式根据供应范围、户数、燃烧设备的需用量大小等因素可采用单瓶、瓶组和管道系统。其中单瓶供应常采用一个 15 kg 钢瓶连同燃具供应给居民使用。瓶组供应常采用钢瓶并联供应公共建筑或小型工业建筑的用户。管道供应方式适用于居民小区、大型工厂职工住宅区或锅炉房。

管道供应系统是指液态的液化石油气经气化站(或混气站)生产的气态液化石油气(或混合气)经调压设备减压后经输配管道、用户引入管、室内管网、燃气表输送到燃具使用的供气系统。

7.3.3　室内燃气管道

建筑燃气供应系统分为民用建筑燃气供应系统和公共建筑燃气供应系统。

民用建筑燃气供应系统一般由用户引入管、水平干管、立管、用户支管、燃气计量表、用具连接管和燃气用具组成,如图 7-13。

公共建筑用户管道供应系统一般由引入管、用户阀门、燃气计量表、燃气连接管等组成,公共建筑供气管路图包括平面图及系统图等。中压进户和低压进户燃气管道系统相似,仅在用户支管上的用户阀门与燃气计量表间加装用户调压器。

用户引入管与城市或庭院低压分配管道连接,在分支管处设阀门。输送湿燃气的引入管一般由地下引入室内,当采取防冻措施时也可由地上引入。在非采暖地区或输送干燃气时,若管径不大于 75 mm,则可由地上直接引入室内。输送湿燃气的引入管应有不小于 0.005 的坡度,坡向城市分配管道。引入管穿过承重墙、基础或管沟时,均应设置在套管内,并应考虑沉降的影响,必要时应采取补偿措施。

引入管上既可连一根燃气立管,也可连若干根立管,后者则应设置水平干管。水平干管可沿楼梯间或辅助房间的墙壁敷设,坡向引入管,坡度应不小于 0.002。管道经过的楼梯间

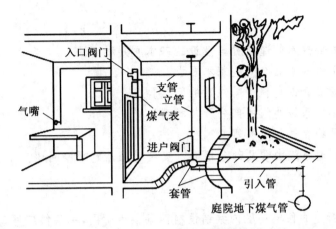

图 7 - 13　室内燃气管道系统

和房间应有良好的自然通风。

煤气立管一般应敷设在厨房或走廊内。当由地下引入室内时,立管在第一层处应设阀门。阀门一般设在室内,对重要用户尚应在室外另设阀门。立管的上下端应装丝堵,其直径一般不小于 25 mm。立管通过各层楼板处应设套管,套管高出地面至少 50 mm,套管与燃气管道之间的间隙应用沥青和油麻填塞。由立管引出的用户主管在厨房内高度不低于 1.7 m,敷设坡度不小于 0.002,并由燃气计量表分别坡向立管和燃具。主管穿过墙壁时也应安装在套管内。

用具连接管(又称下垂管)是在主管上连接燃气用具的垂直管段,其上的旋塞应距地面 1.5 m 左右。

室内燃气管道一般应明管敷设。考虑到安全、防腐和便于检修的需要,室内燃气管道不得敷设在卧室、浴室、地下室、易燃易爆品仓库、配电间、通风机室、潮湿或有腐蚀性介质的房间内。当燃气管道必须穿过没有用气设备的卧室或浴室时,该管段的长度应尽量短,且必须设置在套管内。当输送湿燃气的室内管道敷设在可能冻结的地方时应采取防冻措施。

室内燃气管道的管材应采用低压流体输送钢管,并应尽量采用镀锌钢管。

7.3.4　燃气表

燃气表是计量燃气用量的仪表,在居住与公共建筑内,最常用的是膜式燃气表。这种燃气表有一个方形的金属外壳,上部两侧有短管,左接进气管,右接出气管。外壳内有皮革制的小室,中间以皮膜隔开,分为左右两部分,燃气进入表内,可使小室左右两部分交替充气与排气,借助杠杆、齿轮传动机构,上部度盘上的指针即可指示出燃气用量的累计值。计量范围:小型流量为 $1.5\sim3$ m³/h,使用压力为 $500\sim3000$ Pa;中型流量为 $6\sim84$ m³/h;大型流量可达 100 m³/h,使用压力为 $(1\sim2)\times10^3$ Pa。

使用燃气的用户均应设置燃气表。居住建筑应一户一表,公共建筑至少每个用气单位设一个燃气表。

为了保证安全,燃气表应装在不受振动,通风良好,室温不低于 5 ℃、不超过 35 ℃的房间,不得装在卧室、浴室、危险品和易燃、易爆物仓库内。小表可挂在墙上,距地面 $1.6\sim1.8$ m处。燃气表到燃气用具的水平距离不得小于 0.3 m。

[复习思考题]

1. 简述建筑内部热水管道布置与敷设的基本原则和方法。
2. 对管道饮用水的水质有哪些基本要求？
3. 简述热水管道敷设过程中需注意的问题。
4. 简述热水供应系统的组成部分及其类型。
5. 生活中常见的燃气种类有哪些？
6. 室内燃气管道系统由哪几部分组成？安装时应注意哪些问题？

[案例分析]

目前，在一些新建的住宅小区内共铺设有四条供水管网，一条供应可直接饮用的管道直饮水，一条为自来水，一条供应日用热水，还有一条为中水（冲洗马桶），按照居民生活的不同需求供应不同质量的水。

打开水龙头就可直接饮用的健康、方便的管道直饮水一度成为楼盘卖点和强有力的营销利刃，开发商也借助管道直饮水这一亮点创造了热销佳绩。可就目前看，花了钱铺设了管道，也配置了相关设备尽可能保证水的质量，但却少人问津，不仅没有体现出新建小区以及分质供水的优势，而且还造成了资源的浪费。

我国是世界上严重缺水的国家之一，像北京更是重度水资源短缺城市，也是淡水资源严重浪费的城市，加上工业与城市污水排放，造成城市水环境的严重恶化，又加剧水资源短缺，形成恶性循环。因此，如何优化配置水资源、提高水资源利用率、确保居民健康饮水，比以往任何时候都显得更加紧迫。

相关资料表明，安装在楼盘中的一套管道直饮水系统，费用平均分摊到每平方米只有20元左右，以目前的房价，这部分成本几乎可以忽略不计。实行分质供水，管网形成规模后，只需6元就可买到20升饮用水，桶装纯净水的价格为0.6元/升，而管道直饮水只要0.4元/升，成本降低了30%，而且打开水龙头就能喝。因此管道直饮水是最直接体现健康理念的措施，能彻底改变传统的饮水环境。

第8章　供电和配电系统

8.1　电工学基本知识

8.1.1　电路及其基本物理量

（一）电路的概念

由金属导线和电气以及电子部件组成的导电回路，称为电路。直流电通过的电路称为直流电路，交流电通过的电路称为交流电路。

（二）电路的状态

电路一般有三种状态：

1. 开路

开路也叫断路，电路中某一处中断，没有导体连接，电流无法通过，导致电路中电流消失，一般对电路无损害。

2. 短路

电源未经过任何负载而直接由导线接通成闭合回路，易造成电路损坏、电源瞬间损坏，如温度过高烧坏导线、电源等。

3. 通路

电流导通的回路称为通路。

（三）电路的组成

电路通常由电源、负载、连接导线和辅助设备四大部分组成。

1. 电源

电源是提供电能的设备。电源的功能是把非电能转变成电能。例如，电池是把化学能转变成电能，发电机是把机械能转变成电能等。

2. 负载

在电路中使用电能的各种设备统称为负载。负载的功能是把电能转变为其他形式能。例如，电炉把电能转变为热能，电动机把电能转变为机械能等。

3. 导线

连接导线用来把电源、负载和其他辅助设备连接成一个闭合回路，起着传输电能的作用。

4. 辅助设备

辅助设备是用来实现对电路的控制、分配、保护及测量等作用的。辅助设备包括各种开关、熔断器及测量仪表等。

（四）电路的基本物理量

电路的基本物理量有电流、电位、电压、电动势、电功率、电阻等。

1. 电流

电流是电荷的定向移动，习惯上把正电荷运动的方向，作为电流的方向。电流的大小用电流强度来表示，而电流强度是指在单位时间内通过导体截面积的电荷量，其单位是安培（库/秒），简称安，符号用 A 表示。

2. 电位

电位表示电场中不同点位置所具有的电位能，用 V 表示，单位是伏特，简称伏。电场中某点的电位就是该点到参考点之间的电压。电位有一个参考点，电位为零称零电位点。在同一电路中，选定不同的参考点，同一点的电位数值是不同的。

3. 电压

在电路中，任意两点之间的电位差称为这两点的电压。电压的单位是伏特，简称伏，符号用 V 表示。从数值上看，A，B 两点之间的电压是电场力把单位正电荷从 A 点移动到 B 点时所做的功。电路中，两点之间的电压与参考点的选择是无关的。电压的方向与电流方向一致，从高电位指向低电位，所以电压也称为电压降。

4. 电动势

为了表达在电源的内部外力做功的本领，引入电动势这一物理量。在电源内部，外力把单位正电荷从电源负极移向正极所做的功称为电动势，用 E 表示，其单位是伏特。电动势的方向是：在电源内部由负极指向正极，在电源外部由正极指向负极。

5. 电功率

电流在单位时间内做的功叫电功率，用来表示消耗电能的快慢。电功率用 P 表示，其单位是瓦特（Watt），简称瓦，符号是 W。

6. 电阻

导体对电流的阻碍作用称为电阻，用 R 表示，单位是欧姆，符号是 Ω。导体的电阻越大，其导电性越差；电阻越小，导电性越好。

8.1.2 三相交流电

（一）交流电

如果在一个电路中，电荷沿着一个不变的方向流动，就是"直流电"。在日常生活中，由电池提供的电流，就是直流电。当电路中的电流方向和强度做周期性变化时，称其为"交流电"。现代发电厂生产的电能都是交流电，家庭用电和工业动力用电也都是交流电。变化规律符合正弦函数规律的叫正弦交流电。

（二）三相交流电

1. 三相交流电的概念

三相交流电是由三个频率相同、振幅相等、相位差互差 120° 的交流电路组成的电源，如图 8-1 所示。

三相交流电较单相交流电有很多优点，它在发电、输配电以及电能转换为机械能方面都有明显的优越性。例如，制造三相发电机、变压器都较制造单相发电机、变压器省材料，而且构造简单、性能优良。又如,用同样材料制造的三相电机,其容量比单相电机大 50%;在输送同样功率的情况下,三相输电线较单相输电线可节省有色金属 25%,而且电能损耗较单相输电时少。由于三相交流电具有上述优点,所以得到了广泛应用。

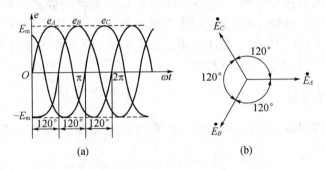

图 8-1　三相电动势的波形图及相量图

2. 三相交流电源的连接

三相交流电源的连接方式有星形(Y 形)连接和三角形连接两种。

(1) 星形连接

从三相电源的三相绕组的始端 A、B、C 分别引出三根线,称之为相线(俗称火线),再将三相绕组的末端连接在一起成为公共点 N(称为中性点),从 N 点引出一根导线称为中性线(俗称零线),这就构成了电源的星形连接,又称"Y 形"接法,形成了三相四线制的供电系统,如图 8-2 所示。

在三相四线制的供电系统中,任意两根相线之间的电压称为线电压,线电压为 380 V;任意一根相线与中性线之间的电压称为相电压,相电压为 220 V。这种三相四线制电源供电的最大优点是可同时向用户提供两种不同大小的三相对称交流电压,是建筑电气中最常用的供电方式。

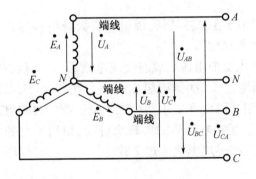

图 8-2　星形连接

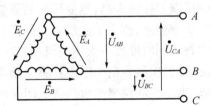

图 8-3　三角形连接

(2) 三角形连接

将电源的三相绕组的任意一相绕组的末端与另一相绕组的始端相接,组成一封闭三角形,再由绕组间彼此连接的各点引出三根导线作为连接负载之用。这样的连接法称为三角形接法,也称"△形"接法,如图 8-3 所示。由图中可见,在三角形接法中,端线之间的线电压也就是电源每相绕组的相电压。

电源绕组的三角形接法和星形接法不同。在连接负载以前,三角形接法就已经构成了闭合回路,这一闭合回路的阻抗是很小的,所以三角形接法只有在作用于闭合回路的电动势之和为零时才可以。否则,在闭合回路中会有很大的电流产生,结果将使电源绕组过分发热而烧毁。三角形接法若接线正确,就能保证闭合回路中的电动势之和为零。但如果三相中有一相被接反,这时闭合回路内的总电动势不仅不等于零,而且等于该相电动势的两倍,所以三相电源作三角形接法时,绝不容许接错。三角形接法的绕组电流较小,因此绕组的导线可以细一些,这一点是星形接法所不及的。

8.1.3 常用电气设备

电气设备的种类很多,下面介绍其中几种常用的电气设备,如变压器、电动机及常用的低压电器。

(一) 变压器

从安全的角度考虑,用电设备工作电压越低,使用越安全。而从输电的角度考虑,传送一定的电功率时,电压越高则电流越小,在线路的损耗也越小、越经济。所以在电力系统中需要一种设备把各种不同电压进行转换,这就是变压器。

1. 变压器的用途

电力变压器是一种静止的电气设备,利用电磁感应原理,改变交流电压而保持交流电频率不变的电气设备,用符号─○○─表示。由于变压器是利用电磁感应原理制成的,所以只应用于交流电。如需要直流电压时,可以先通过交流电变压得到相应的电压后,再整流得到直流电压。

2. 变压器的基本结构

电力变压器的主要部件电磁部分由绕组和铁芯组成。绕组是变压器的电路,采用绝缘扁铜线或圆铜线绕制而成;铁芯构成磁路,常采用硅钢片叠成。除了电磁部分,还有油箱、冷却装置、绝缘套管、调压和保护装置等部件。其中变压器油主要起绝缘和散热作用。

3. 变压器的基本工作原理

变压器与交流电源相接的绕组叫做一次侧绕组(又称原边绕组或初级绕组),与负载相接的绕组叫做二次侧绕组(又称副边绕组或次级绕组)。

变压器工作原理是:当变压器的原绕组接入交流电源后就有交流电流通过,于是在铁芯中产生交变磁通,称为主磁通 Φ。由于一次侧绕组、二次侧绕组在同一个铁芯上,所以铁芯上的主磁通同时通过一次侧绕组和二次侧绕组。因此在变压器一次侧绕组产生自感电动势的同时,在二次侧绕组中产生互感电动势,这个互感电动势对负载来讲,就相当于它的电源电动势,当二次侧绕组与负载构成闭合回路,就有感应电流流过负载。

(二) 电动机

1. 电动机的用途和分类

电动机是把电能转换成机械能的设备。电动机种类繁多,按电流分为直流电动机、交流电动机;按交流电源相数分为单相电动机、三相电动机;按工作原理分为同步电动机和异步电动机(电机定子磁场转速与转子旋转转速不保持同步速);按转子结构分为鼠笼式、绕线式等。电力系统中的电动机大部分是交流电动机,可以是同步电动机或者是异步电动机。

电动机能提供的功率范围很大,从毫瓦级到万千瓦级。电动机的使用和控制非常方便,具有自启动、加速、制动、反转、掣住等能力,能满足各种运行要求;电动机的工作效率较高,又没有烟尘、气味,不污染环境,噪声也较小,因此应用非常广泛。例如,小区加压给水、提升排水水泵、电梯的升降都需要用电动机作为动力。

2. 异步电动机的基本结构

异步电动机又叫感应电动机,是利用电磁感应原理制成,由定子和转子两部分组成。

(1) 定子由机座、定子铁芯和定子绕组组成。三相电动机的定子绕组由三相对称的绕组组成。定子绕组接线方式,按电机额定电压分为星形(Y 形)和三角形(△形)两种。电机额定电压 220 V 应采用星形连接,额定电压 380 V 采用三角形连接。

(2) 转子是电动机的转动部分,由转子铁芯、转子绕组和转轴等部分组成。转子绕组根据其结构可分为鼠笼式和绕线式两种。

(三) 常用低压电器

1. 刀开关

刀开关又称闸刀开关或隔离开关,如图 8-4 所示,它是手控电器中最简单而使用又较广泛的一种低压电器,通常是指用手来操纵,对电路进行接通或断开的一种控制电器。

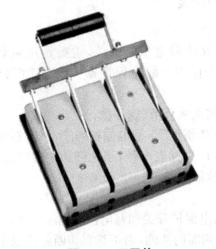
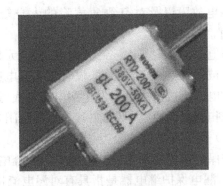

图 8-4　刀开关　　　　　　　　　图 8-5　熔断器

刀开关在电路中的作用:一是隔离电源,以确保电路和设备维修的安全;二是分断负载,如不频繁地接通和分断容量不大的低压电路或直接启动小容量电机。刀开关不能带负荷操作,一般安装在自动空气开关和熔断器等设备前。

刀开关带有动触头——闸刀,通过它与底座上的静触头——刀夹座相契合(或分离),以接通(或分断)电路。

2. 熔断器

熔断器是起安全保护作用的一种电器,如图 8-5 所示,其广泛应用于电网保护和用电设备保护,当电网或用电设备发生短路故障或过载时,可自动切断电路,避免电器设备损坏,防止事故蔓延。熔断器主要由熔体和安装熔体用的绝缘器组成。使用时,将熔断器串联于被保护电路中,当被保护电路的电流超过规定值,经过一定时间后,由熔体自身产生的热量熔断熔体,使电路断开,起到保护的作用。常用型号有"RC"插入式熔断器、"RL"螺旋式熔断器、"RM"封闭管式熔断器及"RT"填料管式熔断器等。

3. 自动空气开关

自动空气开关又称自动空气断路器,是低压配电网络和电力拖动系统中一种非常重要的电器,如图 8-6 所示,它集控制和多种保护功能于一身,具有操作安全、使用方便、工作可靠、安装简单、动作值可调、分断能力较强、兼有多种保护功能、动作后不需要更换元件等优点。自动空气开关除能完成接触和分断电路外,还能对电路或电气设备发生的短路、严重过载及欠电压等进行保护,同时也可以用于不频繁地启动电动机。

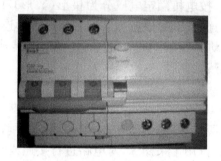

图 8-6 自动空气开关

4. 漏电保护器

漏电保护器是漏电电流动作保护器的简称,又称漏电保护开关,主要是用来对设备发生漏电故障以及对有致命危险的人身触电进行保护。漏电保护器一般要跟断路器配合使用。

漏电保护器主要由三部分组成:检测元件、中间放大环节、操作执行机构。

在被保护电路工作正常、没有发生漏电或触电的情况下,漏电保护器不动作,系统保持正常供电。当被保护电路发生漏电或有人触电时,产生漏电电流,当达到预定值时,主开关分离脱扣器线圈通电,驱动主开关自动跳闸,切断故障电路,从而实现保护。

(1) 漏电保护器的分类

按保护功能和用途可分为漏电保护继电器、漏电保护开关和漏电保护插座三种。

① 漏电保护继电器是指具有对漏电流检测和判断的功能,而不具有切断和接通主回路功能的漏电保护装置。

② 漏电保护开关是指不仅它与其他断路器一样可将主电路接通或断开,而且具有对漏电流检测和判断的功能,一般与熔断器、热继电器配合使用。

③ 漏电保护插座是指具有对漏电流检测和判断,并能切断回路的电源插座。漏电动作电流 6~30 mA,常用于手持式电动工具和移动式电气设备及家庭、学校等民用场所。

(2) 装设漏电保护器的范围

1992 年国家技术监督局发布的《漏电保护器安装和运行》(GB 13955—92),对全国城乡装设漏电保护器作出统一规定。必须装漏电保护器(漏电开关)的设备和场所:

① 属于 I 类的移动式电气设备及手持式电动工具(I 类电气产品,即产品的防电击保护不仅依靠设备的基本绝缘,而且还包含一个附加的安全预防措施,如产品外壳接地);

② 安装在潮湿、强腐蚀性等恶劣场所的电气设备;

③ 建筑施工工地的电气施工机械设备;

④ 暂设临时用电的电器设备;

⑤ 宾馆、饭店及招待所的客房内插座回路；

⑥ 机关、学校、企业、住宅等建筑物内的插座回路；

⑦ 游泳池、喷水池、浴池的水中照明设备；

⑧ 安装在水中的供电线路和设备；

⑨ 医院中直接接触人体的电气医用设备；

⑩ 其他需要安装漏电保护器的场所。

一般环境选择动作电流不超过 30 mA、动作时间不超过 0.1 s 的漏电保护器，这两个参数保证了人体如果触电时，触电者不会产生病理性生理危险。在浴室、游泳池等场所漏电保护器的额定动作电流不宜超过 10 mA。

8.2　供配电系统

建筑供配电系统的任务是从电力网引入电源，再合理地分配给各用电设备使用。建筑供电取得电源称为供电，将电源分至用电负载称为配电。从取得电源到用电负载之间的线路，加上线路中间的各种分支、控制及保护装置，即组成建筑供配电系统，简称为建筑供电系统。

从电力系统的角度来看，建筑供配电系统是电力系统内的一个用户；从建筑物内用电设备的角度来看，建筑供配电系统是它们的电源。

用电量较小的建筑，可直接从市电低压电网或从临近建筑的变电所引入 220/380 V 的三相四线制低压电源。用电量较大的建筑和建筑群需从电力网引入三相三线制的高压电源（一般为 10 kV），经变电所（10 kV 变电所）变换为 220/380 V 的三相四线制低压电源，再用导线分配给各建筑或各用电设备使用。高层建筑或大型建筑需要不止一个变电所，通常把从电力网引入的 10 kV 高压电源通过配电所分配至不同地方的变电所，再变换为低压，分配给建筑内的各用电设备使用。对于超高层建筑则需从电力网引入 35 kV 的高压电源，通过变电站降为 10 kV，再分配至不同地方的变电所降为低压后给用电设备供电。

8.2.1　电力系统和电力网

（一）电力系统

由发电、变电、输电、配电和用电设备及相应的辅助系统组成的电能生产、输送、分配、使用的统一整体称为电力系统，如图 8-7 所示。电力系统将自然界的一次能源（如煤、水、风、核能、太阳能、地热能、潮汐等）通过发电动力装置转化成电能，再经变电、输电系统及配电系统将电能供应到各负荷中心，通过各种设备再转换成动力、热、光等不同形式的能量，为地区经济和人民生活服务。

电力系统的主要组成部分有电源、电力网络和负荷中心。电源指各类发电厂、站，它将一次能源转换成电能。电力网络由电源的升压变电所、输电线路、负荷中心变电所、配电线路等构成，其功能是将电源发出的电能升压到一定等级后输送到负荷中心变电所，再降压至一定等级后，经配电线路与用户相连，即送电、输电、配电网络。负荷包括工业、农业、商业、生活的用电负荷。

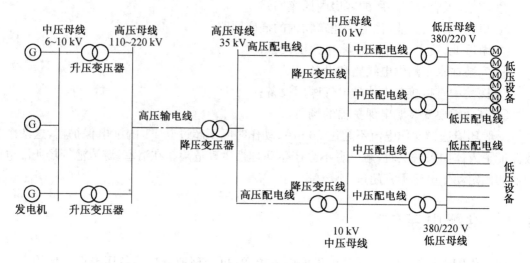

图 8-7　电力系统示意图

(二) 电力网

电力网是电力系统的一部分,它包括所有的变、配电所的电气设备以及各种不同电压等级的线路组成的统一整体。电力网的主要功能是将电能变换电压(变电)输送和分配给各用电单位,是协调电力生产、分配、输送和消费的重要基础设施。

电力网的电压等级是比较多的,不同的电压等级有不同的作用。从输电的角度看,电压越高则输送的距离越远,传输的容量越大,电能的损耗就越小;但电压越高,要求的绝缘水平也越高,因而造价也越高。目前,我国常用的电压等级有:220 V,380 V,6 kV,10 kV,35 kV,110 kV,220 kV,330 kV,500 kV,1000 kV 等。通常将 35 kV 及 35 kV 以上的电压线路称为送电线路;10 kV 及以下的电压线路称为配电线路;将额定 1 kV 以上电压称为"高电压",额定电压在 1 kV 以下电压称为"低电压"。我国规定安全电压为42 V,36 V,24 V,12 V和6 V五个等级。

8.2.2　用电负荷的分类

电能用户的用电设备在某一时刻向电力系统取用的电功率的总和,称为用电负荷。用电负荷根据对供电可靠性的要求及中断供电在政治、经济上所造成的损失或影响的程度分为三个等级,并分别符合下列规定:

(一) 一级负荷

符合下列情况之一时,应为一级负荷:

1. 中断供电将造成人身伤亡时。

2. 中断供电将在政治、经济上造成重大损失时。例如,重大设备损坏、重大产品报废、用重要原料生产的产品大量报废、国民经济中重点企业的连续生产过程被打乱需要长时间才能恢复等。

3. 中断供电将影响有重大政治、经济意义的用电单位的正常工作。例如,重要交通枢纽、重要通信枢纽、重要宾馆、大型体育场馆、经常用于国际活动的大量人员集中的公共场所等用电单位中的重要电力负荷。在一级负荷中,当中断供电将发生中毒、爆炸和火灾等情况的负荷以及特别重要场所的不允许中断供电的负荷,应视为特别重要的负荷。

一级负荷需要采用两个以上的独立电源供电。所谓独立电源,是指两个电源之间无联系,或两个电源间虽有联系,但在任何一个电源发生故障时,另外一个电源不致同时损坏。

一级负荷容量较大或有高压用电设备时,应采用两路高压电源。一级负荷容量不大时,应优先采用从电力系统或临近单位取得的第二低压电源,亦可采用应急发电机组,如一级负荷仅为照明或电话站负荷时,宜采用蓄电池组作为备用电源。

一级负荷中特别重要负荷,除上述两个电源外,还必须增设应急电源,以保证对特别重要负荷的供电,严禁将其他负荷接入应急供电系统。

（二）二级负荷

符合下列情况之一时,应为二级负荷:

1. 中断供电将在政治、经济上造成较大损失时。例如,主要设备损坏、大量产品报废、连续生产过程被打乱需较长时间才能恢复、重点企业大量减产等。

2. 中断供电将影响重要用电单位的正常工作。例如,交通枢纽、通信枢纽等用电单位中的重要电力负荷以及中断供电将造成大型影剧院、大型商场等较多人员集中的重要的公共场所秩序混乱。

二级负荷应采用两回路电源供电。对两个电源的要求条件可比一级负荷放宽。如两路市电,其源端是来自变电站或低压变电所的不同母线即可。

（三）三级负荷

三级负荷指不属于一、二级负荷的其他负荷,这类负荷中断供电影响较小,对供电无特殊要求,通常不设置备用电源。

常见高层建筑和非高层建筑的用电负荷分级如表 8-1 所示。

表 8-1 负荷分级表

序号	用电单位	用电设备或场合名称	负荷级别
1	一类高层建筑	消防用电:消防控制室、消防泵、防排烟设施、消防电梯及其排水泵、火灾应急照明及疏散指示标志、电动防火卷帘等	一级
		走道照明、值班照明、警卫照明、航空障碍标志灯	
		主要业务用计算机系统电源、安防系统电源、电子信息机房电源	
		客梯电力、排污泵、变频调速恒压供水生活泵	
2	二类高层建筑	消防用电:消防控制室、消防泵、防排烟设施、消防电梯及其排水泵、火灾应急照明及疏散指示标志、电动防火卷帘等	二级
		主要通道及楼梯间照明、值班照明、航空障碍标志灯等	
		主要业务用计算机系统、信息机房电源,安防系统电源	
		客梯电力、排污泵、变频调速恒压供水生活泵	

（续表）

序号	用电单位	用电设备或场合名称	负荷级别
3	非高层建筑	建筑高度＞50 m 的乙、丙类厂房和丙类库房	一级
		超过 1500 个座位的影剧院、超过 3000 个座位的体育馆	二级
		任一层面积＞3000 m² 的展览楼、电信楼、财贸金融楼、商店、省市级及以上广播电视楼	
		室外消防用水量＞25 L/s 的其他公共建筑	
		室外消防用水量大于 30 L/s 的工厂、仓库	

8.2.3　低压配电方式

低压配电方式是指低压干线的配电方式。低压配电干线一般是指从变电所低压配电屏分路开关至各大型用电设备或楼层配电盘的线路。低压配电方式的合理与否，将直接影响建筑配电和用电的安全性和可靠性。

低压配电的接线方式可分为放射式、树干式和混合式三种，如图 8-8 所示。

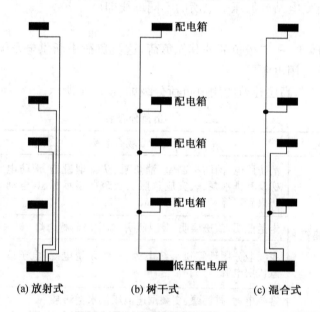

| (a) 放射式 | (b) 树干式 | (c) 混合式 |

图 8-8　常用低压配电方式

（一）放射式

一独立负荷或一集中负荷均由一单独的配电线路供电的称为放射式配电。它一般用在下列低压配电场所：

（1）供电可靠性高的场所。

（2）单台设备容量较大的场所。

（3）容量比较集中的地方。

放射式配电方式，其优点是配电线路相互独立，各个负荷独立供电，供电的可靠性较高，某一配电线路发生故障或检修时不致影响其他配电线路。但放射式配电接线中,从低压配电柜引出的干线较多,使用的开关设备和导线或电缆等材料也较多,导致投资费用较高,这种接线方式一般适用于供电可靠性要求高的场所或容量较大的用电设备。例如,对于大型消防泵、生活水泵和中央空调的冷冻机组,一是供电可靠性要求高,二是单台机组容量较大,因此考虑以放射式专线供电。对于楼层用电量较大的大厦,有的也采用一回路供一层楼的放射式供电方案。

(二) 树干式

一独立负荷或一集中负荷按它所处的位置依次连接到某一条配电干线上的称为树干式配电。树干式配电接线方式,其特点与放射式配电方式相反,系统具有一定的灵活性,耗用的有色金属材料较少,但干线一旦发生故障将造成较大范围的影响,因而其供电可靠性较差。该接线方式一般适用于负荷容量较小、分布均匀且对供电可靠性无特殊要求的用电设备,如用于一般照明的楼层分配电箱等。

(三) 混合式

混合式配电是放射式和树干式配电的结合形式。从低压电源引入的总配电装置(第一级配电点)开始,至末端照明支路配电盘为止,配电级数一般不宜多于三级,每一级配电线路的长度不宜大于 30 m。如从变电所的低压配电装置算起,则配电级数一般不多于四级,总配电长度一般不宜超过 200 m,每路干线的负荷计算电流一般不宜大于 200 A。

混合式配电方式兼顾了放射式和树干式两种配电方式的特点,是将两者进行组合的配电方式,如高层建筑中,当每层照明负荷都较小时,可以从低压配电屏放射式引出多条干线,将楼层照明配电箱分组接入干线,局部为树干式。但部分较大容量的集中负荷或重要负荷,应从低压配电室以放射式配电。

8.2.4　配电线路的敷设

从变配电所引出的低压线路通常采用架空线路敷设,也可采用电缆线路敷设。

(一) 架空线路敷设

架空配电线路是用电杆将导线悬空架设向用户供电的电力线路。低压架空线路主要由导线、电杆、横担、绝缘子、线路金具、拉线盘、卡盘和底盘等组成。

进户线装置由进户杆或进户支架、绝缘子、进户线和进户管组成。安装进户线装置应满足下列要求:

(1) 进户杆一般要求采用混凝土杆,进户点应高于 2～7 m。

(2) 安装在进户杆横担上的绝缘子之间的距离应大于 150 mm。

(3) 进户线的截面应满足:铜线不小于 2.5 mm,铝线不小于 10 mm,中间不得有接头。

(4) 进户线距建筑物的有关部分距离应不小于下列数值:距建筑物突出部分 150 mm;距阳台或窗户的水平距离 800 mm;与上方阳台或窗户的垂直距离 800 mm;与下方阳台或窗户的垂直距离 2500 mm。

(5) 进户线套管为钢管时,壁厚不小于 2.5 mm,硬线管壁厚不小于 2 mm。管子伸出墙外部分应做防水弯头。

(二) 电缆线路敷设

电缆通常由几根或几组绝缘导线组合成线芯,并围绕着一根中心扭成,外面加上有高度绝缘的覆盖层做保护。电缆供电不影响环境与美观,比较安全,虽然造价较高,但许多场合仍被广泛采用。

电缆的敷设方式有:

(1) 直接埋地敷设

电缆直接埋地敷设时,沿同一路径敷设的电缆数量不宜超过 8 根。

电缆在屋外直接埋地敷设的深度不应小于 0.7 m;当直埋在农田时,不应小于 1 m。应在电缆上下各均匀铺设细砂层,其厚度宜为 100 mm,在细砂层应覆盖混凝土保护板等保护层,保护层宽度应超出电缆两侧各 50 mm。在寒冷地区,电缆应埋设于冻土层以下。当受条件限制不能深埋时,可增加细砂层的厚度,在电缆上方和下方各增加的厚度不宜小于 200 mm。

电缆通过下列各地段应穿管保护,穿管的内径不应小于电缆外径的 1.5 倍。

① 电缆通过建筑物和构筑物的基础、散水坡、楼板和穿过墙体等处;

② 电缆通过铁路、道路处和可能受到机械损伤的地段;

③ 电缆引出地面 2 m 至地下 0.2 m 处的一段和人容易接触使电缆受到机械损伤地方。

埋地敷设的电缆之间及其与各种设施平行或交叉的最小净距,应符合表 8-2 的规定。

电缆与建筑物平行敷设时,电缆应埋设在建筑物的散水坡外。电缆引入建筑物时,所穿保护管应超出建筑物散水坡 100 mm。

电缆与热力管沟交叉,当采用电缆穿隔热水泥管保护时,其长度应伸出热力管沟两侧各 2 m;采用隔热保护层时,其长度应超过热力管沟和电缆两侧各 1 m。

电缆与道路、铁路交叉时,应穿管保护,保护管应伸出路基 1 m。

埋地敷设电缆的接头盒下面必须垫混凝土基础板,其长度宜超出接头保护盒两端0.6~0.7 m。

电缆带坡度敷设时,中间接头应保持水平;多根电缆并列敷设时,中间接头的位置应互相错开,其净距不应小于 1.5 m。

电缆敷设的弯曲半径与电缆外径的比值,不应小于表 8-3 的规定。

电缆在拐弯、接头、终端和进出建筑物等地段,应装设明显的方位标志,直线段上应适当增设标桩,标桩露出地面宜为 150 mm。

(2) 沟内敷设

电缆沟和电缆隧道应采取防水措施;其底部排水沟的坡度不应小于 0.5%,并应设集水坑;积水可经集水坑用泵排出,当有条件时,积水可直接排入下水道。

在多层支架上敷设电缆时,电力电缆应放在控制电缆的上层;在同一支架上的电缆可并列敷设。当两侧均有支架时,1 kV 及以下的电力电缆和控制电缆宜与 1 kV 以上的电力电缆分别敷设于不同侧支架上。

表 8-2　埋地敷设的电缆之间及其与各种设施平行或交叉的最小净距(m)

项目	敷设条件	
	平行时	交叉时
建筑物、构筑物基础	0.5	—
电杆	0.6	—
乔木	1.5	—
灌木丛	0.5	—
1 kV 及以下电力电缆之间,与控制电缆之间	0.1	—
通讯电缆	0.5(0.1)	0.5(0.25)
热力管沟	2.0	0.5(0.25)
水管、压缩空气管	1.0(0.25)	(0.5)
可燃气体及易燃液体管道	1.0	0.5(0.25)
铁路	3.0(与轨道)	1.0(与轨底)
道路	1.5(与路边)	1.0(与路面)
排水明沟	1.0(与沟底)	0.5(与沟底)

注:① 路灯电缆与道路灌木丛平行距离不限;② 表中括号内数字是指局部地段电缆穿管,加隔板保护或加隔热层保护后允许的最小净距;③ 电缆与铁路的最小净距不包括电气化铁路。

表 8-3　电缆弯曲半径与电缆外径比值

电缆护套类型		电力电缆		其他多芯电缆
		单芯	多芯	
金属护套	铅	25	15	15
	铝	30	30	30
	纹铝套和纹钢套	20	20	20
非金属护套		20	15	无铠装 10 有铠装 15

注:① 表中未说明者,包括铠装和无铠装电缆;② 电力电缆中包括油浸纸绝缘电缆(不滴流电缆在内)和橡塑绝缘电缆,其他电缆指控制信号电缆等。

电缆支架的长度,在电缆沟内不宜大于 350 mm;在隧道内不宜大于 500 mm。

电缆沟在进入建筑物处应设防火墙。电缆隧道进入建筑物处,以及在进入变电所处,应设带门的防火墙。防火门应装锁。电缆的穿墙处保护管两端应采用难燃材料封堵。

电缆沟或电缆隧道,不应设在可能流入熔化金属液体或损害电缆外护层和护套的地段。

电缆沟一般采用钢筋混凝土盖板,盖板的重量不宜超过 50 kg。

电缆隧道内的净高不应低于 1.9 m。局部或与管道交叉处净高不宜小于 1.4 m。隧道内应采取通风措施,有条件时宜采用自然通风。

当电缆隧道长度大于 7 m 时,电缆隧道两端应设出口,两个出口间的距离超过 75 m 时,应增加出口。人孔井可作为出口,人孔井直径不应小于 0.7 m。

电缆隧道内应设照明,其电压不应超过 36 V;当照明电压超过 36 V 时,应采取安全措施。

与隧道无关的管线不得穿过电缆隧道。电缆隧道和其他地下管线交叉时,应避免隧道局部下降。

（3）排管敷设

电缆在排管内的敷设,应采用塑料护套电缆或裸铠装电缆。

电缆排管应一次留足备用管孔数,但电缆数量不宜超过 12 根。当无法预计发展情况时,可留 1～2 个备用孔。

地面上均匀荷载超过 10 t/m² 时或排管通过铁路及遇有类似情况时,必须采取加固措施,防止排管受到机械损伤。

排管孔的内径不应小于电缆外径的 1.5 倍。但穿电力电缆的管孔内径不应小于90 mm;穿控制电缆的管孔内径不应小于 75 mm。

排管可采用混凝土管、陶土管或塑料管。

在转角、分支或变更敷设方式改为直埋或电缆沟敷设时,应设电缆人孔井。在直线段上,应设置一定数量的电缆人孔井,人孔井间的距离不宜大于 100 m。

电缆人孔井的净空高度不应小于 1.8 m,其上部人孔的直径不应小于 0.7 m。

（4）室内明敷设

无铠装的电缆在屋内明敷,当水平敷设时,其至地面的距离不应小于 2.5 m;当垂直敷设时,其至地面的距离不应小于 1.8 m。当不能满足上述要求时,应有防止电缆机械损伤的措施;当明敷在配电室、电机室、设备层等专用房间内时,不受此限制。

相同电压的电缆并列明敷时,电缆的净距不应小于 35 mm,且不应小于电缆外径;当在桥架、托盘和线槽内敷设时,不受此限制。1 kV 及以下电力电缆及控制电缆与 1 kV 以上电力电缆宜分开敷设。当并列明敷时,其净距不应小于 150 mm。

架空明敷的电缆与热力管道的净距不应小于 1 m,当其净距小于或等于 1 m 时应采取隔热措施。电缆与非热力管道的净距不应小于 0.5 m,当其净距小于或等于 0.5 m 时应在与管道接近的电缆段上以及由该段两端向外延伸不小于 0.5 m 以内的电缆段上,采取防止电缆受机械损伤的措施。

钢索上电缆布线吊装时,电力电缆固定点间的间距不应大于 0.75 m;控制电缆固定点间的间距不应大于 0.6 m。

电缆在屋内埋地穿管敷设时,或电缆通过墙、楼板穿管时,穿管的内径不应小于电缆外径的1.5 倍。

桥架距离地面的高度,不宜低于 2.5 m。

电缆在桥架内敷设时,电缆总截面面积与桥架横断面面积之比,电力电缆不应大于40%,控制电缆不应大于 50%。

电缆桥架内每根电缆每隔 50 m 处,电缆的首端、尾端及主要转弯处应设标记,注明电缆编号、型号规格、起点和终点。

8.2.5　变配电所和配电箱(柜)

（一）变配电所

变配电所是小区从高压电网中引入高压电源,然后降压再分配给用户使用的场所,即担负着接受电能、变换电压及分配电能的任务。大部分的小区将变配电所合建在一起,即小区变电所,完成降压和高低压配电的任务。

变配电所电工操作要遵循下列规程:

(1) 值班电工必须具备必要的电工知识,熟悉安全操作规程,熟悉供电系统和配电室各种设备的性能和操作方法,并具备在异常情况下采取措施的能力。

(2) 值班电工要有高度的工作责任心,严格执行值班巡视制度、倒闸操作制度、工作票制度、安全用具及消防设备管理制度和出入制度等各项制度。

(3) 允许单独巡视高压设备及担任监护人的人员,应经动力部门领导批准。

(4) 不论高压设备带电与否,值班人员不得单人移开或越过遮栏执行工作。若有必要移开遮栏时,必须有监护人在场,并符合设备不停电时的安全距离。

(5) 雷雨天气需要巡视室外高压设备时,应穿绝缘鞋,并不得靠近避雷器与避雷针。

(6) 巡视配电装置,进出高压室,必须随手将门锁好。

(7) 与供电单位或用户(调度员)联系,进行停、送电倒闸操作时,值班负责人必须核对无误,并且将联系内容和联系人姓名做好记录。

(8) 停电拉闸必须按照油开关(或负荷开关等)、负荷侧刀闸、母线侧刀闸的顺序依次操作。

(9) 高压设备和大容量低压总盘上的刀闸操作,必须由两人执行,并由对设备更为熟悉的一人担任监护人。远方控制或隔墙操作的油开关和刀闸(和油开关有连锁装置的)可以由单人操作。

(10) 用绝缘棒拉合高压刀闸或经传动拉合高压刀闸和油开关,都应戴绝缘手套。雨天操作室外高压设备时,应穿绝缘靴,雷电时禁止进行刀闸操作。

(11) 带电装卸熔断器时,应戴防护眼镜和绝缘手套,必要时使用绝缘夹钳,并站在绝缘垫上。

(12) 电气设备停电后,在未拉开刀闸和做好安全措施以前,不得触及设备和进入遮栏,以防突然来电。

(13) 施工和检修需要停电时,值班人员应按照工作票要求做好安全措施,包括停电、检电、装设遮栏和悬挂标示牌,会同工作负责人现场检查确认无电,并交代附近带电设备位置和注意事项,然后双方办理许可开工签证,方可开始工作。

(14) 工作结束时,工作人员撤离,工作负责人向值班人交代清楚,并共同检查,然后双方办理工作终结签证后,值班人员方可拆除安全措施,恢复送电。在未办理工作终结手续前,值班人员不准将施工设备合闸送电。

(15) 高压设备停电工作时,距离工作人员工作中正常活动范围小于 0.35 m 时必须停电;距离大于 0.35 m 但小于 0.7 m 时设备必须在与带电部门不小于 0.35 m 的距离处设牢固的临时遮栏,否则必须停电。带电部分在工作人员的后面或两侧无可靠措施者也必须停电。

(16) 停电时必须切断各回线可能来电的电源。不能只拉开油开关进行工作,而必须拉开刀闸,使各回线至少有一个明显的断开点。变压器与电压互感器必须从高低压两侧断开,电压互感器的一、二次熔断器都要取下,油开关的操作电源要断开,刀闸的操作把手要锁住。

(17) 验电时必须用电压等级合适并且合格的检验电器,在检修设备时出线两侧分别验电。验电前应先在有电设备上试验证明验电器良好。高压设备验电必须戴绝缘手套。

（18）当验明设备确已无电压后，应立即将检修设备导体接地并互相短路。对可能送电至停电设备的各方面或可能产生感应电压的部分都要装设接地线。接地线应用多股裸软铜线，截面不得小于 25 mm²。接地线必须使用专用的线夹固定在导体上，拆除时的顺序与此相反。装拆接地线都应使用绝缘手套，装拆工作必须由两人进行，不允许检修人员自行装拆和变动接地线，接地线应编号并放在固定地点，装拆接地线应做好记录，并在交接班时交代清楚。

（19）在电容器回路上工作时必须将电容器逐个放电，放电后接地。

（20）在一经合闸即可送电到工作地点的开关和刀闸操作把手处都应悬挂"禁止合闸，有人工作"的标示牌。工作地点两旁和对面的带电设备遮栏上和禁止通行的过道上悬挂"止步、高压危险"的标示牌。

（21）线路或用户检修要求停电时，值班人员应采取安全措施，然后通知对方负责人开始工作并进行登记。工作结束后必须接到原负责人通知方可恢复送电。严禁约时停、送电。

（22）在带电设备附近工作时，必须设专人监护。带电设备只能在工作人员的前面或一侧，否则应停电进行。

（23）低压回路停电检修时应断开电源，取下熔电器。在刀闸操作把手上挂"禁止合闸，有人工作"的标示牌。

（24）低压设备带电工作时，应设专人监护。工作中要戴工作帽，穿长袖衣服，戴绝缘手套，使用有绝缘柄的工具，并站在干燥的绝缘物上进行工作。相邻的带电部分，应用绝缘板料隔开。严禁使用锉刀、金属尺和带有金属物的毛刷、毛掸工具。

（二）低压配电箱（盘）

低压配电箱（盘）是将各种低压电气设备，按照供电线路负荷的要求，构成一个对电能的分配进行控制和计量的整体装置。按其功能的不同，可分为动力配电箱[如图 8-9(a)所示]和照明配电箱[如图 8-9(b)所示]。低压配电箱可以安装不同的设备，如漏电保护开关、自动空气开关、电度表以及各类的开关插座等。

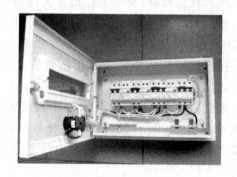

(a) 动力配电箱　　　　　　　　　　(b) 照明配电箱

图 8-9　低压配电箱

配电箱采用明装时，如无特殊要求离地为 1.2 m，暗装为 1.4 m。为缩短配电线路和减少电压损失,单相配电盘的配电半径约 30 m,三相配电半径 60~80 m。

照明配电盘的配电要求电流不大于 60~100 A。其中,单相分支线以 6~9 路为宜,每支路上应有过载、短路保护,支路电流不宜大于 15 A。每支路所接用电设备如灯具、插座等总数一般不超过 25 具,总容量不超过 3 kW;而彩灯支路应设专用开关控制和保护,每一支路负荷不宜超过 2 kW。此外,还应保证配电盘的各相负荷之间不均匀程度小于 30%,在总配电盘配电范围内,各相不均匀程度应小于 10%。

1. 低压配电箱保护装置及安装的基本安全要求

(1) 选用的电器元件的工作电压、电流、频率、等级必须符合其工作要求,安装布线要整齐,连接要可靠。

(2) 配电箱内的每路分支线或保护需要选择性的地方,一般均应设保护电器。当选用熔断器或自动开关做保护电器时,熔断器的熔体额定电流或自动开关过电流脱扣的整定电流,应尽量接近但不小于被保护线路的负荷计算电流,同时应保证在出现正常的短时过负荷时(如电动机启动等),保护装置不致被保护线路断开。

(3) 在火灾和爆炸危险场所及有可能长时间过负荷的配电线路,均应装过负荷保护装置,配电线路的绝缘导线、电缆线的允许载流量不应小于熔断器熔体额定电流或自动开关长延时过流脱扣整定电流的 1.25 倍。

(4) 配电箱正常情况下不带电的所有金属部分,都必须可靠接地(零)。

(5) 配电箱内的插座接线要正确。交直流或没电压的插座应有明显的区别,箱内每一处开关、每一组熔断器都应有标明所控制对象的标志图。

(6) 在车间内安装的落地式低压配电箱,宜使其底部高出地面,箱前后距其他设施距离不少于 0.8 m。

(7) 当场所选用开启式的低压配电箱时,其未遮护裸导电部分的高度低于 2.3 m 时,应设置围栏,围栏至裸导电部分的净距不应小于 0.8 m,高度不低于 1.2 m。在操作范围内可能触及到的其他外露元件也要屏护完好。

2. 低压配电箱使用中应注意的安全事项

严格的管理和正确的使用低压配电箱是减少电气事故必不可少的措施。要管好、用好低压配电箱,必须贯彻"分级管理,分线管理"的原则,制度明确,各负其责。

(1) 设备动力部门应对每一个低压配电箱编号、登记、建档,定期进行技术检查和测定。

(2) 维修电工应对配电箱进行巡查,如有元件严重发热的现象,要查明原因,接线松动应拧紧,箱内有积尘、杂物等应及时清扫,保持其整洁。

(3) 操作者不得在配电箱门前 1.2 m 范围内堆积、搭挂工件和其他物品,配电箱周围不得积水,非电工人员不得拆装电器元件。

(4) 严禁带负荷拉合闸,以免形成过大电弧烧毁配电元件或造成操作人员灼伤等事故。

8.3　电气照明

8.3.1　照明基本知识

良好的照明将为人们创造一个看得清、活动安全,并能高效、准确、安全地完成工作的视觉环境,而不致引起过度疲劳和不舒适感。

(一) 照明的几个光学概念

1. 光通量

光源在单位时间内发出的光量总和称为光源的光通量,单位为流明(lm)。

2. 光强

光源在某一给定方向的单位立体角内发射的光通量称为光源在该方向的发光强度,简称光强,单位为坎德拉(cd)。

3. 照度

照度是光源照射在被照物体单位面积上的光通量,单位为勒克斯(lx)。

4. 亮度

光源在某一方向的亮度是光源在同一方向的光强与发光面在该方向上投影表面积之比,单位为坎德拉每平方米(cd/m^2),即尼特(nt)。

5. 光效

光源所发出的总光通量与该光源所消耗的电功率(瓦)的比值,称为该光源的光效,单位为流明/瓦(lm/W)。

(二) 照明的分类

1. 按照明范围分类

(1) 一般照明

一般照明指在整个场所或场所的某个特定区域照度基本上均匀的照明。对于工作位置密度很大而对光照方向无特殊要求,或工艺上不适宜装设局部照明装置的场所,宜单独使用一般照明。例如,办公室、体育馆及教室等。

(2) 局部照明

局部照明指局限于工作部位的特殊要求的固定或移动的照明。当局部地点需要高照度并对照射方向有要求时,宜采用局部照明,但在整个场所不应只设局部照明而无一般照明。

(3) 混合照明

混合照明指一般照明与局部照明共同组成的照明。对于工作面需要较高照度并对照射方向有特殊要求的场所,宜采用混合照明。此时,一般照明照度宜按不低于混合照明总照度的5%～10%选取,且最低不低于20 lx。例如,金属机械加工机床、精密电子电工器件加工安装工作桌及办公室的办公桌等。

2. 按照明功能分类

(1) 工作照明

正常工作时使用的室内外照明。它一般可单独使用,也可与事故照明、值班照明同时使用,但控制线路必须分开。

(2) 应急照明

正常照明因故障熄灭后,供事故情况下继续工作或安全通行的照明。在由于工作中断或误操作容易引起爆炸、火灾以及人身事故并会造成严重政治后果和经济损失的场所,应设置应急照明。应急照明宜布置在可能引起事故的设备、材料周围以及主要通道和出入口,并在灯的明显部位涂以红色,以示区别。应急照明通常采用白炽灯(或卤钨灯)。应急照明若兼作为工作照明的一部分,则需经常点亮。

（3）值班照明

在非生产时间内供值班人员使用的照明。例如,对于三班制生产的重要车间、有重要设备的车间及重要仓库,通常宜设置值班照明。可利用常用照明中能单独控制的一部分,或利用事故照明的一部分或全部作为值班照明。

（4）警卫照明

用于警卫地区周边附近的照明。

（5）障碍照明

装设在建筑物上作为障碍标志用的照明。在飞机场周围较高的建筑上,或有船舶通行的航道两侧的建筑上,应按民航和交通部门的有关规定装设障碍照明。

（6）装饰照明

为美化城市夜景以及节日装饰和室内装饰而设计的照明叫装饰照明。

8.3.2　照明的质量

照明设计首先应考虑照明质量,在满足照明质量的基础上,再综合考虑投资省、安全可靠、便于维护管理等问题。照明质量包括以下内容:

（一）照度均匀

1. 空间均匀

相邻照明器之间的距离与照明器到工作面的距离（高度）之比称为照明器的距高比。只要布置照明器时其距高比不大于允许距高比,工作面上的照度就会比较均匀。照明器的允许距高比取决于照明器的配光特性。国际发光照明委员会规定,最小照度与平均照度之比小于0.8,我国标准规定不得小于0.7。在灯具布置小于最大允许距高比的情况下,也应该满足上述要求。实际布置的灯具距高比比灯具最大允许距高比小得越多,说明光线相互交叉照射越充分,相对均匀度也会越高。

2. 时间均匀

任何照明装置的照度不会始终不变。灯泡发光效率降低、灯具污染老化、房间内表面积灰等都会使照度降低。在我国,取最终维护照度为推荐照度,即取更换光源、清洗灯具之前的平均照度为推荐照度,以便在整个使用周期内得到高于照度标准的照度。在任何情况下,新照明装置和清洁室内的初始照度都不能作为照度推荐值使用。

如果被照面的亮度不均匀,眼睛要经常处于亮度差异较大的适应变化中,会产生视觉疲劳。为了使照度均匀,灯具布置时其相互间的距离和对被照面的高度要有一个恰当的比例。

（二）照度合理

亮度反映眼睛对发光体明暗程度的感觉,原则上应规定合适的亮度,由于确定照度比确定亮度要简单得多,因此在照明设计中一般规定照度标准。对人最舒适的照度平均值为2000 lx 左右。

（三）合适的亮度分布

物体发出可见光（或反光）,人才能感知物体的存在,愈亮,看得就愈清楚。若亮度过大,人眼会感觉不舒服,超出眼睛的适应范围,则灵敏度下降,反而看不清楚。照明环境不但应使人能清楚地观看物体,而且要给人以舒适的感觉,所以在整个视场(如房间)内各个表面都应有合适的亮度分布。

（四）光源的显色性

光源的显色性是指灯光对它照射的物体颜色的影响作用。光源显色性的优劣以显色指数来定量评价,显色指数是表征被测光源照射下的物体与相近色温的黑体或日光照射下的颜色相符合程度。显色指数越高,光源的显色性就越好,颜色失真就越少。在需要正确辨认颜色的场所,应采用显色指数高的光源。如白炽灯、日光色荧光灯等。

（五）照度的稳定性

照度变化引起照明的忽明忽暗,不但会分散人们的注意力,给工作和学习带来不便,而且会导致视觉疲劳,尤其是5～10次/秒到1次/分的周期性严重波动,对眼睛极为有害。因此,照度的稳定性应予以保证。

（六）限制眩光

当视野内出现高亮度或过大的亮度对比时,视觉上会感到不舒服、烦恼或产生视觉疲劳,这种高亮度对比称为眩光,它是评价光环境舒适性的一个重要指标。当这种亮度或大亮度对比被人眼直接看到时,称为"直接眩光";若是从视野内的光滑表面反射到眼睛,则称"反射眩光"或"间接眩光"。眩光会使人感到极不舒适以至影响视力。

为了限制眩光,可适当降低光源和照明器具表面的亮度。如对有的光源,可用漫射玻璃或格栅等限制眩光,格栅保护角一般为30～45°。

（七）消除频闪效应

交流供电的气体放光电源,其光通量会发生周期性的变化。最大光通量和最小光通量差别很大,使人眼发生很亮的闪烁感觉,即频闪效应。当观察转动物体时,若物体转动频率是灯光闪烁频率的整数倍时,则转动的物体看上去好像没有转动一样,因而造成错觉,容易发生事故。

8.3.3　常用电光源和灯具

（一）电光源的种类

电光源是一种把电能转换成光能的装置,是构成照明系统的主体,通常把电光源叫做电灯。人类对电光源的研究始于18世纪末。1809年英国的H戴维发明碳弧灯。1879年美国的爱迪生发明了具有实用价值的碳丝白炽灯,使人类从漫长的火光照明进入电气照明时代。一百多年来,随着科学技术突飞猛进的发展,各种电光源产品不仅在数量上,而且在质量上产生了质的飞跃,发光效率高、显色性好、使用寿命长以及环保节能型的新型电光源产品不断应用于建筑照明中。

照明电光源品种很多,按发光形式分为热辐射光源、气体放电光源和电致发光光源三类。

1. 热辐射光源

电流流经导电物体,使之在高温下辐射光能的光源称为热辐射光源。热辐射光源主要包括白炽灯和卤钨灯两种,都是依靠电流通过灯内的钨丝产生热效应而发光的。

（1）白炽灯

白炽灯是电光源中最古老也是最常见的品种,如图8-10(a)所示。白炽灯的显色性好、光色柔和、可连续调光、结构简单、制造工艺成熟、价格低廉、瞬时启动,但发光效率较低,一般只有 5~20 lm/W,消耗的电能 90% 左右变为热能,寿命也较短,通常只有 1000 h 左右。

(2) 卤钨灯

卤钨灯是继白炽灯之后改进而成的,它是在装有钨丝的灯管内充入微量的卤素或卤化物构成的电光源,如图 8-10(b)所示。钨丝点亮后,在高温下能挥发出钨蒸气,在灯管内壁附近温度较低的区域与卤素化合成卤化钨,由于对流的作用,卤化钨又在钨丝表面的高温区分解出钨,再返回到钨丝表面。如此不断地挥发、分解与返回,因此,钨丝不会很快变细,灯管也不会发黑,故卤钨灯具有寿命长(一般为 2000 h)、光效高(20~30 lm/W)的特点,而且还具有体积小、亮度强、显色性好等优点。卤钨灯宜用在照度要求较高、显色性较好或要求调光的场所,如体育馆、大会堂、宴会厅等,不适用于多尘、易燃、爆炸危险、腐蚀性环境场所以及有振动的场所等。

(a) 白炽灯   (b) 卤钨灯

图 8-10 热辐射光源

2. 气体放电光源

电流流经气体或金属蒸气,使之产生气体放电而发光的光源称为气体放电光源。气体放电有弧光放电和辉光放电两种,放电电压有低气压、高气压和超高气压 3 种。

弧光放电光源包括:荧光灯、低压钠灯等低气压气体放电灯,高压汞灯、高压钠灯、金属卤化物灯等高压气体放电灯,超高压汞灯等超高压气体放电灯以及碳弧灯、氙灯、某些光谱光源等放电气压跨度较大的气体放电灯。辉光放电光源主要有辉光指示光源和霓虹灯。

(1) 普通型荧光灯

普通型荧光灯是诞生最早的气体放电型电光源,外形为直管状,且管径较粗(T12,ϕ38 mm),如图 8-11(a)所示。它能够发出近似自然光的白光,光色好,显色指数高达 70~80,光线柔和,发光效率高(大多为 40~70 lm/W),平均寿命 2000~3000 h。

(2) 节能型荧光灯

节能型荧光灯是 20 世纪 80 年代以后发展起来的,主要有细管径 T8 型(ϕ26 mm)和超细管径 T5 型(ϕ16 mm)两种类型。T8 型的显色指数可达 60,发光效率高达 70 lm/W;T5 型的显色指数提高到 80,发光效率更是高达 85 lm/W,性能非常优越。

除了 T8,T5 型管状节能荧光灯外,还有细管 H 灯、U 型灯和双 D 灯,通常称它们为紧凑型节能灯。这些灯体积小、重量轻、亮度高、功耗低、寿命长,因此应用十分广泛。上述几种荧光灯在使用时,必须由镇流器和启辉器配合工作。

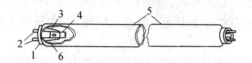

1—灯头;2—灯脚;3—玻璃芯柱;4—灯丝;
5—玻璃管;6—汞(少量)

图 8-11 普通型荧光灯　　　　　　**图 8-12 高压汞灯**

（3）高压汞灯

高压汞灯是利用汞放电时产生的高气压获得可见光的电光源,如图 8-12 所示。它的发光效率较高,一般为 30～60,使用寿命长达 2500～5000 h。它的缺点是显色性差,显色指数为 30～40,而且不能瞬间启动,并要求电源的电压波动不能太大,还需要镇流器的配合才能工作。

（4）高压钠灯

高压钠灯是一种高强度气体放电灯,如图 8-13 所示。它的发光效率非常高,可达 90～100 lm/W,寿命可达 3000 h,其光色柔和,透雾性强,唯独显色指数较低,只有 20～25,在工作时需要镇流器、启辉器的配合。

图 8-13 高压钠灯　　　　　　**图 8-14 金属卤化物灯**

（5）金属卤化物灯

金属卤化物灯集中了荧光灯、高压汞灯和钠灯的优点,是目前世界上最理想的气体放电型电光源,它的发光效率一般为 80 左右,显色指数高达 65～85,使用寿命大多在 10 000 h 以上,是名副其实的高效、节能、广用、长命灯,如图 8-14 所示。该灯在工作时也需要镇流器的配合。

（6）霓虹灯

霓虹灯是一种冷阴极辉光放电管,温度低,使用不受气候限制,低能耗,寿命长,霓虹灯在连续工作不断电的情况下,寿命达一万小时以上,色彩鲜艳绚丽、多姿,制作灵活,色彩多样,动感强,效果佳,通过电子程序控制,可变幻色彩的图案和文字,受到人们的欢迎。

3. 电致发光光源

在电场作用下,使固体物质发光的光源称为电致发光光源,它将电能直接转变为光能。常见的有场致发光灯(屏)和 LED 发光二极管。

场致发光灯(屏)是利用场致发光现象制成的发光灯(屏),可用在指示照明、广告等场所。LED 发光二极管是一种能够将电能转化为可见光的半导体,它改变了白炽灯钨丝发光与节能灯荧光粉发光的原理,而采用电场发光。

（二）灯具

灯具是指能透光、分配光和改变光源光分布的器具,用以达到合理利用和避免眩光的目的。灯具由电光源和灯罩(控制器)配套组成。

在实际的照明过程中,裸光源是不合理的,甚至是不允许,因为裸光源会产生刺眼的眩光,而且许多光源不能照到需要的工作面上而白白浪费,致使光照效率低。灯罩是提高照明质量的一种重要附件,灯罩的主要作用是重新分配光源发出的光通量、限制光源的眩光作用、减少和防止光源的污染、保护光源免遭机械破坏及安装和固定光源,与光源配合起一定的装饰作用。因此调整光源的投射方向,有效地节约电能就必须采用合适的灯具。

1. 灯具的分类

(1) 按光线在空间的分布情况可分为直射型、半直射型、漫射型、半间接型及间接型等。

(2) 按照灯具在建筑物上的安装方式可分为吸顶式、嵌入顶棚式、悬挂式、墙壁式及可移动式等。

(3) 按使用环境的需要可分为防潮型、防爆安全型、隔爆型及防腐蚀型等。

2. 灯具的选用

灯具的选用与照明要求有关,具体要根据实际条件进行综合考虑。

(1) 配光选择。室内照明是否达到规定的照度,工作面上的照度是否均匀,有无眩光等。

(2) 经济效益。在满足室内一定照度的情况下,电功率的消耗、设备投资及运行费用的消耗都应该适当控制,使其获得较好的经济效益。

(3) 选择灯具时,应考虑周围的环境条件,同时还要考虑灯具的外形与建筑物是否协调。

3. 灯具的布置

灯具的布置应满足以下要求:

(1) 规定的照度。

(2) 工作面上照度均匀。

(3) 光线的射向适当,无眩光、无阴影。

(4) 灯泡安装容量减至最少。

(5) 维护方便。

(6) 布置整齐、美观,并与建筑空间相协调。

我国低压供配电网的单相电压均为交流 50 Hz/220 V,所以,除需要采用安全电压供电的部分灯具外,一般灯具的常用电压是交流 220 V。例如,如果在电缆隧道内,照明灯具可选用 36 V 安全电压供电;水下灯应选用不超过 12 V 的安全电压供电。这里特定电源是指专用的安全电压装置供电,其供电电源的输入电路与输出电路必须实行电路上的隔离,工作在安全电压下的电路,必须与其他电气系统和任何无关的可导电部分实行电气上的隔离。

8.3.4　照明供电系统

(一) 照明供电系统组成

建筑物的照明供电系统主要由进户线、配电箱、配电线路及开关、插座、用电设备组成。

由室外架空供电线路电杆至建筑物外墙支架之间的线路称为接户线,从外墙至总照明配电箱之间的线路称为进户线,由总配电箱至分配电箱的线路称为干线,由分配电箱引出的线路称为支线。

（二）照明供电线路的布置

照明供电线路一般由进户线、配电箱、干线和支线组成，如图 8-15 所示。建筑物的电气照明供电一般应采用 380/220 V 的三相四线制线路供电，其中三相动力负载可以使用 380 V 的线电压，照明负载可以使用 220 V 的相电压。

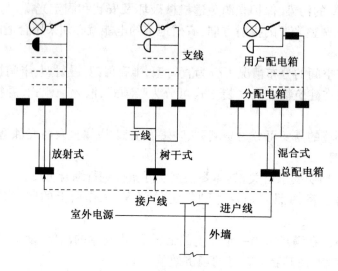

图 8-15　照明配电线路

1. 进户线

进户点的位置应根据供电电源的位置、建筑物大小和用电设备的布置情况综合考虑后确定。要求：建筑物的长度在 60 m 以内者，采用一处进线，超过 60 m 的可根据需要采用两处进线。进户线距室内地坪不得低于 3.5 m，对于多层建筑物，一般可以由二层进户。

2. 配电箱

配电箱是接受和分配电能的装置。配电箱装设有开关、熔断器及电度表等电气设备。要求：三相电源的零线不经过开关，直接接在零线极上，各单相电路所需零线都可以从零线接线板上引出。照明配电箱一般距离地面 1.5 m 安装。

3. 干线

干线布置方式主要有以下 3 种：

（1）放射式。可靠性高，一个分配电箱发生故障时不影响其他分配电箱的供电，但管线较多，投资较大。

（2）树干式。可靠性较放射式差，但节省管线，降低了造价，一般用于容量不大、狭长区域的建筑群供电。

（3）混合式。上述两种布置方式的混合应用，建筑物内重要部分可采用放射式供电，其他部分可采用树干式供电，适用于大、中型建筑群或上述两种建筑群的综合供电。

4. 支线

灯具、插座等负荷通常被均匀分成几组，每一组的电气设备由一个支线供电，各支线独立。照明系统中每一单相支线电流一般不宜超过 15 A，灯和插座数量不宜超过 20 个，最多不应超过 25 个。

（三）照明控制

正确的控制方式是实现舒适照明的有效手段，也是节能的有效措施。目前设计中常用的控制方式有跷板开关控制方式、断路器控制方式、定时控制方式、光电感应开关控制方式、智能控制器控制方式等。

1. 跷板开关控制方式

该方式就是以跷板开关控制一套或几套灯具的控制方式，这是采用得最多的控制方式，它可以配合设计者的要求随意布置，同一房间不同的出入口均需设置开关，单控开关用于在一处启闭照明。双控及多程开关用于楼梯及过道等场所，在上层、下层或两端多处启闭照明。该控制方式线路繁琐、维护量大、线路损耗多，很难实现舒适照明。

2. 断路器控制方式

该方式是以断路器控制一组灯具的控制方式。此方式控制简单、投资小，但由于控制的灯具较多，造成大量灯具同时开关，在节能方面效果很差，又很难满足特定环境下的照明要求，因此在智能楼宇中应谨慎采用该方式，尽可能避免使用。

3. 定时控制方式

该方式是以定时控制灯具的控制方式。该方式可利用 BAS 的接口，通过控制中心来实现，但该方式过于机械，遇到天气变化或临时更改作息时间，就比较难适应，一定要通过改变设定值才能实现，非常麻烦。

还有一类延时开关，照明点燃后经过预定的延时时间后自动熄灭，特别适合用在一些短暂使用照明或人们易忘记关灯的场所。

4. 光电感应开关控制方式

光电感应开关通过测定工作面的照度与设定值比较，来控制照明开关。这样可以最大限度地利用自然光，达到更节能的目的；也可提供一个较不受季节与外部气候影响的相对稳定的视觉环境。特别适合一些采光条件好的场所，当检测的照度低于设定值的极限值时开灯，高于极限值时关灯。

5. 智能控制器控制方式

在智能楼宇中照明控制系统将对整个楼宇的照明系统进行集中控制和管理，主要完成以下功能：

（1）照明设备组的时间程序控制

将楼宇内的照明设备分为若干组别，通过时间区域程序设置菜单，来设定这些照明设备的启/闭程序。如营业厅在早晨/晚上定时开启/关闭；装饰照明晚上/早晨定时开启/关闭。这样，每天照明系统按计算机预先编制好的时间程序，自动地控制各楼层的办公室照明、走廊照明、广告霓虹灯等，并可自动生成文件存档，或打印数据报表。

（2）照明设备的联动功能

当楼宇内有事件发生时，需要照明各组作出相应的联动配合。当有火警时，联动正常照明系统关闭，事故照明打开；当有保安报警时，联动相应区域的照明开启。

（四）室内照明线路的敷设

室内照明线路的敷设方式有明线敷设与暗线敷设两种。

明线敷设是指把导线直接或穿管敷设于墙面、顶棚的表面、桁架或支架等处。明线敷设方式有直接明敷（瓷夹板敷设、瓷柱敷设、槽板敷设、铝卡钉敷设）及穿管明敷，目前已很少使用,但穿钢管、塑料管或塑料线槽的明敷还较常见。明敷优点是工程造价低,施工简便,维修容易;缺点是由于导线裸露在外,容易受到有害气体的腐蚀,受到机械损伤而发生事故,同时也不够美观。

暗线敷设就是将穿线管根据电气照明设计图的要求,预先埋设于墙内、楼板内或顶棚内,然后再将导线穿入管中,使用线管有金属钢管、硬塑料管等。暗敷优点是不影响建筑物的美观,防潮,防止导线受到有害气体的腐蚀和机械的意外损伤。但是它的安装费用较高,要耗费大量管材。由于导线穿入管内,而线管又是埋在墙内,在使用过程中检修比较困难,所以安装要求比较严格。

1. 钢管布线的敷设要求

(1) 钢管及其附件应能防腐,明敷时刷防腐漆,暗敷时用混凝土保护。

(2) 钢管之间的连接处与接线盒之间均需连接成一个导电整体焊接地线,即用直径 4 mm 的镀锌铁线电焊焊接或用两根直径 2 mm 的镀锌铁线在每支钢管上缠 5 圈后锡焊焊接。

(3) 钢管的内径要圆滑,无堵塞、无漏洞,其接头须紧密。

(4) 钢管弯曲处的弯曲半径不得小于该管直径的 6 倍;埋入混凝土中的暗敷设为 10 倍;每个弯曲处角度不能小于 90°。当管线经过建筑物伸缩缝时,为防止基础下沉不均,损坏管子和导线,须在伸缩缝处装设补偿盒。

(5) 管内所穿导线(包括导线的绝缘层)的总截面积不应大于线管内径截面积的 40%;管内导线不准有接头和扭绞现象,以便于检查换线。

(6) 导线穿管,同一回路的各相导线,不论根数多少,应穿入一根管内;不同回路和不同电压的线路导线,不允许穿在一根管内;交流和直流线路导线不得穿在同一管里,一根相线导线不准单独穿入钢管。

(7) 钢管连成一体后,应接地或接零。

2. 塑料管布线的敷设要求

(1) 塑料管布线基本上和钢管布线相同,所用的附件也应是塑料制品,又因塑料管机械强度较低,埋入墙内时应用水泥砂浆保护,在地面下时,应用混凝土保护。

(2) 塑料管的连接可以用承插法,承插法是先将一支塑料管的端头用炉火烘烤加热软化(注意不要离炉火太近,以免烧焦管子),然后把另一支塑料管插入约 30 mm 即可。

(3) 塑料管弯曲时,可在炉火上烘烤加热,软化后慢慢弯曲,若管径较大时可在管内先填充加热过的砂子,然后加热塑料管进行弯曲,弯曲半径不得小于管径的 6 倍,弯曲处管子不要被弯扁,以免影响穿过导线。

(4) 当塑料管沿墙明敷时,其固定点之间,管径在 20 mm 以下时,管卡间距不应大于 1 m;管径在 40 mm 以下时,管卡间距不得大于 1.5 m;管径在 50 mm 及以上时,管卡间距可增大到 2 m。

8.4　建筑电气施工图

8.4.1　电气施工图的组成及阅读方法

（一）电气施工图的特点及组成

电气施工图所涉及的内容往往根据建筑物不同的功能而有所不同,主要有建筑供配电、动力与照明、防雷与接地、建筑弱电等,用以表达不同的电气设计内容。

1. 电气工程图的特点

（1）建筑电气工程图大多是采用统一的图形符号并加注文字符号绘制而成。

（2）电气线路都必须构成闭合回路。

（3）线路中的各种设备、元件都是通过导线连接成为一个整体的。

（4）识读建筑电气工程图时应阅读相应的土建工程图及其他安装工程图,以了解相互间的配合关系。

（5）建筑电气工程图对于设备的安装方法、质量要求以及使用维修方面的技术要求等往往不能完全反映出来,所以在阅读图纸时有关安装方法、技术要求等问题,要参照相关图集和规范。

2. 电气施工图的组成

（1）图纸目录与设计说明

包括图纸内容、数量、工程概况、设计依据以及图中未能表达清楚的各有关事项。如供电电源的来源、供电方式、电压等级、线路敷设方式、防雷接地、设备安装高度及安装方式、工程主要技术数据、施工注意事项等。

（2）主要材料设备表

包括工程中所使用的各种设备和材料的名称、型号、规格、数量等,它是编制购置设备、材料计划的重要依据之一。

（3）系统图

如变、配电工程的供配电系统图、照明工程的照明系统图、电缆电视系统图等。系统图反映了系统的基本组成,主要电气设备、元件之间的连接情况以及它们的规格、型号、参数等。

（4）平面布置图

平面布置图是电气施工图中的重要图纸之一,如变、配电所电气设备安装平面图、照明平面图、防雷接地平面图等,用来表示电气设备的编号、名称、型号及安装位置、线路的起始点、敷设部位、敷设方式及所用导线型号、规格、根数、管径大小等。通过阅读系统图,了解系统基本组成之后,就可以依据平面图编制工程预算和施工方案,然后组织施工。

（5）控制原理图

包括系统中所用电气设备的电气控制原理,用以指导电气设备的安装和控制系统的调试运行工作。

（6）安装接线图

包括电气设备的布置与接线,应与控制原理图对照阅读,进行系统的配线和调校。

（7）安装大样图（详图）

安装大样图是详细表示电气设备安装方法的图纸，对安装部件的各部位注有具体图形和详细尺寸，是进行安装施工和编制工程材料计划的重要参考。

（二）电气施工图的阅读方法

（1）熟悉电气图例符号，弄清图例、符号所代表的内容。常用的电气工程图例及文字符号可参见国家颁布的《电气图形符号标准》。

（2）针对一套电气施工图，一般应先按以下顺序阅读，然后再对某部分内容进行重点识读。

① 看标题栏及图纸目录：了解工程名称、项目内容、设计日期及图纸内容、数量等。

② 看设计说明：了解工程概况、设计依据等，了解图纸中未能表达清楚的各有关事项。

③ 看设备材料表：了解工程中所使用的设备、材料的型号、规格和数量。

④ 看系统图：了解系统基本组成，主要是电气设备、元件之间的连接关系以及它们的规格、型号、参数等，掌握该系统的组成概况。

⑤ 看平面布置图：如照明平面图、防雷接地平面图等。了解电气设备的规格、型号、数量及线路的起始点、敷设部位、敷设方式和导线根数等。平面图的阅读可按照以下顺序进行：电源→进线→总配电箱→干线→支线→分配电箱→电气设备。

⑥ 看控制原理图：了解系统中电气设备的电气自动控制原理，以指导设备安装调试工作。

⑦ 看安装接线图：了解电气设备的布置与接线。

⑧ 看安装大样图：了解电气设备的具体安装方法、安装部件的具体尺寸等。

（3）抓住电气施工图要点进行识读

在识图时，应抓住要点进行识读，如：

① 在明确负荷等级的基础上，了解供电电源的来源、引入方式及路数；

② 了解电源的进户方式是由室外低压架空引入还是电缆直埋引入；

③ 明确各配电回路的相序、路径、管线敷设部位、敷设方式以及导线的型号和根数；

④ 明确电气设备、器件的平面安装位置。

（4）结合土建施工图进行阅读

电气施工与土建施工结合得非常紧密，施工中常常涉及各工种之间的配合问题。电气施工平面图只反映了电气设备的平面布置情况，结合土建施工图的阅读还可以了解电气设备的立体布设情况。

（5）识读时，施工图中各图纸应协调配合阅读

对于具体工程来说，为说明配电关系时，需要有配电系统图；为说明电气设备、器件的具体安装位置时，需要有平面布置图；为说明设备工作原理时，需要有控制原理图；为表示元件连接关系时，需要有安装接线图；为说明设备、材料的特性、参数时，需要有设备材料表等。这些图纸各自的用途不同，但相互之间是有联系并协调一致的。在识读时应根据需要，将各图纸结合起来识读，以达到对整个工程或分部项目全面了解的目的。

8.4.2　照明灯具及配电线路的标注形式

（一）配电线路的标注

配电线路的标注用以表示线路的敷设方式及敷设部位，采用英文字母表示。

配电线路的标注格式为

$$a - b(c \times d)e - f$$

其中，a 为回路编号；b 为导线型号；c 为导线根数；d 为导线截面；e 为敷设方式及穿管管径；f 为敷设部位。

常用导线电缆型号见表 8-4，线路敷设方式及敷设部位见表 8-5。

例如，BV($3 \times 50 + 1 \times 25$)SC50—FC 表示线路是铜芯塑料绝缘导线，三根 50 mm²，一根 25 mm²，穿管径为 50 mm 的钢管沿地面暗敷。

又例如，BLV($3 \times 60 + 2 \times 35$)SC70—WC 表示线路为铝芯塑料绝缘导线，三根 60 mm²，两根 35 mm²，穿管径为 70 mm 的钢管沿墙暗敷。

（二）照明灯具的标注

灯具的标注是在灯具旁按灯具标注规定标注灯具数量、型号、灯具中的光源数量和容量、悬挂高度和安装方式。灯具光源按发光原理分为热辐射光源（如白炽灯和卤钨灯）和气体放电光源（荧光灯、高压汞灯、金属卤化物灯）。

表 8-4　常用导线电缆型号

型　号	说　明
BV,BLV	铜芯、铝芯聚氯乙烯绝缘电线
BX,BLX	铜芯、铝芯橡皮绝缘电线
BXF,BLXF	铜芯、铝芯氯丁橡皮绝缘电线
RVS	铜芯聚氯乙烯绝缘绞型软线
RFS	铜芯丁腈聚氯乙烯复合物绝缘软线
LJ,LGJ	铝芯绞线、钢芯铝绞线
VV,VLV	铜芯、铝芯聚氯乙烯绝缘聚氯乙烯护套电力电缆
XV,XLV	铜芯、铝芯橡皮绝缘护套电力电缆
ZQ,ZL	铅护套、铝护套油浸纸绝缘电力电缆
VY,VLY	铜芯、铝芯聚氯乙烯绝缘聚乙烯护套电力电缆
YJV,YJLV	铜芯、铝芯交联聚乙烯绝缘聚氯乙烯护套电力电缆

表 8-5　导线敷设与灯具安装方式标注

导线敷设方式标注		敷设部位标注		灯具安装方式标注	
符号	名称	符号	名称	符号	名称
K	瓷片或瓷珠敷设	M	用钢索敷设	W	壁装式
PR	塑料线敷设	AB	沿梁或跨梁敷设	C	吸顶式
MR	金属线槽敷设	C	沿柱跨柱敷设	R	嵌入式
SC	穿焊接钢管敷设	WS	沿墙面敷设	CL	柱上安装
MT	穿电线管敷设	CE	沿顶棚或吊顶面敷设	CP	线吊式
PC	穿聚氯乙烯管敷设	SCE	吊顶内敷设	CH	链吊式
FPC	穿阻燃半硬聚氯乙烯管敷设	BC	暗敷设在梁内	P	管吊式
CT	用电缆桥架敷设	CLC	暗敷设在柱内	CR	顶棚内安装

导线敷设方式标注		敷设部位标注		灯具安装方式标注	
符号	名称	符号	名称	符号	名称
PL	用瓷夹敷设	WC	墙内敷设	WR	墙壁内安装
PCL	用塑料夹敷设	FR	地板或地面下敷设	HM	座装
FMC	穿蛇皮管敷设	CC	暗敷在屋面或顶板内	SP	支架上安装
DB	直埋敷设				

照明灯具的标注格式为

$$a-b\frac{c\times d\times L}{e}f$$

其中，a 为灯具的数量；b 为灯具的型号或编号；c 为每盏照明灯具的灯泡数；d 为每个灯泡的功率；L 为光源的种类（通常省略）；e 为灯具的安装高度；f 为灯具安装方式代号。灯具安装方式代号见表 8-5。

例如，$5—YZ40\frac{2\times40}{2.5}CH$ 表示 5 盏 YZ40 直管型荧光灯，每盏灯具中装设 2 只功率为 40 W 的灯管，灯具的安装高度为 2.5 m，灯具采用链吊式安装方式。如果灯具为吸顶安装，那么安装高度可用"—"号表示。在同一房间内的多盏相同型号、相同安装方式和相同安装高度的灯具，可以标注一处。

例如，$20—YU60\frac{1\times60}{3}CP$ 表示 20 盏 YU60 型 U 形荧光灯，每盏灯具中装设 1 只功率为 60 W 的 U 形灯管，灯具采用线吊安装，安装高度为 3 m。

（三）照明配电箱的标注

例如：型号为 XRM1-A312M 的配电箱，表示该照明配电箱为嵌墙安装，箱内装设一个型号为 DZ20 的进线主开关，单相照明出线开关 12 个。

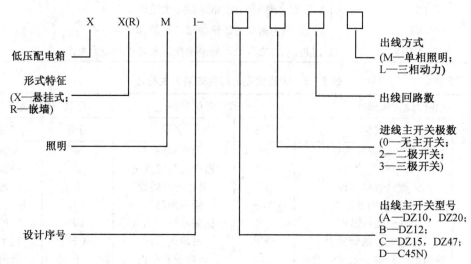

（四）常用电气照明器件装置图例

常用电气照明器件装置图例见表 8-6。

表 8-6　常用电气照明装置图例符号

图形符号	名　称	图形符号	名　称
	熔断器		屏、箱、柜的一般符号
Ⓐ Ⓥ	电流表、电压表		多种电源配电箱（盘）
Wh	有功电能表		电力配电箱（盘）
	扬声器		照明配电箱（盘）
	消防专用按钮		事故照明配电箱（盘）
	交流配电线路		按钮盒
	交流配电线路		风扇一般符号
	避雷线		暖风机或冷风机
	避雷针		轴流风扇
	开关（机械式）		电铃
	三极带熔断器开关		明装单相二级插座
	双极带熔断器开关		明装单相三极插座（带接地）
	暗装单相三极防脱锁紧型插座（带接地）		明装单相四级插座（带接地）
	暗装三相四极防脱锁紧型插座（带接地）		暗装单相二级插座
	金属地面出线盒		明装单相三极插座（带接地）
	拉线开关（单极二线）		防爆插座
	拉线双控开关（单极三线）		开关一般符号
	明装单极开关		具有单极开关的插座
	暗装单极开关		带熔断器的插座
	明装双控开关		密闭（防水）单极开关
	暗装双控开关		防爆单极开关

(续表)

图形符号	名　　称	图形符号	名　　称
⇥	墙上灯座（裸灯头）	♂	双极开关
⊗	灯具一般符号	♪	暗装双极开关
⊗	花灯	♂	三极开关
⊢—|	单管荧光灯	 ⊗	投光灯
⊢=|	双管荧光灯	 ○	杆上变电所
⊢≡|	三管荧光灯	▲	室外箱式变电所
⊢—◀	防爆型荧光灯		

8.4.3　电气施工图

（一）常用电气施工图介绍

设计说明一般是一套电气施工图的第一张图纸，主要包括：

（1）工程概况；（2）设计依据；（3）设计范围；（4）供配电设计；（5）照明设计；（6）线路敷设；（7）设备安装；（8）防雷接地；（9）弱电系统；（10）施工注意事项。

识读一套电气施工图，应首先仔细阅读设计说明，通过阅读，可以了解到工程的概况、施工所涉及的内容、设计的依据、施工中的注意事项以及在图纸中未能表达清楚的事宜。

设计说明

（一）设计依据

（1）《民用建筑电气设计规范》（JGJ/T 16—92）；

（2）《建筑物防雷设计规范》（GB 50057—94,2000 年版）；

（3）其他有关国家及地方的现行规程、规范及标准。

（二）设计内容

本工程电气设计项目包括 380 V/220 V 供配电系统、照明系统、防雷接地系统和电视电话系统。

（三）供电系统

1. 供电方式

本工程拟由小区低压配电网引来 380 V/220 V 三相四线电源，引至住宅首层总配电箱，再分别引至各用电点；接地系统为 TN－C－S 系统，进户处零线须重复接地，设专用 PE 线，接地电阻不大于 4 Ω；本工程采用放射式供电方式。

2. 线路敷设

低压配电干线选用铜芯交联聚乙烯绝缘电缆（YJV）穿钢管埋地或沿墙敷设；支干线、支线选用铜芯电线(BV)穿钢管沿建筑物墙、地面、顶板暗敷设。

（四）照明部分

（1）本工程按普通住宅设计照明系统。

（2）所有荧光灯均配电子镇流器。

（3）卫生间插座采用防水、防溅型插座；户内低于 1.8 m 的插座均采用安全型插座。

（五）防雷接地系统

（1）本工程按民用三类建筑防雷要求设置防雷措施,利用建筑物金属体做防雷及接地装置,在女儿墙上设人工避雷带,利用框架柱内的两根对角主钢筋做防雷引下线,并利用结构基础内钢筋做自然接地体,所有防雷钢筋均焊接连通,屋面上所有金属构件和设备均应就近用 Φ10 镀锌圆钢与避雷带焊接连通,接地电阻不大于 4 Ω,若实测大于此值应补打接地极,直至满足要求;具体做法详见相关图纸。

（2）本工程设总等电位连接。应将建筑物的 PE 干线、电气装置接地极的接地干线、水管等金属管道、建筑物的金属构件等导体做等电位连接。等电位连接做法按国标 02D501－2《等电位连接安装》。

（3）所有带洗浴设备的卫生间均做等电位连接,具体做法参见 98ZD501－51,52。

（4）过电压保护:在电源总配电柜内装第一级电涌保护器(SPD)。

（5）本工程接地形式采用 TN－C－S 系统,电源在进户处做重复接地,并与防雷接地共用接地极。

（六）其他

施工中应与土建密切配合,做好预留、预埋工作,严格按照国家有关规范、标准施工,未尽事宜在图纸会审及施工期间另行解决,变更应经设计单位认可。

（二）照明配电系统图

照明配电系统图是用图形符号、文字符号绘制的,用以表示建筑照明配电系统供电方式、配电回路分布及相互联系的建筑电气工程图,能集中反映照明的安装容量、计算容量、计算电流、配电方式,导线或电缆的型号、规格、数量、敷设方式及穿管管径,开关及熔断器的规格型号等。通过照明系统图,可以了解建筑物内部电气照明配电系统的全貌,它也是进行电气安装调试的主要图纸之一。

照明系统图的主要内容包括:

（1）电源进户线、各级照明配电箱和供电回路,表示其相互连接形式;

（2）配电箱型号或编号,总照明配电箱及分照明配电箱所选用计量装置、开关和熔断器等器件的型号、规格;

（3）各供电回路的编号,导线型号、根数、截面和线管直径以及敷设导线长度等;

（4）照明器具等用电设备或供电回路的型号、名称、计算容量和计算电流等。

例如,图 8－16 所示为某商场楼层配电箱照明配电系统图。

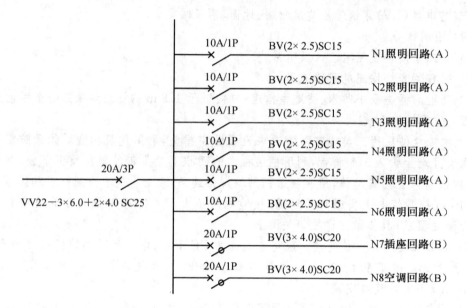

图 8-16 某商场楼层配电箱照明配电系统图

图 8-17 所示为一住宅楼照明配电系统图,请读者根据前面的知识进行识读。

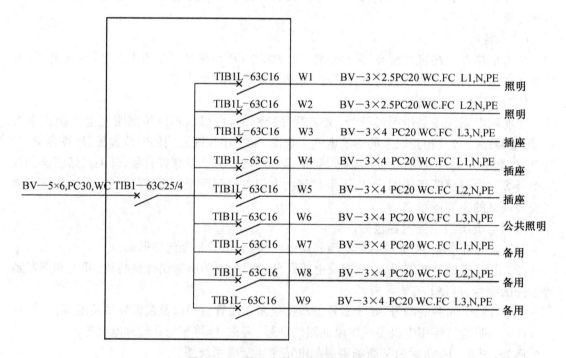

图 8-17 某住宅楼照明配电系统图

(三)平面布置图

1. 照明、插座平面图

（1）照明、插座平面图的用途、特点

照明、插座平面图主要用来表示电源进户装置、照明配电箱、灯具、插座、开关等电气设备的数量、型号规格、安装位置、安装高度，表示照明线路的敷设位置、敷设方式、敷设路径、导线的型号规格等。

（2）照明、插座平面图举例

图 8-18、图 8-19 分别为某高层公寓标准层插座、照明平面图。

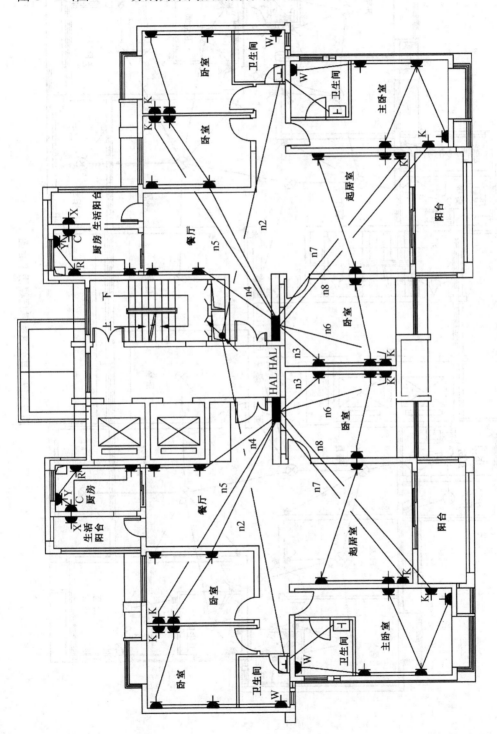

图 8-18　某公寓标准层插座平面图

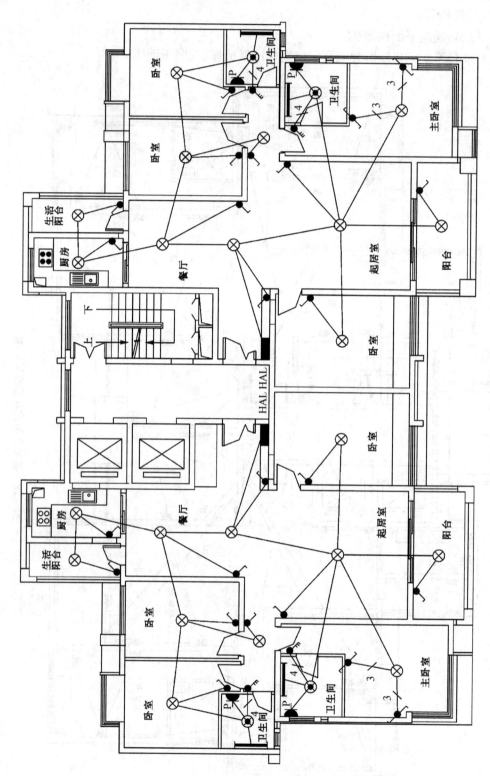

图 8-19　某公寓标准层照明平面图

2. 防雷平面图(图 8 - 20)

防雷平面图是指导具体防雷接地施工的图纸。通过阅读,可以了解工程的防雷接地装置采用的设备和材料的型号、规格,安装敷设方法,各装置之间的连接方式等情况,在阅读的同时还应结合相关的数据手册、工艺标准以及施工规范,从而对该建筑物的防雷接地系统有一个全面的了解和掌握。

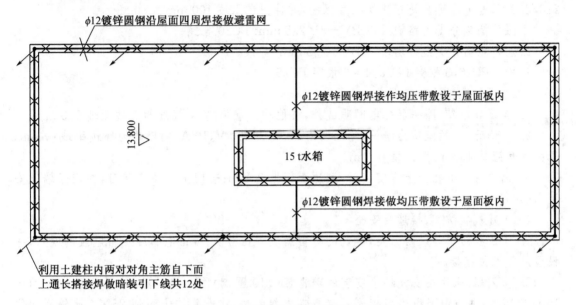

图 8 - 20　某办公楼屋顶防雷平面图

3. 电气施工图实例

以下为某汽车销售公司的电气工程图。该汽车销售公司为五层建筑,一层为汽车展厅及卖场,二至四层为汽车修理中心;五层为工作人员办公场所。

(1) 电气设计说明

电气设计说明

(一) 建筑概况

本工程为三类建筑。

建筑主体五层,建筑物高度为 23.5 m,面积为 4100.0 m²。

(二) 设计依据

1.《低压配电设计规范》(GB 50054—95);

2.《建筑物防雷设计规范》(GB 50057—94);

3.《民用建筑电气设计规范》(JGJ/T 16—92);

4.《建筑照明设计标准》(GB 50034—2004);

5.《2003 全国民用建筑工程设计技术措施——电气》;

6. 内部各专业互提的资料。

(三) 设计内容

1. 电力配电系统;

2. 照明系统；

3. 建筑物防雷、接地系统；

4. 电视、电话及网络系统。

（四）供电导线的选择及敷设

自变电所引入的电源线采自 YJV22—1 kV 电力电缆—0.8 m 埋地引入，供电电压为 220/380 V，电缆在进户处穿焊接钢管保护，并伸出散水坡 100 mm。

未注处插座分支线路均采用 BV—3×2.5 mm² PC20 导线。

未注处照明分支线路均采用 BV—2.5 mm² 导线。

2 根穿 PC16，3 根穿 PC20，4～6 根穿 PC25。

（五）设备选择及安装方式

1. 各层配电箱，除一层配电间明装外，其他均为暗装；安装高度为底边距地 1.5 m。

2. 照明开关、插座均为暗设，除注明者外，均为 250 V，10 A，插座均为底边距地 0.3 m，开关底边距地 1.3 m，距门框 0.2 m。

3. 出口标志灯在门上方安装时，底边距门框 0.2 m；若门上无法安装时，在门旁墙上安装，顶距吊顶 50 mm。

（六）建筑物防雷、接地及安全

1. 本工程防雷等级为三类，建筑的防雷满足防直击雷、防雷电感应及雷电波的侵入，并设置总等电位连接。

2. 接闪器：采用在女儿墙上安装的避雷带（ϕ10 圆钢）作为接闪器，并形成不大于 24×16 的避雷网，并与引下线牢固相连。避雷带支架做法：在女儿墙上预埋 25×4 镀锌扁钢作为支架，外露长度为 0.1 m，支架间距 1.0 m，转弯处 0.5 m。

3. 引下线：利用混凝土柱内两根不小于 ϕ16 主筋通长焊接做引下线，间距不大于 25 m。引下线位置详见防雷平面图。外墙引下线在室外地面下 1 m 处引出，与室外接地线焊接。

4. 接地极：接地装置利用地基梁的钢筋，要求所有地基梁的两根主筋均应与引下线焊接。

5. 建筑物四角的外墙引下线在距室外地面以上 0.5 m 处设测试卡子，防雷接地与其他电气接地采用统一接地装置，其总接地电阻应不大于 1 Ω。施工完成后实测接地电阻，不能满足要求时，增加人工接地极。

6. 所有露出屋面的金属管道及金属构件均应与屋面避雷带可靠连接。所有防雷接地装置中的金属件均应镀锌。

7. 本工程采用总等电位连接，总等电位板由紫铜板制成。

（七）其他

1. 施工做法参见《建筑电气安装工程图集》及现行有关国标执行。

2. 未尽事宜由现场配合解决，电气专业应与土建密切配合，预埋管线、预留孔洞、箱体留洞以建施为准。

3. 电气装置施工、安装及验收按《建筑电气安装工程施工质量验收规范》（GB 50303—2002）执行。

（2）配电系统图（图 8-21～图 8-23）

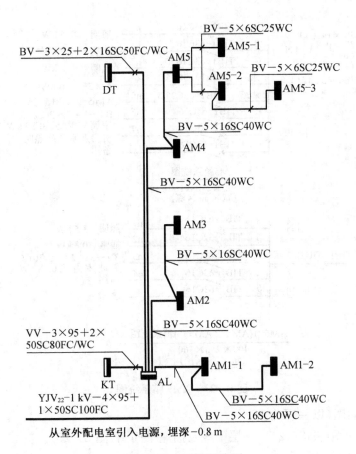

图 8 - 21　干线系统图

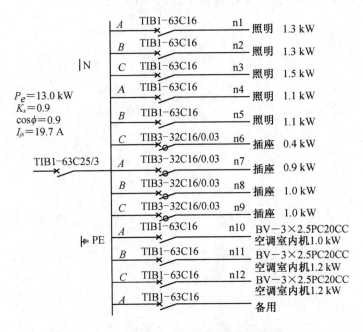

图 8 - 22　AM2(AM3,AM4)箱系统图

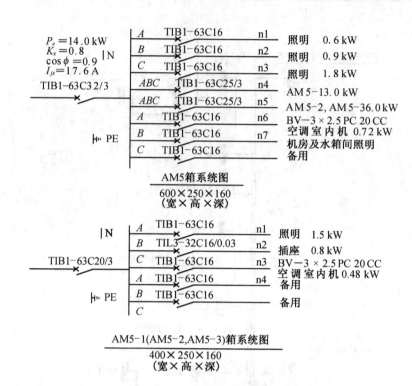

图 8 - 23　AM5 箱系统图

（3）照明平面图（以一层为例）

一层照明平面图（图 8 - 24），一层干线及插座平面图（图 8 - 25）。

（4）防雷接地平面图

屋顶防雷平面图（图 8 - 26），基础接地平面图（图 8 - 27）。

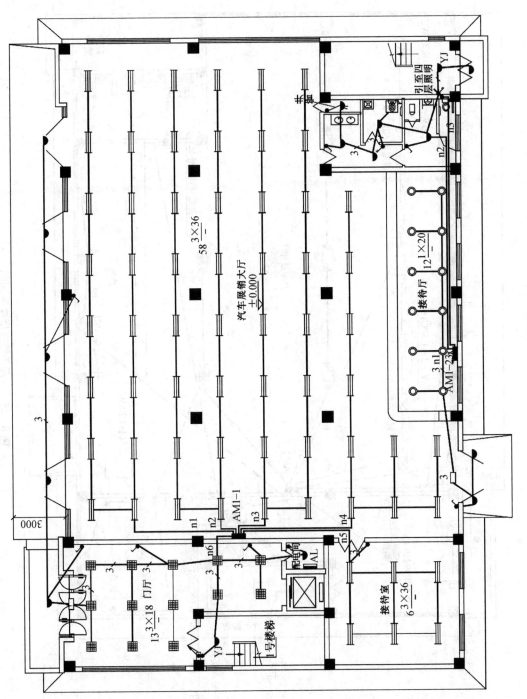

图 8－24 一层照明平面图

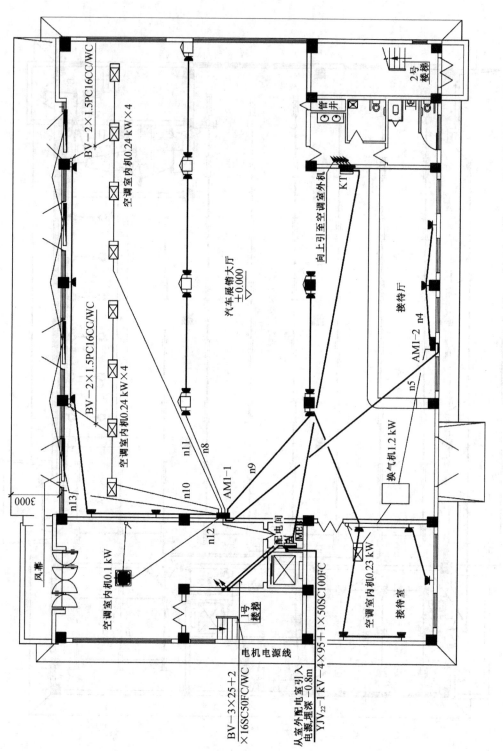

图 8 - 25　一层干线及插座平面图

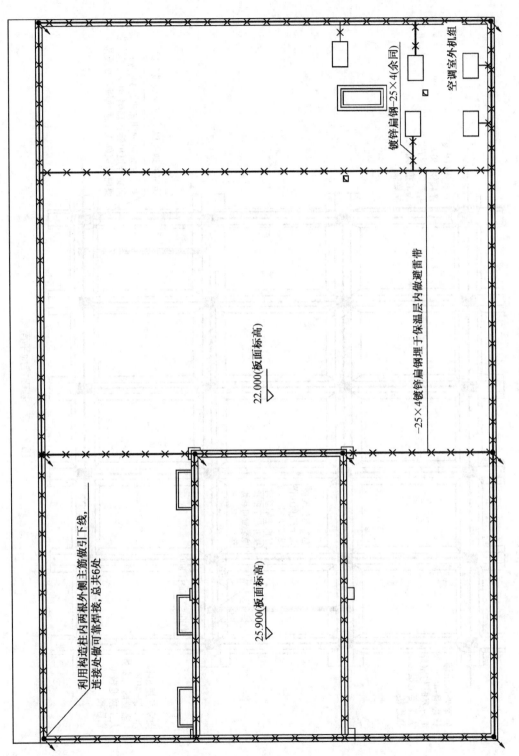

图 8 - 26 屋顶防雷平面图

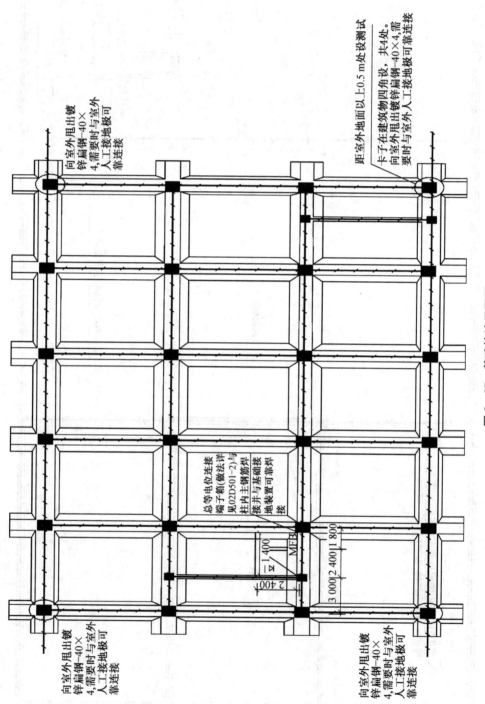

图 8 - 27 基础接地平面图

[复习思考题]

1. 什么叫电压、电位、电动势？它们的关系如何？
2. 三相交流电电源的连接有哪两种方式？有何区别？
3. 常用的低压电器有哪些？各有什么作用？
4. 低压配电有哪些方式？
5. 配电线路敷设分哪几种？
6. 低压配电箱的使用注意事项有哪些？
7. 常用电光源的种类有哪些？

[案例分析]

　　2008 年 11 月 14 日早晨 6 时 10 分左右,上海某高校学生宿舍楼发生火灾,4 名女生从 6 楼宿舍阳台跳下逃生,当场死亡,酿成近年来最为惨烈的校园事故。宿舍火灾初步判断缘起于寝室里使用"热得快"导致电器故障并将周围可燃物引燃。这给宿舍安全管理特别是防火安全敲响了警钟。火灾是由个别学生使用违章用火用电器而引发,给其他住宿学生造成了重大影响。学生宿舍是一个集体场所,是一个人口密度极大的聚居地,任何一场火灾都可能造成重大后果,带来无可挽回的财产损失和人身伤害。为了住宿同学的生命财产安全,宿舍内严禁使用违章电器、劣质电器、非安全电器器具、无 3C 认证产品及其他危害公共安全、不适宜在集体宿舍内使用的大功率电器设备。

第9章 建筑防雷与安全用电

9.1 建筑防雷

雷电是十分常见的自然现象,随着高层建筑物的增多和用电设备的增加,如何有效地防止雷电引发的灾害,是建筑工程中的一项重要内容。

建筑防雷主要包括两个方面:(1)建筑物的防雷;(2)电力与电子设备的防雷。两者受雷电侵袭的方式不尽相同,防雷措施也要结合实际认真考虑。

9.1.1 雷电及其危害

(一)雷电形成

雷电是带电的云层(雷云)对地面建筑物及大地的自然放电现象,它会对建筑物或设备产生严重破坏。因此,对雷电的形成过程及其放电条件应有所了解,从而采取适当的措施,保护建筑物不受雷击。

在闷热潮湿的时候,地面上的水受热变为蒸汽,并且随地面的受热空气而上升,在空中与冷空气相遇,使上升的水蒸气凝结成小水滴,形成积云。云中水滴受强烈气流吹袭,分裂为一些小水滴和大水滴,较大的水滴带正电荷,小水滴带负电荷。细微的水滴随风聚集形成了带负电的雷云;带正电的较大水滴常常向地面降落而形成雨,或悬浮在空中。由于静电感应,带负电的雷云在大地表面感应有正电荷。这样雷云与大地间形成了一个大的电容器,当电场强度很大、超过大气的击穿强度时,便发生了雷云与大地间的放电,就是一般所说的雷击。

(二)雷电危害

雷电有多方面的破坏作用,其危害主要有两类:一是直接破坏作用,主要表现为雷电的热效应和机械效应;二是间接破坏作用,主要表现为电气效应和电磁效应。

1. 直击雷

雷云直接对建筑物或地面上的其他物体放电的现象称为直击雷。雷云放电时,引起很大的雷电流,可达几百千安,从而产生极大的破坏作用。雷电流通过被击物体时,产生大量的热量,使物体燃烧。被击物体内的水分由于突然受热,急骤膨胀,还可能使被击物劈裂。所以当雷云向地面放电时,常常会发生房屋倒塌、损坏或者引起火灾,发生人畜伤亡的事故。

2. 雷电感应

雷电感应是雷电的第二次作用,即雷电流产生的电磁效应和静电效应作用。雷云在建筑物和架空线路上空形成很强的电场,在建筑物和架空线路上便会感应出与雷云电荷相反的束缚电荷。在雷云向其他地方放电后,云与大地之间的电场突然消失,但聚集在建筑物的顶部或架空线路上的电荷不能很快地全部泄入大地,残留下来的大量电荷,相互排斥而产生强大的能量使建筑物震裂。同时,残留电荷形成的高电位,往往造成屋内电线、金属管道和大型金属设备放电,击穿电气绝缘层或引起火灾和爆炸。

3. 雷电波侵入

当架空线路或架空金属管道遭受雷击或者与遭受雷击的物体相碰以及由于雷云在附近放电,在导线上产生很高的电动势,沿线路或管路将高电位引进建筑物内部,称为雷电波侵入,又称高电位引入。出现雷电波侵入时,可能发生火灾及触电事故。

4. 球形雷

对球形雷形成的研究,还没有完整的理论。通常认为它是一个温度极高的特别明亮的眩目发光球体,直径在 $10\sim20$ cm 以上。球形雷通常在闪电后发生,以每秒几米的速度在空气中漂行,它能从烟囱、门、窗或孔洞进入建筑物内部造成破坏。

雷电的形成与气象条件(如空气湿度、空气流动速度)及地形(如山岳、高原、平原)等有关。湿度大、气温高的季节(尤其是夏季)以及地面的突出部分较易形成闪电。因此,在夏季,突出的高建筑物、树木、山顶等更容易遭受雷击。

9.1.2　建筑物防雷等级

1. 建筑物的防雷分类

建筑物的防雷设计应根据建筑物本身的重要性、使用性质、发生雷电事故的可能性和后果,结合当地的雷电活动情况和周围环境特点,综合考虑后确定是否安装防雷装置及安装何种类型的防雷装置。根据《建筑物防雷设计规范》(GB 50057—94)的要求,建筑物防雷分为三类。

第一类防雷建筑物包括:

(1) 凡制造、使用或储存炸药、火药、起爆药、火工品等大量爆炸物质的,会因电火花而引起爆炸,造成巨大破坏和人身伤亡的建筑物;

(2) 具有 0 区或 10 区爆炸危险环境的建筑物;

(3) 具有 1 区爆炸危险环境的,会因电火花而引起爆炸,造成巨大破坏和人身伤亡的建筑物。

第二类防雷建筑物包括:

(1) 国家级重点文物保护单位的建筑物;

(2) 国家级的会堂、办公建筑物、大型展览和博览建筑物、大型火车站、国家级档案馆、大型城市的重要给水水泵房等特别重要的建筑物;

(3) 国家级计算中心、国际通信枢纽等对国民经济有重要意义且装有大量电子设备的建筑物;

(4) 制造、使用或储存爆炸物质的,且电火花不易引起爆炸或不致造成巨大破坏和人身伤亡的建筑物;

(5) 具有 1 区爆炸危险环境的,且电火花不易引起爆炸或不致造成巨大破坏和人身伤亡的建筑物;

(6) 具有 2 区或 11 区爆炸危险环境的建筑物;

(7) 有爆炸危险的露天钢质封闭气罐的工业企业建筑物；

(8) 预计雷击次数大于 0.06 次/s 的部、省级办公建筑物及其他重要或人员密集的公共建筑物；

(9) 预计雷击次数大于 0.3 次/s 的住宅、办公楼等一般性的其他民用建筑物。

第三类防雷建筑物包括：

(1) 省级重点文物保护单位的建筑物及省级档案馆。

(2) 预计雷击次数大于或等于 0.012 次/s,且小于或等于 0.06 次/s 的部、省级办公建筑物及其他重要或人员密集的公共建筑物。

(3) 预计雷击次数大于或等于 0.06 次/s,且小于或等于 0.3 次/s 的住宅、办公楼等一般性的其他民用建筑物。

(4) 预计雷击次数大于或等于 0.06 次/s 的一般性工业建筑物。

(5) 根据雷击后对工业生产的影响及产生的后果,并结合当地气象、地形、地质及周围环境等因素,确定需要防雷的 21 区、22 区、23 区火灾危险环境的建筑物。

(6) 在平均雷暴日大于 15 d/s 的地区,高度在 15 m 及以上的烟囱、水塔等孤立的高耸建筑物;在平均雷暴日小于或等于 15 d/s 的地区,高度在 20 m 及以上的烟囱、水塔等孤立的高耸建筑物。

上述建筑物防雷分类中所提到的火灾和爆炸危险环境的区域是按如下原则进行划分的。

0 区:连续出现或长期出现爆炸性气体混合物的环境;

1 区:在正常运行时可能出现爆炸性气体混合物的环境;

2 区:在正常运行时不可能出现爆炸性气体混合物的环境,或即使出现也仅是短时存在的爆炸性气体混合物的环境;

10 区:连续出现或长期出现爆炸性粉尘的环境;

11 区:有时会将积留下的粉尘扬起而偶然出现爆炸性粉尘混合物的环境;

21 区:具有闪点高于环境温度的可燃气体,在数量和配置上能引起火灾危险的环境;

22 区:具有悬浮状、堆积状的可燃粉尘或可燃纤维,虽不可能形成爆炸混合物,但在数量和配置上能引起火灾危险的环境;

23 区:具有固体状可燃物质,在数量和配置上能引起火灾危险的环境。

2. 电子信息系统雷电防护等级划分

根据《建筑物电子信息系统防雷技术规范》(GB 50343—2004)规定,建筑物电子信息系统的雷电防护等级应按防雷装置的拦截效率划分为 A,B,C,D 四级。

(1) 按建筑物电子信息系统所处环境进行雷击风险评估,确定雷电防护等级;

(2) 按建筑物电子信息系统的重要性和使用性质确定雷电防护等级。

对于特殊重要的建筑物,宜采用上述两种方法进行雷电防护分级,并按其中较高防护等级确定。

9.1.3 防雷措施与装置

(一) 防雷技术措施

建筑物遭受雷电袭击与许多因素有关。如建筑物所在地区的地质条件,这是影响落雷的主要因素,即土壤电阻率小的地方易落雷;在土壤电阻率突变的地区,电阻率较小处易落雷;在山坡与稻田的交界处、岩石与土壤的交界处,多在稻田与土壤中产生雷击;地下水面积大和地下金属管道多的地点,也易遭受雷击。其次,地形和地物条件也是影响落雷的重要因素,即建筑群中的高耸建筑和空旷的孤立建筑易受雷击;山口或风口等雷暴走廊处、铁路枢纽和架空线路转角处也易遭受雷击。第三,建筑物的构造及其附属构造条件也是影响落雷的因素,即建筑物本身所能积蓄的电荷越多,越容易接闪雷电;建筑构件(梁、板、柱、基础等)内的钢筋、金属屋顶、电梯间、水箱间、楼顶突出部位(天线、旗杆、烟道、通气管等)均容易接闪雷电。第四,建筑物内外设备条件也是影响落雷的因素,即金属管道设备越多,越易遭受雷击。

因此,对建筑物防雷措施的设计,应认真调查地质、地貌、气象、环境等条件和雷电活动规律以及被保护建筑物的特点等,因地制宜地采取防雷措施,做到安全可靠、技术先进、经济合理。总的来说,各类防雷建筑物宜采取防直击雷和防雷电波侵入的措施。需特别指出的是,任何一种防雷措施均需做到可靠接地,保证规定的每一根引下线的冲击接地电阻值应满足相应的设计规范的要求。

(1) 防直击雷措施:防雷装置由外部和内部雷电防护装置组成。外部防雷主要由接闪器、引下线和接地装置组成,主要以防直击雷为主。

(2) 防雷电感应措施:为防止静电感应产生高电位和电火花,建筑物内金属物(设备、钢窗等)和突出屋面的金属物(通风管等)均应通过接地装置与大地做可靠的连接,金属屋面和混凝土屋面的钢筋应接成电气闭合回路,沿四周每隔 18~24 m 做一次引线接地。

为防止电路感应产生高电位和电火花,平行敷设的金属管道、电缆等间距应不小于100 mm,若达不到时,应每隔 20~30 mm 用金属线跨接。金属管道及连接件应保持良好的接触,$R_{cj} < 10\ \Omega$,一般建筑内接地干线与接地装置的连接不得少于两处。

(3) 防雷电波侵入的措施:通常在架空线路上装设避雷线,在进入变压器高压一侧靠近变压器处安装避雷器,低压一侧留有保护间隙。无论是架空还是埋地的金属管道,在进入建筑物前应与防雷感应装置连接。

(4) 建筑工地防雷:是针对高层建筑工地而言的。主要做法有:施工前做好防雷措施,首先做好接地;随时将混凝土柱内的主筋与接地装置连接;在脚手架上做数根避雷针,杉木的顶针至少高于杉木 30 cm,并直接接到接地装置上;施工用起重机最上端务必装避雷针,并将其下部连接于接地装置上,移动式起重机须将两条滑行钢轨接到接地装置上。

(二) 防雷装置

防直接雷主要采用接闪器系统;防感应雷主要采用将所有设备的金属外壳可靠接地,以消除感应或电磁火花;防雷电波侵入多用避雷器。

接闪器系统是建筑物防雷装置中最常用的一种系统,它有三个基本组成部分:接闪器、引下线和接地体。下面对这三个组成部分分别加以介绍,如图 9-1。

1. 接闪器

建筑物防雷采用的接闪器是在建筑物顶部人为设计的最突出的金属导体。在天空雷云的感应下,接闪器处形成的电场强度最大,所以最容易与雷云间形成导电通路,使巨大的雷电流由接闪器经引下线、接地装置疏导至大地中,从而保护了建筑物及建筑物中人员和设备财产的安全。建筑物常采用的防雷接闪器有三种形式:避雷针、避雷带和避雷网。下面对这

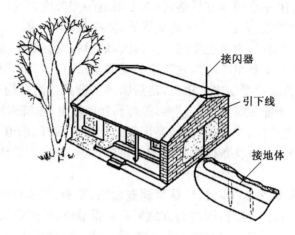

图 9-1　建筑防雷装置示意图

三种形式的接闪器分别加以介绍。

(1) 避雷针

在防雷接闪器的各种形式中,避雷针是最简单的,它一般设于屋顶有高耸或孤立的部分。对于砖木结构的房屋,可把避雷针立于房屋顶部或屋脊上。避雷针的针顶形状一般采用尖形。

避雷针一般采用镀锌圆钢或焊接钢管制成。避雷针的直径:当针长 1 m 以下,若为圆钢取 12 mm,钢管取 20 mm;当针长 1~2 m 时,若为圆钢取 16 mm,钢管取 25 mm;对于设于烟囱顶上的避雷针,若为圆钢取 20 mm,钢管取 40 mm。

避雷针应考虑防腐,除应镀锌或涂刷防锈漆外,在腐蚀性较强的场所,还应适当加大截面或采取其他防腐措施。

(2) 避雷带和避雷网

避雷带和避雷网一般采用圆钢或扁钢制成,圆钢直径不应小于 8 mm,扁钢截面不应小于 48 mm² 且厚度不小于 4 mm。

明装时为避免接闪部位的振动,宜将避雷带(避雷网)用支撑卡安装在高于屋面 10~20 mm 处,支撑点间距取 1~1.5 m。同时,明装接闪器应做热镀锌处理,焊接点应涂漆。在腐蚀性较强的场所,还应加大其截面或采取其他防腐措施。

暗装时可利用建筑构件中的钢筋或圆钢作为接闪器,用做避雷带(避雷网)的钢筋应可靠地连成一体。

避雷带主要安装在建筑物雷击几率高的部位,对其进行重点保护。

避雷网适用于屋顶面积较大、坡度不大,又没有高耸的突出部位的高层建筑的屋面保护。采用明装方式时,屋顶不便开辟其他活动场所。

2. 引下线

引下线的作用是将接闪器承受的雷电流顺利引到接地装置上,一般由圆钢或扁钢制成,有明装和暗装两种方式。

明装引下线一般由直径不小于 8 mm 的圆钢或截面不小于 48 mm² 且厚度不小于 4 mm 的扁钢制成。在易受腐蚀的部位,截面应适当加大。每幢建筑物至少应有两根引下线,最好采用对称布置,引下线应沿建筑物外墙敷设。采用多根引下线时,应在各引下线上距离地面 0.3～1.8 m 之间设置断接卡子。从地下 0.3 m 到地上 1.7 m 的一段引下线应采取保护措施,以防止机械损坏。引下线的敷设应尽量短而直。若必须弯曲时,弯角应大于90°,敷设时应保持一定的松紧度。也可利用建筑物的金属构件,如消防梯、铁爬梯等为引下线,但应将各部分连成可靠的电气通路。

暗装时引下线的截面一般应比明装时加大一级。借用建筑金属结构作为引下线:作为引下线的钢筋在最不利时 $d \geqslant 11$ mm,而高层的柱中 $d \geqslant 20$ mm 的钢筋很常见。一般在指定柱或剪力墙某处的引下点,选用 $d \geqslant 16$ mm 的两根主筋为一个引下线。施工中均应标明记号,保证每层上下串焊正确,搭焊长度 $\geqslant 100$ mm。

　　3. 接地体

接地体是用于将雷电流或雷电感应电流迅速疏散到大地中去的导体。接地线通常采用 $S \geqslant 100$ mm^2, t(厚) $\geqslant 4$ mm 的扁钢或 $d = 12$ mm 的圆钢焊接,埋入地下 1 m 为宜。接地体常采用 $d > 20$ mm 的圆钢或 $d \geqslant 40$ mm 的圆管、40 mm×40 mm×4 mm 的角钢。埋入地下 2.5 m,再用扁钢连接。在腐蚀较强的土壤中,可采用镀锌防锈钢材或加大其横截面积。一般规定接地体的接地冲击电阻 $R_{cj} < 10$ Ω。

接地体有以下三类。

(1) 自然接地体。利用地下的已有其他功能的金属物体作为防雷接地装置,如直埋暗装电缆金属外皮、直埋金属管(如水管)、钢筋混凝土电杆等。利用自然接地体无需另增设备,造价较低。

(2) 基础接地体。当混凝土是采用以硅酸盐为基料的水泥(如矿渣水泥、波特水泥等),且基础周围的土壤含水量不低于 4% 时,应尽量利用基础中的钢筋作为接地装置,以降低造价。引下线应与基础内钢筋焊在一起。

(3) 人工接地体。当采用自然接地体和基础接地体不能满足防雷设计要求时,宜采用人工接地体,它有垂直接地体和水平接地体两种形式。

埋于土壤中的人工垂直接地体可利用角钢、钢管和圆钢制成,埋于土壤中的人工水平接地体可用扁管和圆钢制成。

圆钢直径不应小于 10 mm,扁钢截面不应小于 100 mm^2,且其厚度不应小于 4 mm,角钢厚度不应小于 4 mm,钢管的壁厚不应小于 3.5 mm。人工垂直接地体的长度一般为2.5 m,垂直接地体和水平接地体间距均为 5 m,当尺寸受到限制时可适当减少。人工接地体在土壤中的埋深一般不小于 0.5 m。

埋在土壤中的接地装置的连接应采用焊接,各焊点应做防腐处理。人工接地体安装完成后应将周围埋土夯实,不得回填砖石、灰渣之类杂土。为确保接地电阻满足规范要求,有时需采用降低土壤电阻率的相应技术措施。

防雷装置施工完成后,应接表测定其接地电阻值,接地电阻值应符合相关规范的要求。

9.2　安全用电

随着电能在人们生产、生活中的广泛应用,人接触电气设备的机会增多,同时发生电气事故的可能性也增加了。电气事故包括设备事故和人身事故两种。设备事故是指设备发生被烧毁或发生故障带来的各种事故,设备事故会给人们造成不可估量的经济损失和不良影响;人身事故指人触电死亡或受伤等事故,它会给人们带来巨大的痛苦。因此,应了解安全用电常识,遵守安全用电的有关规定,避免损坏设备或发生触电伤亡事故。

9.2.1　触电伤害

(一)电气危害的种类

电气危害有两个方面:一方面是对系统自身的危害,如短路、过电压、绝缘老化等;另一方面是对用电设备、环境和人员的危害,如触电、电气火灾、电压异常升高造成用电设备损坏等,其中尤以触电和电气火灾危害最为严重。触电可直接导致人员伤残、死亡,或引发坠落等二次事故致人伤亡。电气火灾是近 20 年来在我国迅速蔓延的一种电气灾害,我国电气火灾在火灾总数中所占的比例已达 30% 左右。另外,在有些场合,静电产生的危害也不能忽视,它是电气火灾的原因之一,对电子设备的危害也很大。

(二)触电事故的种类

触电是泛指人体触及带电体。触电时电流会对人体造成各种不同程度的伤害。触电事故按照能量施加方式的不同分为两类:一类叫"电击",另一类叫"电伤"。

1. 电击及其分类

所谓电击,是指电流通过人体时所造成的内部伤害,它会破坏人的心脏、呼吸及神经系统,甚至危及生命。人体遭受数十毫安工频电流电击时,时间稍长即会致命。电击是全身伤害,但一般不在人身表面留下大面积明显的伤痕。其根本原因:在低压系统通电电流不大且时间不长的情况下,电流引起人的心室颤动,是电击致死的主要原因;在通过电流虽较小、但时间较长的情况下,电流会造成人体窒息而导致死亡。绝大部分触电死亡事故都是电击造成的。日常所说的触电事故,基本上是指电击。

电击可分为直接电击与间接电击两种。直接电击是指人体直接触及正常运行的带电体所发生的电击。间接电击则是指电气设备发生故障后,人体触及该意外带电部分所发生的电击。直接电击多数发生在误触相线、刀闸或其他设备带电部分。间接电击大都发生在大风刮断架空线或接户线后,搭落在金属物或广播线上,相线和电杆拉线搭连,电动机等用电设备的线圈绝缘损坏而引起外壳带电等情况下。

2. 电伤及其分类

电伤是指电流的热效应、化学效应或机械效应对人体造成的伤害。电伤是对人体外部组织造成的局部伤害,而且往往在肌体上留下伤疤。

(1)电弧烧伤,也叫电灼伤,是最常见也是最严重的一种电伤,多由电流的热效应引起,具体症状是皮肤发红、起泡,甚至皮肉组织被破坏或烧焦。通常发生在:低压系统带负荷拉开裸露的刀闸开关时电弧烧伤人的手和面部;线路发生短路或误操作引起短路;高压系统因误操作产生强烈电弧导致严重烧伤;人体与带电体之间的距离小于安全距离而放电。

(2)电烙印,当载流导体较长时间接触人体时,因电流的化学效应和机械效应作用,接触部分的皮肤会变硬并形成圆形或椭圆形的肿块痕迹,如同烙印一般。

(3)皮肤金属化,由于电流或电弧作用(熔化或蒸发)产生的金属微粒渗入了人体皮肤表层而引起,使皮肤变得粗糙坚硬并呈青黑色或褐色。

（三）触电对人体的危害因素

电危及人体生命安全的直接因素是电流,而不是电压,而且电流对人体的电击伤害的严重程度与通过人体的电流大小、频率、持续时间、流经途径和人体的健康情况有关。现就其主要因素分述如下：

1. 电流的大小

通过人体的电流越大,人体的生理反应亦越大。人体对电流的反应虽然因人而异,但相差不甚大,可视做大体相同。根据人体反应,可将电流划为三级：

（1）感知电流。引起人感觉的最小电流,称感知阈。感觉轻微颤抖刺痛,可以自己摆脱电源,此时大致为工频交流电 1 mA。感知阈与电流的持续时间长短无关。

（2）摆脱电流。通过人体的电流逐渐增大,人体反应增大,感到强烈刺痛、肌肉收缩。但是由于人的理智,还是可以摆脱带电体的,此时的电流称为摆脱电流。当通过人体的电流大于摆脱阈时,受电击者自救的可能性就减小。摆脱阈主要取决于接触面积、电极形状和尺寸及个人的生理特点,因此不同的人摆脱电流也不同。摆脱阈一般取 10 mA。

（3）致命电流。通过人体能引起心室颤动或呼吸窒息而致人死亡的电流,称为致命电流。人体心脏在正常情况下,有节奏地收缩与扩张,把新鲜血液送到全身。当通过人体的电流达到一定数量时,心脏的正常工作受到破坏。每分钟数十次变为每分钟数百次以上的细微颤动,称为心室颤动。心脏在细微颤动时,不能再压送血液,血液循环终止。若在短时间内不摆脱电源,不设法恢复心脏的正常工作,将会死亡。

引发心室颤动与人体通过的电流大小有关,还与电流持续时间有关。一般认为 30 mA 以下是安全电流。

2. 人体电阻抗和安全电压

人体的电阻抗主要由皮肤阻抗和人体内阻抗组成,且电阻抗的大小与触电电流通过的途径有关。皮肤阻抗可视为由半绝缘层和许多小的导电体（毛孔）构成,为容性阻抗,当接触电压小于 50 V 时,其阻值相对较大,当接触电压超过 50 V 时,皮肤阻抗值将大大降低,以至于完全被击穿后阻抗可忽略不计。人体内阻抗则由人体脂肪、骨骼、神经、肌肉等组织及器官所构成,大部分为阻性的,不同的电流通路有不同的内阻抗。据测量,人体表皮 0.05～0.2 mm 厚的角质层电阻抗最大,约为 1000～10 000 Ω,其次是脂肪、骨骼、神经、肌肉等。但是,若皮肤潮湿、出汗、有损伤或带有导电性粉尘,人体电阻会下降到 800～1000 Ω。所以在考虑电气安全问题时,人体的电阻只能按 800～1000 Ω 计算。

安全电压是指人体不戴任何防护设备时,触及带电体不受电击或电伤的电压。人体触电的本质是电流通过人体产生了有害效应,然而触电的形式通常都是人体的两部分同时触及了带电体,而且这两个带电体之间存在着电位差。因此在电击防护措施中,要将流过人体的电流限制在无危险范围内,即在形式上将人体能触及的电压限制在安全的范围内。国家标准制定了安全电压系列,称为安全电压等级或额定值,这些额定值指的是交流有效值,分别为：42 V、36 V、24 V、12 V 和 6 V 等几种。

安全电压指的是一定环境下的相对安全,并非是确保无电击的危险。对于安全电压的选用,一般可参考下列数值：隧道、人防工程手持灯具和局部照明应采用 36 V 安全电压；潮湿和易触及带电体的场所的照明,电源电压应不大于 24 V；特别潮湿的场所、导电良好的地面、锅炉或金属容器内使用的照明灯具应采用 12 V。

3. 触电时间

人的心脏在每一收缩扩张周期中间,约有 0.1～0.2 s 称为易损伤期。当电流在这一瞬间通过时,引起心室颤动的可能性最大,危险性也最大。

人体触电,当通过电流的时间越长,能量积累增加,引起心室颤动所需的电流也就越小;触电时间越长,越易造成心室颤动,生命危险性就越大。据统计,触电 1 min 内开始急救,90%有良好的效果。

4. 电流途径

电流在人体的流通途径有左手到右手、左手到脚、右手到脚等,其中电流经左手到脚的流通是最不利的一种情况,因为这一通道的电流最易损伤心脏。电流通过心脏,会引起心室颤动,通过神经中枢会引起中枢神经失调,这些都会直接导致死亡。电流通过脊髓,还会导致半身瘫痪。

5. 电流频率

电流频率不同,对人体伤害也不同。据测试,15～100 Hz 的交流电流对人体的伤害最严重。由于人体皮肤的阻抗是容性的,与频率成反比,随着频率增加,交流电的感知、摆脱阈值都会增大。虽然频率增大,对人体伤害程度有所减轻,但高频高压还是有致命的危险的。

6. 人体状况

人体不同,对电流的敏感程度也不一样,一般地,儿童较成年人敏感,女性较男性敏感。心脏病患者,触电后的死亡可能性就更大。

9.2.2 触电方式

按照人体触及带电体的方式和电流通过人体的途径,触电可分为以下三种情况:

(一)单相触电

单相触电是指人体在地面或其他接地导体上,人体某一部分触及一相带电体的触电事故,如图 9-2 所示。大部分触电事故都是单相触电事故。

(二)两相触电

两相触电是指人体两处同时触及两相带电体的触电事故,如图 9-3 所示。两相触电时电流将从一相导体通过人体流入另一相导体,显然其危险性一般是比较大的,因为此时人体两处的电压是 380 V 的线电压,流过人体的电流约为 268 mA,这样大的电流只要经过约0.186 s,人就会死亡。

(三)跨步电压触电

当电气设备或输电线路发生故障而使导线接地时,由于导线与大地构成回路,接地电流经导线向大地四周流散,会在导线周围地面形成电场,此时,在 20 m 以外,大地电位才等于零。假如人在接地点附近行走,分开的双脚之间会产生电位差,此电位差就是跨步电压。当人体触及跨步电压时,电流就会流过人体,造成触电事故。由此引起的触电事故叫跨步电压触电,如图 9-4 所示。离接地点越近、两脚距离越大,跨步电压值就越大。一般 10 m 以外就没有危险。

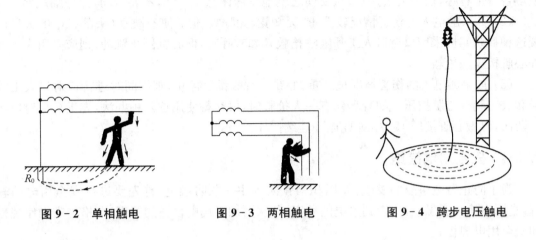

图 9-2　单相触电　　　　　图 9-3　两相触电　　　　　图 9-4　跨步电压触电

9.2.3　触电急救

人触电后,往往会出现神经麻痹、呼吸中断、心脏停止跳动等症状,呈昏迷不醒的状态,但实际上这时往往是处在"假死"状态。所以现场急救对抢救触电者是非常重要的,如现场抢救及时,方法得当,坚持不懈,呈"假死"状态的人往往就可以"起死回生"。据国外资料记载,触电后 1 min 开始救治者,90%有良好效果;触电后 6 min 救治者,10%有良好效果;触电后 12 min 开始救治者,救活的可能性就很小。这个统计资料虽不完全准确,但说明抢救的时间是个重要因素。因此,触电急救应争分夺秒,不能等待医务人员。为了做到及时急救,平时就要了解触电急救常识,对与电气设备有关的人员还应进行必要的触电急救训练。

(一)脱离电源

发现有人触电时,首先是尽快使触电人脱离电源,这是实施其他急救措施的前提。脱离电源的方法有:

(1) 如果电源的闸刀开关就在附近,应迅速拉开开关。一般的电灯开关、拉线开关只控制单线,而且不一定控制的是相线(俗称火线),所以拉开这种开关并不保险,还应该拉开闸刀开关。

(2) 如闸刀开关距离触电地点很远,则应迅速用绝缘良好的电工钳或有干燥木把的利器(如刀、斧、锨等)把电线砍断(砍断后,有电的一头应妥善处理,防止又有人触电),或用干燥的木棒、竹竿、木条等物迅速将电线拨离触电者。拨线时应特别注意安全,能拨的不要挑,以防电线甩在别人身上。

(3) 若现场附近无任何合适的绝缘物可利用,而触电人的衣服又是干的,则救护人员可用包有干燥毛巾或衣服的一只手去拉触电者的衣服,使其脱离电源。若救护人员未穿鞋或穿湿鞋,则不宜采用这样的办法抢救。

以上抢救办法不适用于高压触电情况,遇有高压触电应及时通知有关部门拉掉高压电源开关。

(二)对症救治

当触电人脱离了电源以后,应迅速根据具体情况做对症救治,同时向医务部门呼救。

(1) 如果触电人的伤害情况并不严重,神志还清醒,只是有些心慌、四肢发麻、全身无力或虽曾一度昏迷,但未失去知觉,只要使之就地安静休息1～2 h,不要走动,并仔细观察。

(2)如果触电人的伤害情况较严重,无知觉、无呼吸,但心脏有跳动(头部触电的人易出现这种症状),应采用口对口人工呼吸法抢救。如有呼吸,但心脏停止跳动,则应采用人工胸外心脏按压法抢救。

(3)如果触电人的伤害情况很严重,心跳和呼吸都已停止,则需同时进行口对口人工呼吸和人工胸外心脏按压。如现场仅有一人抢救时,可交替使用这两种办法,先进行口对口吹气两次,再做心脏按压15次,如此循环连续操作。

9.2.4　安全用电措施

为了防止触电事故的发生,要以积极预防为主。预防触电,首先要进行安全用电的教育,克服麻痹大意思想,认识到触电的危害;其次要加强用电设备的管理,严格遵守操作规程和安全用电规程。

(1)加强用电安全教育和培训,掌握安全用电的基本知识和触电急救知识。

(2)经常对设备进行安全检查,检查有无裸露的带电部分和漏电情况,检验时应使用专用的验电设备,任何情况下都不要用手去鉴别。

(3)装设接地或接零保护,并且在配电箱或开关箱内安装漏电保护开关。

(4)正确使用各种安全用具,如绝缘棒、绝缘钳、绝缘手套、绝缘鞋、绝缘地毯等。

(5)临时用电应经有关主管部门审查批准,并有专人负责管理,限期拆除。

(6)设立屏障,保证人与带电体的安全距离,并挂上警示牌。

(7)正确选用和安装导线、电缆、电气设备,对有故障的电气设备及时进行修理。

(8)有条件时采用安全电压供电。

(9)不能用铜丝或铁丝代替熔断器中的熔丝。电气设备停电后要立即拉闸。

(10)检修电路时应切断电源,并在电源开关处挂警示牌。

(11)防止线路、用电器受潮,湿手不接触用电器。

(12)供电导线的截面积应符合安全载流量的要求。

以上粗略列举了一些安全用电措施,在平时的工作中还应根据实际情况制定相关的安全用电规程,只有这样才能减少触电事故的发生。

9.2.5　接地与接零

接地和接零在电气工程中应用极为广泛,是防止电气设备意外带电(如漏电)造成触电危险的重要措施,是关系到设备和人身安全的关键。

接地和接零的基本作用体现在两个方面:一是按电路的工作要求需要接地;二是为了保障人身和设备安全的需要接地或接零。

所谓接地,简单来说是各种设备与大地的电气连接。要求接地的有各式各样的设备,如电力设备、通信设备、电子设备、防雷装置等。

接零是指低压电气设备的外壳与零线的直接连接,系统使用保护接零时,线路超过1千米处,要求将零线重复接地,可有效地降低低压漏电设备的对地电压,缩短碰壳或接地短路的持续时间,改善架空线路的防雷性能,尤其是在零线断线时,能使设备上的电位大为降低,减轻触电危险性。

1. 工作接地

在正常或事故状态下，为了保证电气设备的可靠运行，将电力系统中的某点（如发电机或变压器的中性点，防止过电压的避雷器之某点）直接或经特殊装置（如消弧线圈、电抗、电阻、击穿熔断器等）与大地做金属连接，称为工作接地。

在采用 380/220 V 的低压电力系统中，一般都从电力变压器引出四根线，即三根相线和一根中性线，这四根兼做动力和照明用。动力用三根相线，照明用一根相线和中性线。在这样的低压系统中，考虑正常或故障的情况下，电气设备都能可靠运行，并有利人身和设备的安全，一般把系统的中性点直接接地，如图 9-5 中的 R 即为工作接地。由变压器三线圈共同点接出的线也叫中性线即零线，该点就叫中性点。

工作接地的作用包括两个方面：一是减轻一相接地的危险性；二是稳定系统的电位，限制电压不超过某一范围，减轻高压窜入低压的危险。

2. 保护接地

将电气设备正常情况下不带电的金属部分（外壳或构架）用金属与接地体连接起来，称为保护接地。在电源中性点不接地或经阻抗接地的低压系统中，保护接地的安全电阻值 R 宜小于 4 Ω，如图 9-6 所示。

正常情况下，电气设备的金属外壳是不带电的。但当设备因绝缘损坏且碰到外壳时，外壳就会带电，如果外壳不接地，人体触及带电外壳时，就会有电流流过人体而发生触电伤人事故；若将外壳接地，接地故障电流将沿着接地体和人体两条通路流过，流过每一条通路的电流值与其电阻成反比。因为人体的电阻比接地体的电阻大得多，所以流过人体的电流很小，从而大大减少了触电的危害性。

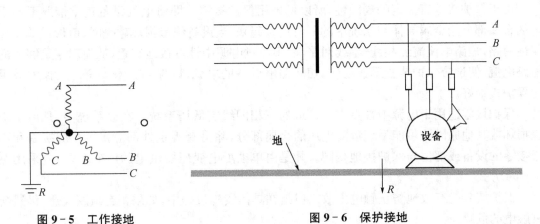

图 9-5　工作接地　　　　　　　　　　图 9-6　保护接地

从电压角度来说，采取保护接地后，故障情况下带电金属外壳的对地电压等于接地电流与接地电阻的乘积，其数值比相电压要小得多。接地电阻越小，外壳对地电压越低。当人体触及带电外壳时，人体承受的电压（即接触电压）最大为外壳对地电压（人体离接地体 20 m 以外），一般均小于外壳对地电压。

从以上分析得知，保护接地是通过限制带电外壳对地电压（控制接地电阻的大小）或减小通过人体的电流来达到保障人身安全的目的。

在电源中性点直接接地的系统中，保护接地有一定的局限性。这是因为在该系统中，当设备发生碰壳故障时，便形成单相接地短路，短路电流流经相线和保护接地、电源中性点接地装置。如果接地短路电流不能使熔丝可靠熔断或自动开关可靠跳闸时,漏电设备金属外壳上就会长期带电,也是很危险的。

保护接地适用于电源中性点不接地或经阻抗接地的系统。由于电源中性点直接接地的农村低压电网和由城市公用配电变压器供电的低压用户不便于统一与严格管理,为避免保护接地与保护接零混用而引起事故,所以也应采用保护接地方式。在采用保护接地的系统中,凡是正常情况下不带电,当由于绝缘损坏或其他原因可能带电的金属部分,除另有规定外,均应接地。如变压器、电机、电器、照明器具的外壳与底座,配电装置的金属框架,电力设备传动装置,电力配线钢管,交、直流电力电缆的金属外皮等。

在干燥场所,交流额定电压 127 V 以下,直流额定电压 110 V 以下的电气设备外壳以及在木质、沥青等不良导电地面的场所,交流额定电压 380 V 以下,直流额定电压 440 V 以下的电气设备外壳,除另有规定外,可不接地。

保护接地电阻过大,漏电设备外壳对地电压就较高,触电危险性相应增加。保护接地电阻过小,又要增加钢材的消耗和工程费用,因此,其阻值必须全面考虑。

在电源中性点不接地或经阻抗接地的低压系统中,保护接地电阻不宜超过 4 Ω。当配电变压器的容量不超过 100 kVA 时,由于系统布线较短,保护接地电阻可放宽到 10 Ω。土壤电阻率高的地区(沙土、多石土壤),保护接地电阻可允许不大于 30 Ω。

在电源中性点直接接地低压系统中,保护接地电阻必须计算确定。

3. 保护接零

如果将与带电部分绝缘的金属外壳或构架和中性点直接接地系统中的零线连接,称为保护接零,如图 9-7 所示。

由于保护接地有一定的局限性,所以可采用保护接零。即将电气设备正常情况下不带电的金属部分用金属导体与系统中的零线连接起来,当设备绝缘损坏碰壳时,就形成单相金属性短路,短路电流流经相线-零线回路,而不经过电源中性点接地装置,从而产生足够大的短路电流,使过流保护装置迅速动作,切断漏电设备的电源,以保障人身安全。其保安效果比保护接地好。

保护接零适用于电源中性点直接接地的三相四线制低压系统。在该系统中,凡由于绝缘损坏或其他原因而可能呈现危险电压的金属部分,除另有规定外都应接零。应接零和不必接零的设备或部位与保护接地相同。凡是由单独配电变压器供电的厂矿企业,应采用保护接零方式。

保护接零能有效地防止触电事故。但是在具体实施过程中,如果稍有疏忽大意,仍然会有触电的危险。

(1) 严防零线断线。在接零系统中,当零线断开时,接零设备外壳就会呈现危险的对地电压。采取重复接地后,设备外壳对地电压虽然有所降低,但仍然是危险的。所以一定要保证零线的施工及检修质量,零线的连接必须牢靠,零线的截面应符合规程要求。为了严防零线断开,零线上不允许单独装设开关或熔断器。若采用自动开关,只有当过流脱扣器动作后能同时切断相线时,才允许在零线上装设过流脱扣器。在同一台配电变压器供电的低压电网中,不允许保护接零与保护接地混合使用。必须把系统内所有电气设备的外壳都与零线连接起来,构成一个零线网络,才能确保人身安全。

(2) 严防电源中性点接地线断开。在保护接零系统中,若电源中性点接地线断开,当系统中任何一处发生接地或设备碰壳时,都会使所有接零设备外壳呈现接近于相电压的对地电压,这是十分危险的。因此,在日常工作中要认真做好巡视检查,发现中性点接地线断开或接触不良时,应及时进行处理。

（3）保护接零系统零线应装设足够的重复接地。

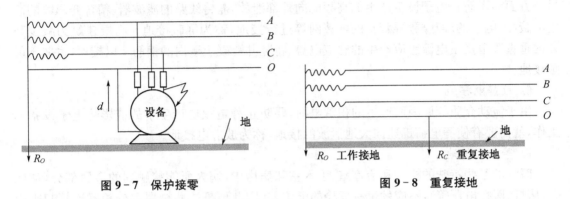

图 9-7　保护接零　　　　　　　　　　　　　图 9-8　重复接地

4. 重复接地

在采用保护接零的低压电网中,除在中性点接地以外,还必须将零线上的一处或多处通过接地装置再次与大地做金属性连接,称为重复接地,如图 9-8 所示。

采用重复接地的目的:一是当电气设备发生接地短路时,可以降低零线的对地电压;二是当零线断线时,可以继续使零线保持接地状态,减轻了触电的危险。在没有采用重复接地的情况下,当零线发生断线时,接在断线点后面只要有一台设备发生接地短路,其他设备外壳的对地电压都接近于相电压。

运行经验表明,在接零系统中,零线仅在电源处接地是不够安全的。为此,零线还需要在低压架空线路的干线和分支线的终端进行接地;在电缆或架空线路引入车间或大型建筑物处,也要进行接地（距接地点不超过 50 m 者除外）;或在屋内将零线与配电屏、控制屏的接地装置相连接,这种接地叫做重复接地。

当短路点距离电源较远、相线-零线回路阻抗较大、短路电流较小时,过流保护装置不能迅速动作,故障段的电源不能及时切除,就会使设备外壳长期带电。此外,由于零线截面一般都比相线截面小,也就是说零线阻抗要比相线阻抗大,所以零线上的电压降要比相线上的电压降大,一般都要大于 110 V（当相电压为 220 V 时）,对人体来说仍然是很危险的。

采取重复接地后,重复接地和电源中性点工作接地构成零线的并联支路,从而使相线-零线回路的阻抗减小,短路电流增大,使过流保护装置迅速动作。由于短路电流的增大,变压器低压绕组相线上的电压相应增加,从而使零线上的压降减小,设备外壳对地电压进一步减小,触电危险程度大为减小。

在接零系统中,即使没有设备漏电,而仅是当三相负载不平衡时,零线上就有电流,从而零线上就有电压降,它与零线电流和零线阻抗成正比。而零线上的电压降就是接零设备外壳的对地电压。在无重复接地时,当低压线路过长、零线阻抗较大、三相负载严重不平衡时,即使零线没有断线,设备也没有漏电的情况下,人体触及设备外壳时,也常会有麻木的感觉。采取重复接地后,麻木现象将会减轻或消除。

从以上分析可知,在接零系统中,必须采取重复接地。重复接地电阻不应大于 10 Ω,当配电变压器容量不大于 100 kVA、重复接地不少于 3 处时,其接地电阻可不大于 30 Ω。零线的重复接地应充分利用自然接地体(直流系统除外)。

5. 屏蔽接地

一方面为了防止外来电磁波的干扰和浸入,造成电子设备的误动作或通信质量的下降;另一方面为了防止电子设备产生的高频能向外部泄放,需将线路的滤波器、精合变压器的静电屏蔽层、电缆的屏蔽层、屏蔽空的屏蔽网等进行接地,称为屏蔽接地。高层建筑为减少竖井内垂直管道受雷电流感应产生的感应电势,将竖井混凝土壁内的钢筋予以接地,也属于屏蔽接地。

6. 放静电接地

由于流动介质等原因而产生的积蓄电荷,要防止静电放电产生事故或影响电子设备的工作,就需要有使静电荷迅速向大地泄放的接地,称为放静电接地。

7. 等电位接地

医院的某些特殊的检查和治疗室、手术室和病房中,病人所能接触到的金属部分(如床架、床灯、医疗电器等),不应发生有危险的电位差,因此要把这些金属部分相互连接起来成为等电位体并予以接地,称为等电位接地。高层建筑中为减少雷电流造成的电位差,将每层的钢筋网及大型金属物体连接成一体并接地,也是等电位接地。

9.2.6　低压配电系统接地的形式

低压配电系统是电力系统的末端,分布广泛,几乎遍及建筑的每一个角落,平常使用最多的是 380/220 V 的低压配电系统。从安全用电等方面考虑,低压配电系统有三种接地形式,IT 系统、TT 系统、TN 系统。TN 系统又分为 TN-S 系统、TN-C 系统、TN-C-S 系统三种形式。

(1) TN-S 系统

TN-S 系统从变、配电所引向用电设备的导线由三根相线、一根中性线 N 和一根保护接地线 PE 组成。PE 线平时不通过电流,只在发生接地故障时才通过故障电流。因此用电设备的外露可导电部分平时对地不带电压,安全性最好,但系统采用了五根导线,造价较高。

(2) TN-C 系统

TN-C 系统也称三相四线系统。从变、配电所引向用电设备的导线由三根相线、一根兼做 PE 线和 N 线的 PEN,用电设备的中性线和外露可导电部分都接在 PEN 线上,这样可少用一根线。其缺点是中性线电流在 PEN 线上产生的压降将出现在外露可导电部分上,安全性能不及 TN-S 方式。

(3) TN-C-S 系统

在 TN-C-S 系统中,电源至用户的馈电线路 N 线和 PE 线是合一的,而在进户处分开,此方式在经济性和安全性上介于两者之间。

(4) TT 系统

TT 系统也称接地保护系统,它的整个电力系统有一点直接接地,用电设备的外露可导电部分超过保护线,接在与电力系统接地点无直接关联的接地极,故障电压不互串,电气设备正常工作时外露可导电部分为地电压,比较安全;但其相线与外露可导电部分短路时仍有触电的可能,须与漏电保护器合用。

（5） IT 系统

IT 系统,其电力系统的中性点不接地或经很大阻抗接地,用电设备的外露可导电部分经保护线接地。由于电源侧接地阻抗大,当某相线与外露可导电部分短路时,一般短路电流不超过 70 mA。这种保护接地方式适用于环境特别恶劣的场合。

目前我国低压配电系统多数采用电磁兼容性好的 TN－S 和 TN－C－S 系统,通过电力系统中性点直接接地,当设备发生故障时能形成较大的短路电流,从而使线路保护装置很快动作,切断故障设备的电源,防止触电事故的出现或扩大。

9.2.7　漏电保护

漏电保护主要是弥补保护接地中的不足,有效地进行防触电保护,是目前较好的防触电措施。其主要原理是:经过保护装置主回路各相电流的矢量和称为剩余电流。正常工作时剩余电流值为零,当人体接触带电体或所保护的线路及设备绝缘损坏时呈现剩余电流,剩余电流达到漏电保护器的动作电流时,就在规定的时间内自动切断电源。

低压配电系统中设漏电保护器是防止人身触电事故的有效措施之一,也是防止因漏电引起电气火灾和电气设备损坏事故的技术措施。但安装漏电保护器后并不等于绝对安全,运行中仍应以预防为主,并应同时采取其他防止触电和电气设备损坏事故的技术措施。

随着家用电器的普及,人们与电接触的机会越来越多,在用电过程中,由于用电设备本身的缺陷、使用不当和安全技术措施不力而造成的人身触电和火灾事故,给人民的生命和财产带来了不应有的损失。而漏电保护器的出现,为预防各类事故的发生,及时切断电源,保护设备和人身的安全,提供了可靠而有效的技术手段。漏电保护器作为一项有效的电气安全技术装置已经被广泛使用,并起到了举足轻重的作用。

［复习思考题］

1. 建筑防雷等级如何划分?
2. 什么是接地? 常见的接地有哪些?
3. 简述防雷装置的组成。
4. 雷电造成的危害有哪些基本形式?
5. 建筑物的防雷是按照什么原则分级的?
6. 建筑防雷的措施有哪些?
7. 什么是接地装置,它有什么用途?

［案例分析］

1996 年 10 月 9 日,某热电厂电气变电班班长安排工作负责人王某及成员沈某和李某对开关进行小修。工作负责人王某与运行值班人员一道办理了工作许可手续,之后王某又回到班上。当他们换好工作服后,李某要求擦油渍,王某表示同意,李即去做准备。王对沈说:"你检修机构,我擦套管。"随即他俩准备去检修现场,此时,班长见他们未带砂布即对他们说:"带上砂布,把辅助接点砂一下。"沈某即返回库房取砂布,之后向检修现场追王,发现王某已到正在运行的开关南侧。沈某就急忙赶上去,把手里拿的东西放在开关的操作机构箱上,当打开操作机构箱准备工作时,突然听到一声沉闷的声音,紧接着发现王某已经头朝东脚朝西摔趴在地上,沈便大声呼救。此时其他同志在班里也听到了放电声,便迅速跑到变电站,发现王躺在开关西侧,人已失去知觉,马上开始对王进行胸外按压抢救。约 10 分钟后,王苏醒,便立即送往医院继续抢救。但因伤势过重,经抢救无效于 10 月 17 日晨五时死亡。从王某的受伤部位分析得知,王某的左手触到了带电的开关(35 kV),触电途经左手——左腿内侧,触电后从 1.85 m 高处摔下,将王戴的安全帽摔裂,其头骨、胸椎等多处受伤。

第 10 章　建筑弱电系统

10.1　广播、有线电视及电话通信

10.1.1　广播音响系统

广播音响系统也叫扩声系统,是对音频(音乐、语音)信号进行处理、放大、传输与扩音的电声设备的系统集成。现在已广泛应用于公共场所、单位团体、生活小区、文化娱乐等场所,是现代社会进行政治、经济、文化、宣传、教育和生活等活动的重要基础设施。

无论哪种用途的广播音响系统,它的基本功能都是将较微弱的声源信号通过声电转换、放大等方法处理后传送到各播放点,经电声转换器还原成具有高保真度的声音播放到听众区。扩声系统的基本功能是将微弱声音信号转变成电信号,并对该信号进行放大、处理;传播系统是将经放大、处理过的电声信号通过电线、电缆传送到播音终端,并利用扬声器还原成低失真度的声音播放到声学环境中去。

(一)广播音响系统的组成

近年来,随着电子技术、电声技术、数字音频技术的快速发展,广播音响系统的播音质量得到了较大的改善与提高,系统的组成结构也在不断地变化、更新与完善。广播音响系统的基本组成有节目源设备、信号处理设备、信号放大设备、传输线路和扬声器系统等,如图 10-1 所示。

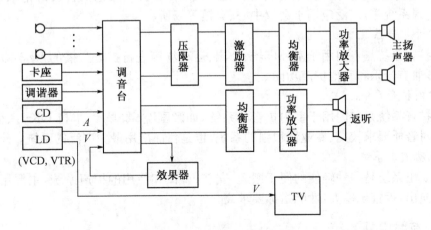

图 10-1　广播音响系统示意图

1. 节目源设备

节目源设备是指提供或产生语音或音乐信号的设备。常见的节目源有无线电广播、传声器、唱片、磁带等；常见的节目源设备有广播收音机、CD 机、DVD 机、电子乐器等。

2. 信号处理设备

信号处理设备是指对节目源信号进行加工、处理、混合、分配、调音和润色的设备。如调音台、混合器、频率均衡器、音量控制器等。

3. 信号放大设备

信号放大设备分为前置放大器和功率放大器。前置放大器的主要作用是进行电压放大和激励放大，通常与信号处理设备组合，完成对信号幅度、频率、时间等参数的调整与处理；功率放大器的主要作用是进行功率放大，以提供足够的输出功率。

4. 传输线路

传输线路是扩音信号传输的媒介。通过电线、电缆将功率放大设备输出的信号馈送到各扬声器终端。

5. 扬声器系统

扬声器系统也称为音响系统，其作用是将电信号转变为声音信号，它是决定扩声系统音质的关键部件之一，也是整个扩声系统重点考虑的部分之一。

（二）广播音响系统的类型

广播音响系统按用途大致可以分为公共广播系统、专用会议系统、室外扩音系统、室内扩音系统和流动演出系统等。

1. 公共广播系统

公共广播系统是对公共场所进行广播的扩音系统，广泛应用于生活小区、学校、机关、车站、机场、码头、商场、宾馆等场所，一般在小区广场、中心绿地、道路交汇等处设置音箱、音柱等放音设备，由管理控制中心集中控制，可在节假日、早晚或特定时间播放背景音乐、通知、科普知识、商业信息、娱乐节目等。若发生紧急事件或者火灾时，可作为紧急广播强制切入使用。

2. 专用会议系统

专用会议系统是为了解决某些特殊问题的专用系统，一般包括会议讨论系统、表决系统、同声传译系统等，广泛应用于会议中心、宾馆等场所。

3. 室外扩音系统

室外扩音系统是专门用于室外广场、公园、运动场等进行扩音广播的系统，以语言广播功能为主，兼有音乐和其他扩声功能。

4. 室内扩音系统

室内扩音系统是专门用于室内扩音的系统，如影剧院、歌舞厅、卡拉 OK 厅、体育馆等，它是一种对音质要求较高、专业性很强的系统，也是目前应用最为广泛的系统。

5. 流动演出系统

流动演出系统是一种轻便的便于搬运、安装、调试和使用的扩声系统，主要用于大型场地的文艺演出，投资规模大，性能指标要求高。

10.1.2 有线电视系统

有线电视系统简称为 CATV 系统，是指共用一组优质天线接收电视台的电视信号，并对信号进行放大处理,通过同轴电缆传输、分配给各电视机用户的系统。有线电视是在早期公用天线的基础上发展起来的,现在已经成为门类齐全、产品配套、技术先进成熟的完整体系,在传递信息、丰富人们文化生活方面起着越来越重要的作用。

(一) 有线电视系统的组成

随着人们生活水平的不断提高和社会信息化进程的不断加快,有线电视系统正在向大规模、多功能、多媒体、高清晰度方向发展,传输技术也在不断改进,传输介质在不断更新,传输网络的光纤化、数字化、综合化已是必然趋势。有线电视系统的组成结构也在不断完善,它的基本结构由前端系统、干线系统、分配分支系统等部分组成,如图 10-2 所示。

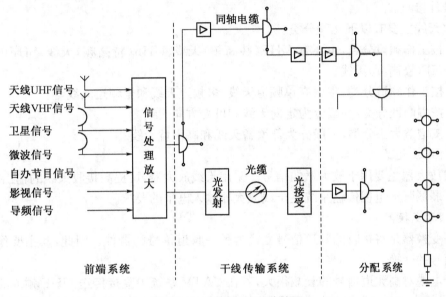

图 10-2　有线电视系统简图

1. 前端系统

前端部分的主要任务是接收电视信号,并对信号进行处理,如滤波、变频、放大、调制和混合等。主要设备有接收天线、放大器、滤波器、频率变换器、导频信号发生器、调制器、混合器以及连接线缆等。

2. 干线系统

干线系统是把前端接收、处理、混合后的电视信号传输给分配分支系统的一系列传输设备,主要包括干线、干线放大器、均衡器等。干线放大器是安装在干线上,用以补偿干线电缆传输损耗的放大器。均衡器的作用是补偿干线部分的频谱特性,保证干线末端的各个频道信号电平基本相同。

3. 分配分支系统

分配分支部分是共用天线电视系统的最后部分,其主要作用是将前端部分、干线部分送入的信号分配给建筑物内各个用户电视机。它主要包括放大器、分配器、分支器、系统输出端和电缆线路等。

(二) 有线电视系统的主要设备及其作用

1. 接收天线

接收天线的主要作用有:

（1）磁电转换。接收电视台向空间发射的高频电磁波，并将其转换为相应的电信号。

（2）选择信号。在空间多个电磁波中，有选择地接收指定的电视射频信号。

（3）放大信号。对接收的电视射频信号进行放大，提高电视接收机的灵敏度，改善接收效果。

（4）抑制干扰。对指定的电视射频信号进行有效地接收，对其他无用的干扰信号进行有效地抑制。

（5）改善接收的方向性。电视台发射的射频信号是按水平方向极化的水平极化波，具有近似于光波的传播性质，方向性强，这就要求接收机必须用接收天线来对准发射天线的方向才能最佳接收。

接收天线主要有以下几种分类：

（1）按工作频段分类，主要有 VHF（甚高频）天线、UHF（特高频）天线、SHF（超高频）天线和 EHF（极高频）天线。

（2）按工作频道分类，主要有单频道天线、多频道天线和全频道天线等。

（3）按方向性分类，一般分为定向天线和可变方向天线。

（4）按增益大小分类，一般分为低增益天线和高增益天线。

2. 天线放大器

天线放大器主要用于放大微弱信号。采用天线放大器，可提高接收天线的输出电平，以满足处于弱场强区电视传输系统主干线放大器输入电平的要求。

3. 频率变换器

频率变换器是将接收的频道信号变换为另一频道信号的器件。因此，其主要作用是电视频道信号的变换。

由于电缆对高频道信号的衰减很大，若在 CATV 系统中直接传送 UHF 频道的电视信号，则信号损失太大，因此常使用 U/V 变换器将 UHF 频道的信号变成 VHF 频道的信号，再送入混合器和传输系统。这样，整个系统的器件（如放大器、分配器、分支器等）就只采用 VHF 频段的，可大大降低 CATV 系统成本。

频率变换器按变换的频段不同可分为 U/V 频率变换器、V/V 频率变换器、V/U 频率变换器和 U/U 频率变换器。

4. 调制器

调制器的作用是将来自摄像机、录像机、激光唱盘、电视唱盘、卫星接收机、微波中继等设备输出的视频、音频信号调制成电视频道的射频信号后送入混合器。

5. 混合器

混合器是将两路或多路不同频道的电视信号混合成一路的部件。

在 CATV 系统中，混合器可将多个电视和声音信号混合成一路，用一根同轴电缆传输，达到多路复用的目的。如果不用混合器，直接将两路（或多路）不同频道的天线直接在其输出端并接，再由同轴电缆向下传输，则会破坏系统的匹配状态，系统内部信号的来回反射会使电视图像出现重影，并使图像（或伴音）失真，影响收视效果。

6. 分配器

分配器是把一路射频信号分配成多路信号输出的部件，主要用于前端系统末端对总信号进行分配。其主要作用有：

（1）分配作用，将一路输入信号均匀地分配成多路输出信号，并且损耗要尽可能地小；

（2）隔离作用，是指分配器各路输出端之间的隔离，以避免相互干扰或影响；

（3）匹配作用，主要指分配器与线路输入端和线路输出端的阻抗匹配，即分配器的输入阻抗与输入线路的匹配，各路的输出阻抗必须与输出线路匹配，才能有效地传输信号。

分配器按输出路数的多少可分为二分配器、三分配器、四分配器、六分配器和八分配器等；按使用条件又可分为室内型、室外防水型和馈电型等。

7. 分支器

分支器是从干线或支线上取出一部分信号馈送给用户电视机的部件。它的作用是：

（1）以较小的插入损耗从传输干线或分配线上分出部分信号经衰减后送至各用户；

（2）从干线上取出部分信号形成分支；

（3）反向隔离与分支隔离。

分支器可根据分支输出端的个数分为一分支器、二分支器、四分支器等，也可根据其使用场合不同分为室内型、室外防水型、馈电型和普通型等。

8. 用户接线盒

用户接线盒是有线电视系统把信号馈送到用户电视机终端的终端部件，主要是为用户提供电视、语音、数据等信号的接口。

9. 传输线

传输线也称馈线，它是有线电视信号传输的媒介。常用的传输线有同轴电缆和光缆等。从发展趋势看，用光缆传输代替同轴电缆传输已成为技术发展的必然趋势。光缆传输具有频带宽、容量大、质量轻、成本低、损耗小、节省资源、保密性好等优点，它正在推动着我国有线电视从单一的传送广播电视节目向大容量、多功能方向发展，并已逐步实现语音、数据、图文、电视会议、因特网接入、视频点播等综合服务。

10.1.3　电话通信系统

（一）电话通信系统的组成

电话通信系统的基本目标是实现某一地区内任意两个终端用户之间的通话，因此电话通信系统必须具备三个基本要素：（1）发送和接收话音信号；（2）传输话音信号；（3）话音信号的交换。这三个要素分别由用户终端设备、传输设备和电话交换设备来实现，如图 10-3 所示。

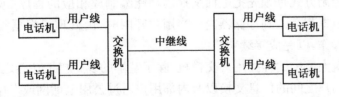

图 10-3　电话通信系统示意图

1. 用户终端设备

常见的用户终端设备有电话机、传真机等，随着通信技术与交换技术的发展，又出现了各种新的终端设备，如数字电话机、计算机终端等。

（1）电话机的组成

电话机一般由通话部分和控制系统两大部分组成。通话部分是话音通信的物理线路连接，以实现双方的话音通信，它由送话器、受话器、消侧音电路组成；控制系统实现话音通信，建立所需要的控制功能，由叉簧、拨号盘、振铃等组成。

（2）电话机的基本功能

发话功能：通过压电陶瓷器件将话音信号转变成电信号向对方发送；受话功能：通过炭砂式膜片将对方送来的话音电信号还原成声音信号输出；消侧音功能：话机在送、受话的过程中，应尽量减轻自己的说话音通过线路返回受话电路；发送呼叫信号、应答信号和挂机信号功能；发送选择信号（即所需对方的电话号码）供交换机作为选择和接线的根据；接收振铃信号及各种信号音功能。

（3）电话机的分类

按电话制式来分，可分为磁石式、共电式、自动式和电子式电话机；按控制信号划分，可分为脉冲式话机、双音多频（DTMF）式话机和脉冲/双音频兼容（P/T）话机；按应用场合来分，可分为台式、挂墙式、台挂两用式、便携式及特种话机（如煤矿用话机、防水船舶话机和户外话机等）。

2. 电话传输系统

语音信号需要传输媒体进行传输，传输媒体有金属线对、电缆、微波、通讯卫星、光缆等。为了提高传输线路的利用率，传输线路多采用多路复用技术。在电话通信网中，传输线路主要是指用户线和中继线。

3. 电话交换设备

电话交换设备是电话通信系统的核心。电话通信最初是在两点之间通过原始的受话器和导线的连接由电的传导来进行，如果仅需要在两部电话之间进行通话，只要用一对导线将两部电话机连接起来就可以实现。但如果有成千上万部电话机之间需要互相通话，则不可能采用个个相连的办法。这就需要有电话交换设备，即电话交换机，将每一部电话机（用户终端）连接到电话交换机上，通过线路在交换机上的接续转换，就可以实现任意两部电话机之间的通话。在人工交换方式下由话务员手动插线来接通主叫与被叫用户。

目前主要使用的电话交换设备是程控交换机。程控是指控制方式，即存储程序控制（Stored Program Control，SPC），它是把电子计算机的存储程序控制技术引入到电话交换设备中来。这种控制方式是预先把电话交换的功能编制成相应的程序（或称软件），并把这些程序和相关的数据都存入到存储器内。当用户呼叫时，由处理机根据程序所发出的指令来控制交换机的操作，以完成接续功能。

在现代化建筑大厦中的程控用户交换机，除了基本的线路接续功能之外，还可以完成建筑物内部用户与用户之间的信息交换以及内部用户通过公用电话网或专用数据网与外部用户之间的话音及图文数据传输。程控用户交换机通过控制机配备的各种不同功能的模块化接口，可组成通信能力强大的综合数据业务网。

（二）电话通信系统的功能

程控交换机的产生给通信领域带来了新的发展，扩大了交换机的性能，采用程控交换技术可赋予更多、更新的服务内容。

1. 基本服务

(1) 缩位拨号:对于来往频繁的电话号码,可以用 1,2 位号码来代替原来多位号码。

(2) 热线服务:又叫免拨号,用户摘机后不需拨号,交换机就自动接通预先指定好的被叫用户。

(3) 叫醒服务:也叫闹钟服务,只要事先登记预订叫醒时间,到了预订时间电话就会自动振铃。

(4) 呼叫限制:可根据需要,对某些用户进行全部呼出限制,或限制国内、国际长途呼出。

(5) 恶意电话跟踪:根据用户申请,可为用户设置此项功能。被叫用户按下事先设定的键码,交换机在保持通话的同时,将主叫和被叫号码打印出来,供有关人员查找。

(6) 免打扰服务:根据用户有求,可禁止对该用户的呼叫,以避免振铃的打扰。

(7) 无应答转移:用户事先提出申请及转移电话号码的顺序,当遇到被叫用户忙或久不应答,就按预先设定的号码转移电话。

2. 可供选择服务

(1) 遇忙回叫:当主叫呼出,对方遇忙时,可挂机等待,当被叫空闲时,由交换机向主叫振铃,主叫摘机后可向被叫振铃。

(2) 跟随转移:此项功能可把来话无条件转移到另一内部分机,用于当用户临时改变办公地点或需请人代答来话服务时。

(3) 缺席服务:当用户有事外出暂时不能受理电话时,其他用户呼叫缺席用户,可将事先录制的信息告知呼叫用户。

(4) 留言:当系统安装了语音箱,具有留言功能的分机可将来话录制到信箱中,备以后查找。

(5) 三方通话:当两个分机在通话时,可呼叫出第三方(内部分机)一起通话。

(6) 会议电话:主动式会议电话是参加会议的各方在预订的时间里同时拨一个指定的主持人号码,由交换机自动汇接加入会议。渐进式会议电话是由主持人或由话务员代理组织拨通参加会议人的电话。

(7) 呼叫计费:采用电话通知方式对未缴费用户及时提醒。

10.2　火灾自动报警系统

随着科学技术的飞速发展,微电子技术、检测技术、自动控制技术和计算机技术在消防领域得到广泛的应用,火灾探测技术、自动报警技术、消防设备联动控制技术、火灾监控系统等也有了长足的发展。防火系统从过去的简单、被动的消防体系,演变为今天自动探测、自动报警的智能消防系统。智能消防系统由火灾自动报警与消防设备联动控制两个部分组成。

10.2.1　自动防火系统的特征

1. 能够准确地发现楼内的火灾

通过各类传感器将火灾信息传送到火灾报警控制器,由其及早地发现和判断,以便采取正确、适当的措施。

2. 能够迅速地发出报警信号

由火灾报警控制器发出火灾报警并正确地显示报警的准确位置,指出发生火灾的地点及状况,保证以最快速度采取正确、适当的措施。

3. 系统的高可靠性

在建筑的不同楼层、不同地点采用中继器建立分级型系统结构,保证即使某一处探测器或探测线路出现问题,系统仍然可以维持正常的功能。同时,系统通过其自测功能,尽早提供故障排除方法。

4. 系统的综合性

防火系统除了火灾自动报警以外,还应该包括火灾广播通讯与人群疏散、消防排烟与联动控制、自动灭火等功能。

10.2.2　火灾自动报警系统的组成

火灾自动报警系统主要由火灾探测器、火灾报警控制器和报警装置组成。火灾探测器将现场火灾信息(烟、温度、光、可燃气体等)转换成电气信号传送至自动报警控制器,火灾报警控制器将接收到的火灾信号经过处理、运算和判断后认定火灾,输出指令信号。一方面启动火灾报警装置,如声、光报警等,另一方面启动消防联动装置和连锁减灾系统,如关闭建筑物空调系统、启动排烟系统、启动消防水泵、启动疏散指示系统和火灾事故广播等。

火灾报警控制器是火灾报警系统的心脏,是分析、判断、记录和显示火灾的设备。为了防止探测器失灵,或火警线路发生故障,现场人员发现火灾也可以通过安装在现场的手动报警按钮和火灾报警电话直接向控制器发出报警信号。

(一)火灾探测器

火灾探测器是火灾自动报警控制系统最关键的部件之一,它是以探测物质燃烧过程中产生的各种物理现象为依据,是整个系统自动检测的触发器件,能不间断地监视和探测被保护区域的初期火灾信号。

(二)手动火灾报警按钮

手动火灾报警按钮主要安装在经常有人出入的公共场所中明显和便于操作的部位。在有人发现有火情的情况下,手动按下按钮,向报警控制器送出报警信号。手动火灾报警按钮比探测器报警更紧急,一般不需要确认。因此,手动报警按钮要求更可靠、更确切,处理火灾要求更快。

(三)火灾报警控制器

1. 火灾报警控制器具备的功能

火灾报警控制器是火灾自动报警控制系统的重要组成部分,是系统的核心,具有以下功能:

(1)能接收探测信号,转换成声、光报警信号,指示着火部位和记录报警信息。

(2)可通过火警发送装置启动火灾报警信号,或通过自动灭火控制装置启动自动灭火设备和联动控制设备。

(3)自动监视系统的正确运行和对特定故障给出声光报警。

2.火灾报警控制器的主要作用

（1）故障报警：检查探测器回路断路、短路、探测器接触不良或探测器自身故障等，并进行故障报警。

（2）火灾报警：将火灾探测器、手动报警按钮或其他火灾报警信号单元发出的火灾信号转换为火灾声、光报警信号，指示具体的火灾部位和时间。

（3）火灾报警优先功能：在系统存在故障的情况下出现火警，则报警控制器能由故障报警自动转变为火灾报警，当火警被清除后，又自动恢复原有故障报警状态。

（4）火灾报警记忆功能：当控制器收到火灾探测器送来的火灾报警信号时，能保持并记忆，不会随火灾报警信号源的消失而消失，同时也能继续接收、处理其他火灾报警信号。

（5）声光报警消声及再响功能：火灾报警控制器发出声、光报警信号后，可通过控制器上的消声按钮人为消声，如果停止声响报警时又出现其他报警信号，火灾报警控制器还能进行声光报警。

（6）时钟单元功能：当火灾报警时，能指示并记录准确的报警时间。

（7）输出控制单元：用于火灾报警时的联动控制或向上一级报警控制器输送火灾报警信号。

（四）火灾报警装置

在火灾自动报警系统中，用以发出区别于环境声、光的火灾警报信号的装置称为火灾报警装置。它以声、光方式向报警区域发出火灾警报信号，以警示人们采取安全疏散、灭火救灾措施。报警装置主要包括火灾应急照明、疏散指示标志、火灾事故广播、紧急电话系统和火灾警铃等。

火灾应急照明和疏散指示标志保证在发生火灾时，重要的房间或部位能继续正常工作，大厅、通道应指明出入口方向及布置，以便有秩序地进行疏散。应急照明灯和疏散指示标志应设玻璃或其他不可燃材料制作的保护罩，可采用蓄电池做备用电源，且连续供电时间不少于 20 min，高度超过 100 m 的高层建筑连续供电时间不少于 30 min。

火灾发生后，为了便于组织人员安全疏散和通知有关救灾的事项，应设置火灾事故广播系统，消防中心控制室应能对它进行遥控开启，并能在消防中心直接用话筒播音。未设置火灾应急广播的火灾自动报警系统，应设置火灾警报装置。每个防火分区至少应设一个火灾警报装置，其位置宜设在各楼层走道靠近楼梯出口处。在环境噪声大于 60 dB 的场所设置火灾警报装置时，其声警报器的声压级应高于背景噪声 15 dB。

紧急电话是与普通电话分开的独立系统，用于消防中心控制室与火灾报警设置点及消防设备机房等处。

（五）系统供电电源

火灾自动报警系统的主电源按一级负荷考虑，在消防控制室能够进行自动切换，同时还有直流备用电源。直流备用电源宜采用火灾报警控制器的专用蓄电池或集中设置的蓄电池。

10.2.3　火灾自动报警系统的分类与功能

（一）区域报警系统

图 10-4 所示为区域报警系统示意图，它由火灾探测器、手动火灾报警按钮、区域火灾

报警控制器、火灾报警装置和电源组成。

区域报警系统的保护对象为建筑物中某一局部范围。系统中区域火灾报警控制器不应超过两台;区域火灾报警控制器应设置在有人值班的房间或场所,如保卫室、值班室等。

系统中也可设置消防联动控制设备。当用一台区域火灾报警控制器或一台火灾报警控制器警戒多个楼层时,应在每个楼层的楼梯口或消防电梯前室等明显部位设置识别着火楼层的灯光显示装置。区域火灾报警控制器或火灾报警控制器安装在墙上时,其底边距地面高度宜为 1.3~1.5 m。

(二)集中报警系统

集中报警系统主要由火灾探测器、区域火灾报警控制器、集中火灾报警控制器、手动火灾报警按钮、电源等组成,如图 11-5 所示。

集中报警系统一般适用于保护对象规模较大的场合,如高层住宅、商住楼和办公楼等。集中火灾报警控制器是区域火灾报警控制器的上位控制器,它是建筑消防系统的总监控设备,其功能比区域火灾报警控制器更加齐全。

系统中应设置消防联动控制设备。集中火灾报警控制器应能显示火灾报警部位信号和控制信号,亦可进行联动控制。集中火灾报警控制器应设置在有专人值班的消防控制室或值班室内。集中火灾报警控制器、消防联动控制设备等在消防控制室或值班室内的布置,应符合下列要求:设备面盘前的操作距离单列布置时不应小于 1.5 m,双列布置时不应小于 2 m;在值班人员经常工作的一面,设备面盘距墙的距离不应小于 3 m;设备面盘后的维修距离不宜小于 1 m;设备面盘的排列长度大于 4 m 时,其两端应设置宽度不小于 1 m 的通道。

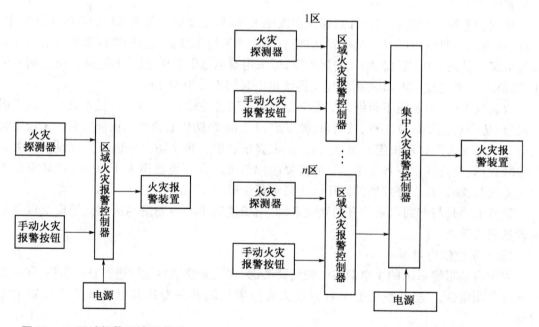

图 10-4　区域报警系统示意图　　　　　图 10-5　集中报警系统示意图

(三)控制中心报警系统

图 10-6 所示为控制中心报警系统示意图,它由火灾探测器、手动火灾报警按钮、区域火灾报警控制器、集中火灾报警控制器、消防联动控制设备、电源及火灾报警装置、火警电

话、火灾应急照明、火灾应急广播和联动装置组成。这类系统进一步加强了对消防设备的监测和控制,系统能集中显示火灾报警部位信号和联动控制状态信号;系统中集中火灾报警控制器和消防联动控制设备设在消防控制室内。

控制中心报警系统适用于大型建筑群、高层及超高层建筑以及大型商场和宾馆等,因该类型建筑(群)规模大,建筑防火等级高,消防联动控制功能也多。它可以对建筑物中的各种消防设备(如消防泵、消防电梯、防排烟风机等)实现联动控制和自动转换。控制中心系统是楼宇自动化的重要组成部分。

控制中心报警系统在值班室内的布置与集中报警系统要求基本相同。

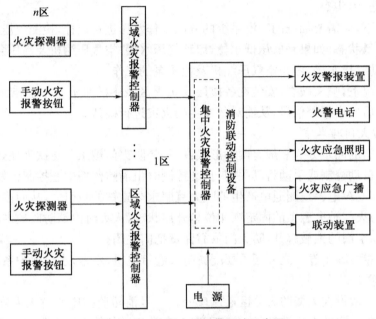

图 10-6　控制中心报警系统示意图

10.2.4　消防联动控制

当接收到来自触发器件的火灾报警信号时,能自动或手动启动相关消防设备及显示其状态的设备,称为消防联动控制。

(一)消防联动控制的对象

主要包括灭火设施、非消防电源的断电控制、火灾报警控制器、自动灭火系统的控制、室内消火栓系统的控制、防烟排烟系统及空调通风系统的控制、防火门和防火卷帘的控制、电梯回降控制、火灾应急广播、火灾警报装置、火灾应急照明与疏散指示标志的控制等。

消防控制设备一般设置在消防控制中心,以便于实行集中统一控制和管理。有的消防控制设备设置在被控消防设备所在现场,但其动作信号必须返回消防控制室,实行集中与分散相结合的控制方式。

1. 消防供水系统

通常高层建筑或智能大厦都设有地下层,而在地下层设有水池,在楼层或大楼的屋面备有水池,消防泵把地下层水池中的水抽至楼层或屋面水池,增压,然后再供水。消防报警系统通过火灾报警控制器或联动控制器监测楼层或屋面水池水位的高、低状态,根据水池中水位的状态启动或停止消防泵的动作。

2. 消火栓供水系统

消火栓灭火是最基本最常用的灭火方式,即使是现代化的智能大楼中也少不了消火栓灭火系统。在消火栓灭火系统里,为了使喷水枪在灭火时有相当的压力,通常采用消防水泵和气压给水装置进行加压。

3. 自动喷水灭火系统

自动喷水灭火系统的设备主要包括抽水用的水泵、报警阀、消防接合器、喷淋泵、稳压系、水流指示器、喷头等。

正常情况下,对需要加压的喷淋系统的分区工作水压进行调控,检测气压水罐压力开关状态和水位高低状态,如果是低压低水位,启动气压水罐,空气压缩机及稳压泵;如果是低压高水位,只启动气压水罐,停止空气压缩机及稳压泵的工作。

火灾的情况下,喷头破裂,安装在各楼层或防火区域中的水流指示器指示楼层的信号,报警阀经延时后发出报警信号,从而对所发生的火灾进行确认。

4. 电动防火门与卷帘

防火门按门的固定方式一般有两种形式:一种是防火门被永久磁铁吸住处于开启状态,火灾时可通过自动控制或手动将其关闭,自动控制时由消防监控中心控制台发出指令信号,使直流 24 V,0.6 A 电磁线圈通电产生的吸力克服永久磁铁的吸引力,从而依靠押簧将门关闭;另一种是防火门被电磁锁的固定锁扣位呈开启状态,火灾时由消防监控中心发出指令后电磁锁动作,固定门的锁被解开,防火门依靠弹簧把门关闭。

电动防火卷帘除了卷帘之外还需要配备防火卷带电机、水幕,水幕保护系统包括水幕电磁阀、水幕泵等设备。

防火卷帘一般设在大楼防火分区通道口处。一旦消防监控中心对火灾确认之后,通过消防控制器控制卷帘的电机转动,使卷帘下落。在卷帘设备的中间有限位开关,其作用是当卷帘下落到离地面某一限定高度时,例如离地面 1.5 m,电机便停止转动,经过一段时间的延迟后,控制卷帘电机重新启动转动,使卷帘继续下落直至到底。此时,底部的开关开始动作,控制器使控制电机停止转动。其后,具有水幕保护系统的防火卷帘开启水幕电磁阀,消防控制器启动水幕泵,向防火卷帘喷水。

一般情况下,在防火卷帘的内外两侧都设有紧急升降按钮的控制盒。该控制盒的作用主要是用于火灾发生后让部分还未撤离火灾现场的人员通过人工按紧急升按钮,把防火卷帘提升起来,迅速离开现场;当人员全部安全撤离后再按紧急降按钮,使防火卷帘的卷帘落下。当然,上述这些动作也可以通过消防监控中心进行控制。

5. 防烟、排烟系统

火灾发生时产生的烟雾主要以一氧化碳为主,这种气体具有强烈的窒息作用,对人员的生命构成极大的威胁,其人员的死亡率可达到 $50\%\sim70\%$。另外,火灾发生所产生的烟雾对人的视线的遮挡,使人们在疏散时无法辨别方向,尤其是高层建筑因其自身的"烟筒效应",烟雾的上升速度非常快,如果不及时迅速地排除,它会很快地垂直扩散到楼内的各处。因此,火灾确认后应立即启动防排烟系统,把烟雾以最快的速度排出,尽量防止烟雾扩散到楼梯、消防电梯及非火灾区域。

防排烟系统主要包括:正压送风机、油流排烟机、排烟口和送风口几个部分。消防烟区的设置划分还没一个具体的标准,通常根据实际情况和需要,为每个楼层设置至少一个排烟区,也可按照防火区进行设置,或两者兼顾。

6. 电梯控制系统

电梯生产厂商在电梯控制系统中都已经设计了火灾紧急控制程序,在电梯的轿厢内还设置了火灾紧急广播系统,用于疏散电梯内的人员。当电梯自身配备的火灾紧急控制程序完成了它的功能而停于首层,启动火灾联动控制,然后切断电梯的电源,但消防电梯除外。

(二)消防联动控制的控制方式

根据工程规模、管理体制、功能要求,消防联动控制可采取的控制方式一般有以下两种:

1. 集中控制

指消防联动控制系统中的所有控制对象,都是通过消防控制室进行集中控制和统一管理。这种控制方式特别适用于采用计算机控制的楼宇自动化管理系统。

2. 分散与集中控制相结合

指在消防联动控制系统中,对控制对象多且控制位置分散的情况下采取的控制方式。该方式主要是对建筑物中的消防水泵、送排风机、排烟防烟风机、部分防火卷帘和自动灭火控制装置等进行集中控制、统一管理。对大量而又分散的控制对象,一般是采用现场分散控制,控制反馈信号传送到消防控制室集中显示并统一进行管理。如果条件允许,亦可考虑集中设置手动应急控制装置。

10.3　安全防范系统

10.3.1　概述

随着国民经济的发展,大型住宅小区和高层综合大厦日益增加,生活配套设施日趋完善,安防保卫工作是为保证所辖区域内业主的人身财产安全以及正常的工作和生活秩序而进行的防盗、防破坏、防爆炸、防自然灾害等一系列治安管理活动。防盗设施是现代建筑不可缺少的建筑设备内容,尤其是对金融大厦、证券交易所、博物馆、展览馆、宾馆、商场、智能化住宅小区等建筑。保安监控系统除了对人身和财产进行保护之外,还承担了对重要文件、数据和图样进行保护的责任。

安全防范是包括人力防范、物理防范和技术防范三方面的综合防范体系。对于保护建筑物目标来说,人力防范主要有保安站岗、人员巡更、报警按钮、有线和无线内部通信;物理防范主要是实体防护,如周界栅栏、围墙、入口门栏等;技术防范则是以各种现代科学技术为依托,运用技防产品,以实施技防工程为手段,用各种技术设备、集成系统和网络来构成安全保证的屏障。自动电子化安防将是安全防范发展的大势所趋。

实现保安监控的手段也有多种,如闭路电视监视、防盗探测报警、磁卡管理、电子巡更、家庭安防系统、对讲防盗系统以及停车场管理系统等。

安全防范系统是以中央监控计算机系统为核心,由图像监视系统、探测报警系统、控制系统和自动化辅助设备系统组成一个全方位的安全防护系统。

（一）安全防范系统的子系统

1. 周界防范系统

具有对设防区域的非法入侵、盗窃、破坏和抢劫等进行实时有效的探测和报警及报警复核功能。

2. 闭路电视监视系统

具有对必须进行监控的场所、部位、通道等进行实时有效的视频探测以及视频监视、视频传输、显示和记录及报警和复核功能。

3. 出入口控制系统

具有对需要控制的各类出入口,按各种不同的通行对象及其准入级别,实施实时出入控制与管理及报警功能。此外还和火灾自动报警系统联动。

4. 电子巡更系统

可按预编制的安全防范人员巡更软件程序,通过读卡器、信息采集器或其他方式对安全防范人员巡逻的工作状态(是否准时、是否遵守顺序等)进行监督、记录,并能对意外情况及时报警。

5. 停车场管理系统

包括对停车库(场)的车辆通行道口实施出入控制、监视、行车信号指示、停车计费及汽车防盗报警等综合管理。

6. 楼宇对讲系统

应用于单元式公寓、高层住宅楼和居住小区等,对访客的进入进行控制、监视、辨识、实施报警等管理功能。

7. 其他子系统

根据各类建筑物不同的安全防范管理要求和建筑物内特殊部位的防护要求,可以设置其他安全防范子系统,如专用的高安全实体防护系统、防爆安全检查系统、安全信息广播系统、重要仓储库安全防范系统等。

（二）安全防范系统的功能

1. 防范

无论是对财物、人身或是重要数据和情报等的安全保护,都应把防范放在首位。也就是说,保安系统使入侵者在尚未进入时就能被察觉,从而采取措施。把入侵者拒之门外的设施主要是机械式的,例如安全栅、防盗门、保险柜等。为了实现防范,报警系统应具有布防和撤防功能,即当夜间、非工作时间或工作人员离开时应能实施布防,保持对防范区域的警戒。

2. 报警

当发现安全受到破坏时,系统应能在保安中心和有关地方发出各种特定的声光报警,并把报警信号通过网络送到有关保安部门。

3. 监视与记录

在发生报警的同时,系统应能迅速地把出事现场的图像和声音传送到保安中心进行监视,并实时记录下来。

此外,系统应有自检和防破坏功能,一旦线路遭到破坏,系统便能触发报警信号。

10.3.2　入侵报警防范系统

为了对小区或建筑物的周界进行安全防范,一般可以设立围墙、栅栏或采取值班人员守护的方法,但是围墙、栅栏有可能受到入侵者的破坏或翻越,值班人员也可能出现工作疏忽或暂时离开岗位,为了提高周界安全防范的可靠性,设立周界防范系统是非常有必要的。周界防范系统就是在小区或建筑物周围设置探测器,一旦有非法入侵者闯入就会触发,并立即发出报警信号到周界控制器,通过网络传输线发送至管理中心,并在小区中心电子地图上显示报警点位置,以利于保安人员及时准确地出警,同时联动现场的声光报警器。根据需要,控制器可以启动现场的电视监控系统,及时记录现场的入侵行为。

入侵报警系统一般由探测器、报警控制器、模拟显示屏、声光报警器等组成。探测器为其核心设备。

常用的探测器有以下几种:

1. 主动红外探测器

这是目前应用最多的探测器,具有寿命长、价格低、易调整等优点。它是通过发射机与接收机之间的红外光束进行警戒,当有人横越监视区域时,将遮断不可见的红外线光束而引发报警,但是主动红外探测器的误报率较高,因为它易受到室外自然界中变化的影响。

2. 微波墙式探测器

它是通过微波磁场建立警戒线,一旦有人闯入这个微波建立起来的警戒区,微波场受到干扰便会发生报警信号。微波墙式探测器具有大面积、长距离覆盖的特点,比较适合大场所室外周界的防范,它穿透能力强,风雨雪雾等自然现象对它影响较小,不过电磁辐射对人体有一定的伤害。

3. 泄露电缆式探测器

泄露电缆与普通的电缆不同,它是一种具有特殊结构的同轴电缆。泄露电缆式探测器是由两根平行埋设在周界地下的泄露电缆和发射机、接收机组成,收发电缆之间的空间形成一个椭圆形的电磁场探测区,当有人非法进入探测区时,探测区内的磁场分布被破坏从而引发报警信号。它具有布防隐蔽、相对可靠性较高的特点。

4. 驻极体振动电缆探测器

驻极体振动传感器是一种经过特殊处理后带有永久电荷的介电材料,它与相连的电缆组成探测器,驻极体振动电缆传感器安装在周界的栅栏上,当入侵者翻越栅栏时,电缆受到振动产生张力使得驻极体产生极化电压,当极化电压超过阈值电压后即可触发报警。它适用于地形复杂、易燃易爆物品仓库、油库等不宜接入电源的场所。不过,当受到较强的振动和噪声时也会引起一些误报。

5. 围栏防护探测器

主要分为张力围栏周界防越探测器和电子脉冲式围栏入侵探测器两种。

张力围栏周界防越探测器由普通的金属线和张力探测器组成,张力探测器把任何企图攀爬、切割电缆的人力、机械力转换成电子信号传送到控制中心,以达到报警的目的。张力围栏周界防越探测器的误报率低,天气对其影响不大。

电子脉冲式围栏入侵探测器由带电脉冲的电子缆线组成,电子缆线产生的非致命脉冲高压能有效击退入侵者,如果入侵行为造成围栏线被破坏、变形短路、切断供电电源等,系统主机会发出报警,并可把报警信号传给其他联动安防设备。

10.3.3　闭路电视监控系统

闭路电视监控系统是采用摄像机对被控现场进行实时监视的系统,是安全技术防范系统中的一个重要组成部分。闭路电视监控系统可以为安防系统提供动态的图像信息,随时观察出入口、重要通道和重点保安场所的动态,也可为消防系统的运行提供监视手段。电视监控系统还可以与防盗报警系统等其他安全技术防范体系联动运行,使其防范能力更加强大。计算机、多媒体技术的发展使多媒体数字硬盘监控系统得到广泛应用。

（一）闭路电视监控系统组成

闭路监控电视系统根据其使用环境、使用部门和系统功能而具有不同的组成方式,但无论系统规模和功能怎样,一般监控电视系统均由摄像、传输、控制、图像处理和显示4个部分组成。

1. 摄像部分

摄像部分的作用是把系统所监视目标的光、声信号变为电信号,然后送入系统的传输分配部分进行传送,其核心是电视摄像机,是整个系统的眼睛。

2. 传输部分

传输部分的作用是将摄像机输出的音频、视频信号馈送到中心机房或其他监视点,控制中心控制信号也可以通过传输部分送到现场,控制云台和摄像机工作。传输方式有有线传输和无线传输两种。

3. 控制部分

控制部分的作用是在中心机房通过有关设备对系统的现场设备(摄像机、云台、灯光、防护罩等)进行远距离遥控。

4. 图像处理与显示部分

显示部分是把从现场传来的电信号转换成图像在监视设备上显示,图像处理是对系统传输的图像信号进行切换、记录、重放、加工和复制等。

（二）闭路电视监控系统主要设备

1. 摄像机

在系统中,摄像机处于系统的最前沿,它将物体的光图像转变成电信号——视频信号,为系统提供信号源,因此它是系统中最重要的设备之一。

摄像机的种类很多,按图像颜色划分有彩色摄像机和黑白摄像机两种;按使用环境分可分为室内摄像机和室外摄像机;按性能可分为普通摄像机(工作于室内正常照明或室外白天环境)、暗光摄像机(工作于室内无正常照明的环境里)、微光摄像机(工作于室外月光或星光下)和红外摄像机(工作于室内、外无照明的场所);按功能分可分为视频报警摄像机(在监视范围内如有目标在移动时,就能向控制器发出报警信号)、广角摄像机(用于监视大范围的场所)和针孔振摄像机(用于隐蔽监视局部范围)。

摄像机的性能指标主要有:清晰度、灵敏度(它是衡量摄像机在什么光照强度下可以输出正常图像信号的一个指标)和信噪比(指摄像机的图像信号与它的噪声信号之比)等。

2. 云台

它与摄像机配合使用能达到上下左右转动的目的。在扩大摄像机的监视范围的同时,能在一定范围内跟踪目标进行摄像,提高了摄像机的实用性。云台分为手动云台和电动云台两种。

3. 防护罩(防尘罩)和支架

防尘罩的作用是用来保护摄像机和镜头不受诸如有害气体、灰尘及人为有意破坏等环境条件的影响。支架是摄像机安装时的支撑,并将摄像机连接于安装部位的辅助器件上。

4. 监视器

监视器是电视监控系统的终端显示设备,有黑白监视器、彩色监视器、CRT 监视器与 LCD 监视器等很多种类。

5. 录像机

现在采用较多的是硬盘录像机,即数字视频录像机,具有对图像/语音进行长时间录像、录音、远程监视和控制的功能,其主要功能包括:监视功能、录像功能、回放功能、报警功能、控制功能、网络功能、密码授权功能和工作时间表功能等。

6. 传输电缆

常用的有同轴电缆、双绞线、光纤等。同轴电缆用于传输短距离的视频信号,当需要长距离传输视频及控制信号时,宜采用射频、微波或者光纤传输的方式。

(三)闭路电视监控系统的监控要求

根据各类建筑物安全管理的需要,对建筑物的主要公共场所、重要部位等进行实时监控和记录,对重要部门和设施的特殊部位进行长时间录像,并且能与安全防范系统中的中央监控室联网。

1. 监控的区域

一般来讲,建筑物的监视区域大致分为户外区域、公共通道和重点防范区域。

户外区域的监视包括:建筑物前后的广场和停车场、建筑物周边的门窗、建筑物顶部等。公共通道的监视包括:出入口通道监视、电梯轿厢内的监视、自动扶梯监视等。重点防范区的监视包括:金库、文物、珠宝库,现金柜台、自动取款机、计算机中心、机要档案室等。

2. 摄像点的布置

摄像点的布置是否合理将直接影响到整个系统的监控效果,从使用角度看,要求监控区域内的景物尽可能进入摄像画面,摄像区的死角较少。摄像点的合理布局就是要求用较少数量的摄像机获得较好的监视效果。

3. 中央监控室

中央监控室应设在禁区内,并应设置值班人员卫生间,应考虑防潮、防雷及防暑降温等措施。监控中心往往与消防控制中心合用。

10.3.4　出入口控制系统

(一)出入口控制系统的组成

出入口控制系统又称门禁系统,是安全防范自动化系统的重要子系统。系统是根据建筑物安全技术防范管理的需要,对需要控制的各类出入口,按各种不同的通行对象及其准入级别,对其进出时间、通行位置、实施放行、拒绝、记录等进行实时控制与管理,并具有报警功能。

出入口控制系统主要由识读部分、传输部分、管理/控制部分和执行部分以及相应的系统软件组成。具体有:读卡机、电子门锁、出口按钮、报警传感器和报警喇叭以及中央管理主机等。

(二)出入口识别系统

1. 磁卡

它是把磁性物质贴在塑料卡片上制成的。磁卡的优点是容易改写,可使用户随时更改密码,应用方便,其缺点是易被消磁、磨损。磁卡价格便宜,是目前使用较普遍的产品。

2. 条码卡

在塑料片上印上黑白相间的条纹组成条码,就像商品上贴的条码一样。这种卡片在出入口系统中已渐渐被淘汰,因为它可以用复印机等设备轻易复制。

3. 红外线卡

用特殊的方式在卡片上设定密码,用红外线光线读卡机阅读。这种卡易被复制,也容易破损。

4. 铁码卡

这种卡片中间用特殊的细金属线排列编码,采用金属磁扰的原理制成。卡片如果遭到破坏,卡内的金属线排列就遭到破坏,所以很难复制。读卡机不用磁的方式阅读卡片,卡片内的特殊金属丝也不会被磁化,所以它可以有效地防磁、防水、防尘,可以长期使用在恶劣环境下,是目前安全性较高的一种卡片。

5. IC卡

也称集成电路卡,卡片采用电子回路及感应线圈,利用读卡机本身产生的特殊振荡频率,当卡片进入读卡机能量范围时产生共振,感应电流使电子回路发射信号到读卡机,经读卡机将接受的信号转换成卡片资料,送到控制器对比。由于卡是由感应式电子电路做成,所以不易被仿制。同时,它具有防水功能且不用电源,是非常理想的卡片。

6. 生物辨识系统

(1) 指纹机:利用每个人的指纹差别作对比辨识,是比较复杂且安全性很高的门禁系统。它可以配合密码机或刷卡机使用。

(2) 掌纹机:利用人的掌型和掌纹特性作图形对比,类似于指纹机。

(3) 视网膜辨识机:利用光学摄像对比,比较每个人的视网膜血管分布的差异,其技术相当复杂。正常人和死亡后的视网膜差异也能检测出来,所以它的保安性能极高。

(4) 声音辨识:利用每个人声音的差异以及所说的指令内容不同而加以比较。但由于声音可以被模仿,而且使用者如果感冒会引起声音变化,其安全性受到影响。

(5) 面部识别技术:面部识别系统分析面部形状和特征,这些特征包括眼、鼻、口、眉、脸的轮廓、形状和位置关系。因亮度及脸的角度和面部表情各不相同,使得面部识别非常复杂。

(三) 出入口控制系统的功能

出入口控制系统的主要功能有:

1. 设定卡片权限

进出口控制系统可以设定每个读卡机的位置,指定可以接受哪些通行卡的使用,编制每张卡的权限,即每张卡可进入哪道门,何时进入,需不需要密码。系统可跟踪任何一张卡,并在读卡机上读到该卡时就发出报警信号,防止一卡出、入多人等。

2. 监测与报警

能实时收到所有读卡记录,通过设置门磁开关检测门的开关状况,对门的异常开启能及时报警。

3. 联动

当接到消防报警信号时,系统能自动开启电子门锁,保障人员疏散。

4. 管理

计算机管理系统能对接收到的信息进行处理,如存储、实时统计、查询、打印输出等。

10. 3. 5　电子巡更系统

电子巡更系统是在辖区内各区域及重要部位安装巡更站点,保安巡更人员携带巡更记录器(棒、卡、钮)按指定的路线和时间达到巡更点并进行记录,再将记录信息传送到管理中心,管理人员通过计算机来读解巡更棒中的信息,便可随时了解保安的整个巡检活动,取得真实的依据,有效地督促保安工作。更可以将资料储存在电脑中,作为日后分析评估保安工作的材料。

1. 电子巡更系统的组成

电子巡更系统由数据采集器、传输器、信息钮、计算机和专用软件等部分组成,计算机与打印机即可实现全部传输、打印和生成报表等要求。

(1)数据采集器(巡更棒):储存巡检记录,内带时钟,体积小,携带方便。巡检时由巡检员携带,采集完毕后,通过传输器把数据导入计算机。

(2)传输器(数据转换器):由电源、电缆线、通讯座三部分构成一套数据下载器,主要是将采集器中的数据传输到计算机中。

(3)信息钮:巡检地点代码,安装在需要巡检的地方,能适应各种环境的变化,安全防水,不需要电池,外形有多种,用于放置在必须巡检的地点或设备上。

(4)软件管理系统:可进行单机(网络、远程)传输,对巡检数据进行管理并提供详尽的巡检报告。管理人员通过计算机来读取信息棒中的信息,便可了解巡检人员的活动情况,包括经过巡检地点的日期和时间等信息,通过查询分析和统计,可达到对保安监督和考核的目的。

(5)计算机:进行数据储存、传输的工具。

(6)打印机:打印巡检报表,供管理人员对巡检情况进行检查。

2. 电子巡更系统的类型

电子巡更系统一般有离线式和在线式两种形式。

(1)离线式巡更

先将信息钮安装在需要巡检的地点,保安人员根据要求的时间、沿指定路线,用巡更棒逐个阅读沿路信息钮,巡更棒记录巡更员到达的时间、地点等相关信息,保安人员巡逻结束后,将巡更棒通过数据转换器与计算机连接,将巡更棒中的数据传送到计算机中进行统计考核。巡更棒在数据传输完毕后自动清零,以备下次再用。管理人员根据巡更数据可知道保安人员的巡查情况,而且所有的历史记录都在计算机里储存,以备事后统计和查询。

(2)在线式巡更

在线式巡更与离线式巡更的过程基本一致,不同的地方在于:辖区内安装的各个信息钮通过总线连接到控制中心主机上,巡更人员的巡查信息可实时传到控制中心的主机,管理人员可随时查询巡更记录,也可以按月、季度、年度等方式查询。由于系统能实时读取保安人员的巡更记录,所以能对保安人员实施保护,一旦保安人员未在规定时间、规定地点出现,或是保安人员出现意外,管理人员均可及时知晓,从而采取相应的措施。

3. 电子巡更系统的功能

(1) 巡更线路和巡更时间的设置、调整。

(2) 巡更人员信息的识别。

(3) 巡更点信息的识别。

(4) 控制中心电脑软件编排巡更班次、时间间隔、线路走向。

(5) 计算机对采集回来的数据进行整理、存档,自动生成分类记录、报表。

(6) 在线式巡更系统还具有巡更超时报警、未到位报警和当前巡更位置显示等功能。

10.3.6　停车场管理系统

(一) 停车场管理系统主要组成

1. 识别卡

它是停车场所停靠车辆的"身份证",其唯一性保证了车位的固定性并可防止车辆被盗。所使用的卡可分为临时卡、月卡、季卡、储蓄卡等。车主泊车后,车卡随身携带,可防丢车、盗窃。

2. 读卡器

读卡器不断发出信号,接收从识别卡上返回的识别编码信号,并将这些编码信息反馈给系统控制器。读卡器自有的电子系统可在 5 m 内感触信号,对车速达 200 km/h 的车辆提供遥控接近控制,并发出超低功率的探查要求,可方便地安装于门岗上方等位置,应用于不同气候与环境。

3. 系统控制器

控制器含有信号处理单元,可控制 1~8 个读卡器,它接收来自读卡器的卡号信息,利用内部的合法卡号、权限组等数据库对其判断处理,产生开门、报警等信号,并可将结果信息传给计算机进一步处理,它与读卡器用双绞线连接。

4. 中央计算机

管理软件将系统控制器传来的车辆信息转化为商业数据,其数据库可供及时监察,可进行收发卡、计费与审计报表等自动化管理。

5. 挡车器

受岗门控制器控制,采用杠杆门,速度快(起落时间<1.5 s),可靠性高,无噪音,紧急时可用手动控制,起落寿命 100 万次以上。

6. 岗门控制器与环路探测器

由两个环路探测器接口、灯光报警装置与单片机逻辑电路构成,用于判断车辆位置与状态,并给挡车器发出正确开关信号。环路探测器用于探测车辆。

7. 收款机

在有临时车辆的综合系统中用于收款,可自动接收并显示中央计算机传来的应收款、卡号等信息,并打印出商业票据。

8. 电子显示屏

用于有临时车辆的综合系统中,显示车库信息,如空位、满员及收费标准等。

9. 车牌摄像机

由车牌识别控制主机和出入口各一台摄像机组成,它利用入口处的摄像机加辅助光照明拍摄驶入车辆的车牌号,并存入控制主机中,当车辆驶出时,出口处的摄像机再次拍下车辆的车牌号,并与控制主机中所存停车车牌号比对,判断无误后车辆放行。

(二)停车场管理系统工作过程

停车场管理系统的工作过程是:车辆进停车场前,通过信息显示屏,在车位还有空余的情况下,驾驶人将停车卡经读卡机检验后,入口处的电动栏杆自动升起放行,在车辆驶过复位环形线圈感应器后,栏杆自动放下归位;在车辆驶入时,摄像机将车牌号码摄入,并送到车牌图像识别器,转换成入场车辆的车牌数据,并与停车卡数据(卡的类型、编号、进库时间)一起存入系统的计算机内;进场车辆在指示灯的引导下,停入规定位置,这时车位监测器输出信号,管理中心的显示屏上立即显示该车位已被占用的信息;车辆离场时,汽车驶近出口,驾车人持卡经读卡机识读,此时,卡号、出库时间以及出口车牌摄像机摄取并经车牌图像识别器输出的数据一起送入系统的计算机内,进行核对与计费,然后从停车卡存储金额中扣除;出口电动栏杆升起放行,车出库后,栏杆放下,车库停车数减一,入口处信息显示屏显示状态刷新一次,如图 10-7。

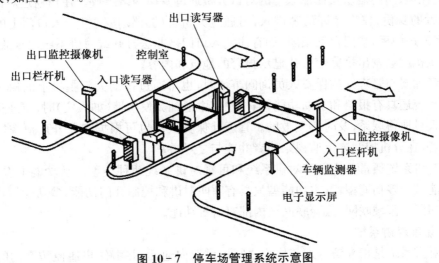

图 10-7　停车场管理系统示意图

(三)停车场管理系统功能

1. 实时监控

实时监控是指每当读卡器探测到车辆出现时立即向计算机报告,并在计算机屏幕上实时显示各出入口车辆的卡号、状态、时间、日期、门和车主信息。如果有临时车辆出入,则计算机还负责向电子显示屏输出信息,向远端收款台的票据打印机传送收费信息。

2. 会员管理

会员管理的主要功能是加入、查询、删除或修改会员信息,并保持计算机和控制器信息一致。可以根据需求自动删除或人工删除到期的会员。

3. 设备管理

主要有:入口处车位显示,出入口及场内通道的行车指示,车辆出入识别、比对、控制,车牌和车型的自动识别,自动控制出入挡车器,自动计费与收费金额显示,多个出入口的联网与监控管理,停车场整体收费的统计与管理,在位车显示,意外情况发生时报警等。

4. 报表功能

生成会员报表、停车场使用报表和现存车辆报表,以进行统计和结算。可以根据实际需求进行修改。

5. 软件设置

可对软件系统自身的参数和状态进行修改、设置和维护,包括口令设置、修改软件参数、系统备份和修复、进入系统保护状态等。

10.3.7　楼宇对讲系统

楼宇对讲系统是安全防范系统的一个重要子系统,它把住宅的出入口、住户和保安人员三方面的通讯包含在同一网络中,并与监控系统配合,为住户提供了安全、舒适的生活环境。适用于单元式公寓、高层住宅楼和居住小区等。

楼宇对讲系统由各单元口安装的防盗门、小区总控制中心的管理员总机、楼宇出入口的对讲机、电控锁、闭门器以及住户家中的对讲分机通过专用网络组成。住户通过对话或图像确认来访者的身份,住户允许访客进入,可通过分机上的开锁按键打开入口门上的电控门锁,来访客人进门后,楼门自动锁闭,如有住宅入口门被非法打开或对讲系统出现故障,小区对讲管理主机就会发出报警信号并显示报警的地点和内容。

来访者如要与管理处的保安人员询问事情时,也可通过按动大门主机上的保安键与之通话。此系统还具有报警和求助功能,当住户家中遇到突发事情(如火灾)时,可通过对讲分机与保安人员取得联系,及时得到救助。管理处保安人员也可根据需要开启摄像机监视大门处来访者,在分机控制屏上监视来访者并能与之对讲。

楼宇对讲系统通常分为访客对讲系统和可视对讲系统两种类型。从功能上看,又可分为基本功能型和多功能型,基本功能型只具有呼叫对讲和控制开门功能,多功能型具有通话保密、密码开门、区域联网、报警联网及内部对讲等功能。

(一)访客对讲系统

访客对讲系统是指来访客人与住户之间提供双向通话,并由住户遥控防盗门的开关及能向保安管理中心进行紧急报警的一种安全防范系统。它由对讲系统、控制系统和电控防盗安全门组成,如图 10-8 所示。

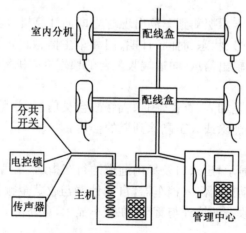

图 10-8　住宅楼访客对讲系统

1. 对讲系统

对讲系统主要由传声器、语言放大器及振铃电路等组成,要求对讲语言清晰、信噪比高、失真度低。

2. 控制系统

一般采用总线制传输、数字编码解码方式控制,只要访客按下户主的代码,对应的户主摘机就可以与访客通话,并决定是否打开防盗安全门;而户主则可以凭电磁钥匙出入该单元大门。

3. 电控防盗安全门

对讲系统用的电控安全门是在一般防盗安全门的基础之上加上电控锁、闭门器等构件组成。

(二) 可视对讲系统

可视对讲系统除对讲功能外,还具有视频信号传输功能,使户主在通话时可同时观察到来访者的情况。因此,系统增加了一部微型摄像机,安装在大门入口处附近,用户终端设一部监视器。

可视对讲系统主要具有以下功能:

(1) 通过观察监视器上来访者的图像,可以将不希望的来访者拒之门外;

(2) 按下呼出键,即使没人拿起听筒,屋里的人也可以听到来客的声音;

(3) 按下电子门锁打开按钮,门锁可以自动打开;

(4) 按下监视按钮,即使不拿起听筒,也可以监听和监看来访者长达 30 s,而来访者却听不到屋里的任何声音,再按一次,解除监视状态。

[复习思考题]

1. 广播音响系统的基本组成有哪几部分?

2. 广播音响系统有哪几种类型?

3. 有线电视系统基本结构是什么?

4. 电话通信系统有哪几部分组成?

5. 电话通信系统的基本服务有哪些?

6. 火灾自动报警系统有哪些基本组成?

7. 常见的火灾自动报警系统分哪三类?

8. 常见的火灾探测器有哪几类?

9. 安全防范系统通常有哪些?

10. 安全防范系统基本功能有哪些?

[案例分析]

2008 年某日,王某驾车到深圳旅游,将车停泊在某停车场,王某按正常的程序交纳了停车费,领取了出入证卡。第二天,王某去取车时,该停车场管理员告诉王某,车辆被偷了,他们已经报警。案件至今未破,王某向停车场索赔未果,遂向法院提起诉讼。

问题:1. 停车场是否应当进行赔偿?

2. 停车场应当吸取哪些教训?

参考文献

[1] 于宗宝. 建筑设备工程[M]. 北京：化学工业出版社，2005.

[2] 马铁椿. 建筑设备（第二版）[M]. 北京：高等教育出版社，2007.

[3] 中华人民共和国住房和城乡建设部. 给水排水管道工程施工及验收规范[S]. 北京：中国建筑工业出版社，2008.

[4] 中华人民共和国住房和城乡建设部. 给水排水构筑物工程施工及验收规范[S]. 北京：中国建筑工业出版社，2009.

[5] 吴树根. 建筑设备工程[M]. 北京：机械工业出版社，2008.

[6] 中华人民共和国建设部. 建筑设计防火规范[S]. 北京：中国计划出版社，2006.

[7] 王增长. 建筑给水排水工程（第五版）[M]. 北京：中国建筑工业出版社，2005.

[8] 卜宪华. 物业设备设施维护与管理[M]. 北京：高等教育出版社，2006.

[9] 李霞. 建筑智能化系统应用及维护[M]. 北京：机械工业出版社，2006.

[10] 金招芬，朱颖心. 建筑环境学[M]. 北京：建筑工业出版社，2001.

[11] 付卫红. 空调系统运行维修与检测技能培训教程[M]. 北京：机械工业出版社，2009.

[12] 叶安丽. 电梯技术基础[M]. 北京：中国电力出版社，2004.

[13] 中华人民共和国建设部. 采暖通风与空气调节设计规范[S]. GB 50019—2003，2003.

[14] 张玉萍，林立，王冬丽. 新编建筑设备工程[M]. 北京：化学工业出版社，2008.